悅讀的需要，出版的方向

悅讀的需要，出版的方向

書呆與阿宅

THE FUZZY AND THE TECHIE

WHY THE LIBERAL ARTS
WILL RULE THE DIGITAL WORLD

理工科技力＋人文洞察力，
為科技產業發掘市場需求，解決全球議題

SCOTT HARTLEY
史考特・哈特利————著
溫力秦————譯

獻給我的雙親

目　錄 •
C O N T E N T S

在這個科技時代，
人文學科更顯價值

何則文／天下雜誌《換日線》專欄作家、科技業主管

　　我記得 2009 年大學放榜的時候，家中的遠房親戚打電話問情況，聽到我考上歷史系以後，第一個反應是：「歷史系？那以後能當什麼？老師嗎？那則文要去讀嗎？」

　　當下我是很震驚加上有些憤怒的，我告訴他們，別小看歷史，這東西我可是可以讀到博士當教授的。在國高中時期，我就對文科特別有興趣，歷史又是我最喜歡的科目，我都把歷史課本當小說看，讀完各版本以後，還跑去舊書攤買古早的部編版來看。

　　可惜，我最後不只沒有繼續攻讀到博士，連個歷

史碩士學位都沒有。我後來跑去科技業，現在在海外當個小主管，帶領一個四、五人的團隊，偶爾在網路上寫寫專欄。很多人感覺我現在的工作似乎跟當年選擇的科系風馬牛不相及，但即使重來一遍，我還是會選歷史系，而正是因為歷史系的人文訓練，讓我有今天的各種可能。

史考特・哈特利（Scott Hartley）的這本書我在 2017 年就讀過原文版本，也曾在我的專欄中介紹過。他提出的概念很簡單，就是在這個人工智慧、大數據跟區塊鏈（blockchain）等各種高端科技新名詞漫天飛舞的智慧時代，人文學科出身的學生更有價值。許多人文學科的大學生來信向我詢問生涯規劃的可能時，我都會推薦這本書跟其中的概念。

國內很多人都認為，學習人文學科是很沒有用的，從網路上常常有鄉民戰文理組就可得知。這可以說是台灣社會普遍的認知：讀理工以後賺的錢比較多，發展比較有可能性；甚至有人說，那些 20 幾 K 的大多是「文組受害者」。讀理工出身，就算是私立科大的電機系，畢業後相關職缺都至少有純文組 1.5 倍以上的待遇。

但事情真的是這樣嗎？我當年在找工作的時候也常

常被挑戰科系。

　　我常常被問：「你是讀歷史系的，我們公司之前海外派駐幹部從來沒有用過歷史系的人，可以告訴我們為什麼要錄用你的原因嗎？」

　　通常遇到這種問題，我只會用另一個問題回敬。

　　「你知道為什麼美國會打輸越戰嗎？」

　　我提出這個問題反問時，面試官都會愣住，剛好讓我繼續娓娓道來。

　　「你不知道，這就是你們需要我的原因，因為商業的本質是人，戰爭也是，美國當年以為用先進的武器跟軍隊就能獲得勝利。他們的戰略忽視了越南人民本身的歷史文化背景，不了解敵人，最後落得狼狽撤離；商業就像戰場，想要開拓當地市場，你們需要有懂人文的人。」

　　後來，我錄取了許多家科技業的職缺。而這個概念在西方國家愈來愈流行，像微軟這樣的科技巨頭，也常常會在團隊中錄用人類學、社會學出身的畢業生。

　　因為不論是科技或商業，其本質還是「服務人群」，「人」才是最重要的核心課題。在科技發展快速的當代，人文這樣的核心價值反而更加需要被強調與重視。

寫這篇文章不久前，美國麻省理工學院發表了一個實驗，它以社群網站上的負面討論訊息作為一個 AI 的學習基底，結果導致這個 AI 演化成黑暗版本，比如給它觀看一張看起來像樹枝上的鳥的圖片，它會解讀為「一個男人觸電而死」。不論輸入判別的圖片是什麼，出來的結果都極端負面。

　　而蘋果（Apple）執行長庫克（Tim Cook）在 2017 年於麻省理工學院的畢業致詞也提到，他從來不擔心人工智慧有天能自我思考，他反而擔心的是人會因為科技的發展，失去人類最根本的人文精神、同理心等等。在科技不斷野蠻生長的今天，人文是我們在發展上不致失控的根本底線。

　　同時，人文學科對商業與科技發展上是十分有幫助的，因為人文學科的本質就是在研究「人」，從個人到群體，衍生出文學、歷史學、社會學、心理學、人類學等學科，這些學科的根本都只是從不同面向探悉「人」是什麼、他們在幹嘛，而又為什麼會有這些思維或行為出現。

　　不論是發展商業還是科技，都是與一群活生生的人應對——這群人變化萬千，有著各種的樣貌——理解人的過程，不像是研究物理化學，可以直接拆開別人的大腦，或套用公式來研究怎麼回事。能解答的，往往不是冷冰冰的數據模型，而是人文學科。

哈特利在本書中就認為，過去獨尊理工的思維在這個時代反而大錯特錯，隨著大數據跟人工智慧的發展，科技業的入門門檻逐漸降低，很多技術問題已經不用勞動人來「親自」解決。

今天想要開展程式設計專案的人，甚至不需要請一個工程師，一個國中生都可以運用 GitHub 原始碼代管公司，以及程式問答網站 Stack Overview 來展開專案。

過去是以未來要從事的職業來思考應學習何種科目，這種既有思維是把人塑造成「工具」，但隨著數位時代不斷發展，擁有技能反而容易被未來科技取代，「問對問題，找到問題，解決問題」才是最重要的能力。而這些都必須回到最根本的一個議題，就是「以人為本」的人文思維。

哈特利認為，人文學科教導許多嚴謹的調查與分析方法，像是田野調查與訪談，這種方式之於那些理工背景的人，不見得都能運用自如。學習技能的本身，遠不如有對的思維、找到問題與解答來得重要。

這就是人文學科的力量，而學習人文學科的你，也不該妄自菲薄，而需要知道自己所擁有的能力。

　　我相信這本書對國內當前的社會能有相當程度的助益，不論你就在讀人文學科，還是作為一個企業的雇主，或者只是個家長，都應該閱讀了解這樣的世界趨勢，那就是——「人文學科的價值在這個時代更顯重要」。

如何讓自己「不一樣」：
跨領域學習才能應萬變

焦糖陳嘉行／喜劇演員

第一次翻開思想家馬克思（Karl Marx）的《資本論》（*Das Kapital*），一如預期翻兩頁就頭暈，但是「人寫出來的就是給人讀的」這個念頭驅使我再從導讀重讀起，那電光火石的瞬間讓我像重度近視忽然看清楚世界的樣貌。

在英國工業革命後，為了加快獲利速度產生了分工模式，也就是將原本的一件事拆解成好幾個部分，讓多人一起完成。

所以當時歌頌工業革命的人覺得進步將帶來大家愈來愈輕鬆的好處，做簡單重複性高的工作就能賺錢；

因此坊間也因預期大家會有更多自己的時間，開始「煩惱」不用工作時可以參與哪些休閒活動來「殺時間」。

結果卻是工作時間愈來愈長，人的可取代性愈來愈高，薪水停滯不前或倒退。

這讀起來是不是很有既視感呢？

所以《資本論》雖然完成於 100 多年前，如今讀起來不但沒有過時，更準確預言了全世界目前面臨的窘況與壓力。

這也影響到我經營餐廳時勞資（雇傭）雙方關係與權利義務的想法 —— 我賺到每一塊錢，其實都是榨取員工的剩餘價值而來。所以為了讓他們能持續為我積累財富，我必須縮短工時讓他們有充分的休息與休閒時間；不加班才能讓他們有正常的社交生活，以及進修培養更多興趣與專長。

這是為了避免讓員工落入馬克思所警告的境地：人與自己、社會產生的異化疏離。

人要活得像人，就要像康德（Immanuel Kant）所說「人是目的而不是工具」，那要怎麼做呢？

這也是此書《書呆與阿宅》之所以要顛覆我們對受教育與學習迷思的原因之一。我們常認為求學只是為了就業準備，所以應該要盡量讀將來出路多、好找工作的科系，這想法又透過考試制度的潛移默化下，變成我們只讀考試要考的和只學專業領域的知識技術；此種情況正好又符合了資本主義造成大家只會單一工作的同化，讓每個人愈來愈像而取代性提高。

如何讓自己不一樣、更能脫穎而出，關鍵就在於你除了專精的領域之外有沒有抱持開放學習的心態，對自己學科以外的知識感到好奇想接觸。此書寫的剛好就是重數理科技、輕視人文社會科學的臺灣現況，書中提到兩者並非對立而是相輔相成，當然也舉了為數可觀的案例。

如 Facebook 創辦人祖克柏（Mark Zuckerberg）會寫程式，但全世界會寫程式的人不只他一位，而且他還不是最強的那位，但為什麼他卻能創造出如此成功的社群媒體品牌呢？除了幸運和夥伴團隊，他的家庭教育讓他也讀心理學，還修拉丁文、希臘文與藝術史。他的某次作業架了一個學習平台，將 200 多件藝術品放上網路，讓使用者自行增添評論與補充資料，因此獲得高分。雖然這與成功未必有絕對的因果關係，但讓自己不同於別的程式設計師就成了異於別人的優勢。

工業革命無法實現讓大家有更多閒暇時間的理想，雖然正急速發展的人工智慧也許能做到，但也可能促使社會往更極端的方向發展：讓許多人失去工作。不用工作當然便能妥善運用所有時間，只是不工作要吃什麼？

　　這些問題的答案不會出現在求學過程，因為科技躍進的速度太快，很多疑問都是此刻才出現，我們不得不去思考對未來的想像。但該怎麼思考？如人工智慧不是只是科學，它也牽動著未來失業人口的福利制度，所以才開始討論「無條件基本收入」，讓每個人不用工作且無須資格審查都能有筆每月固定收入；這樣的想法又得挑戰人類根深柢固的刻版印象，而要辯證工作與不工作的關係，這又得請古往今來的哲學家登場；對於人工智慧到底要多像人類或是否容許超越人類，各領域專家各持不同看法；而我們如果關心自己或下一代的未來，就只能培養持續閱讀的習慣，不然可能有天睡醒時，世界忽然變成另一個你完全陌生的模樣狀態，你就能感受《美國隊長》（*Captain America: The First Avenger*）或《惡靈古堡》（*Resident Evil*）的主角心境了。

騎腳踏車的人，勝過大禿鷲

褚士瑩／國際 NGO 工作者、作家

我是一個喜歡騎自行車的人。

實際上，我最近才剛在美國東岸的波士頓完成了兩台竹子做的自行車，竹子車體來自於我們在緬甸北方克欽邦內戰區域，訓練在地的年輕人親手用在地的材料製作的，我們希望在資源稀缺的衝突地區，減少對進口石油的依賴，對環境友善，提供沒有工作跟專長的當地年輕人，一份不會輕易被取代的專業技能，還有就業、創業的希望，避免因為缺乏機會，被毒販、走私或是武裝部隊吸收。

我相信一個好的設計思考（design thinking），跟注重「理性分析」的分析式思考（analytical thinking）不同，必須「感性分析」，以人為本，透過從人的需求出發來解決問題，透過「了解」、「發想」、「構思」、「執行」的過程，「同理心」、「需求定義」、「創意動腦」、「製作原型」、「實際測試」的步驟，創造出更多的可能性，所以在 NGO 工作的領域，無論再小的社區計畫，我也都希望能夠努力把設計思考的概念融入、用科學的方法來執行。

每當我騎在竹子腳踏車上的時候，心裡就會閃過賈伯斯（Steve Jobs）的一句話：「電腦是人類心智的腳踏車」（A computer...... is the equivalent of a bicycle for our minds.）。在這個網路被認為是「資訊高速公路」（information highway）的時代，竟然把電腦形容成寒愴的腳踏車，實在是大不敬，也難怪沒有多少人知道賈伯斯說過這句話。

實際上，賈伯斯這麼說，是有道理的。

人類在自然界的效率，其實相當差勁，如果以移動每公里的耗能作為標準的話，排名第一應該是大禿鷲，人類只能排在所有物種的三分之一，但人類會製作工具，所以當《科學人》雜誌（*Scientific American*）的科學家突發奇想，把「騎腳踏車的人類」當成另外一個物種，放進每公里耗能的比較當中一起評比時，突然之間，人類效率超越大禿鷲，變成了第一名。

「所以電腦之於我而言，就是人類發明中最偉大的工具，相當於人類心智的腳踏車。」賈伯斯說。

當我在史考特‧哈特利的《書呆與阿宅》這本書裡突然跟賈伯斯的這句話重逢時，忍不住豎直了耳朵。

哈特利強調科技世界中「理科人」（Techie）需要「文科人」（Fuzzy）替數位科技提供發展脈絡，為演算法注入倫理，聯手搭檔才能提供最佳解決途徑。

以腳踏車的例子來說，「文科人」因為能夠洞察人類需要更有效率的移動，為了解決這個生活議題，「理科人」才會發明腳踏車來滿足這個世界的潛在需要，因此唯有集結文科與理科的優勢，才能夠為所有非凡的新技術找到市場需求，發揮技術的龐大潛能。

這解釋了為什麼，Google 總部曾經在 2010 至 2013 年間，僱用哥倫比亞大學的哲學教授哈洛維茲（Damon Horowitz），擔任公司內部的哲學家，來整合理科人跟文科人的專業知識與觀點，而諾基亞（Nokia）讓人朗朗上口的廣告詞「科技始於來自於人性」（Human Technology），這些公司所做的，都是在探索科技和人性之間緊密結合的可能性，也因此獲得很大的成功。

哈特利在書中還描述了許多跨界的動人故事，讓人熱血沸騰，比起「斜槓」八爪章魚式的人生，我更敬佩每一個能夠把斜槓兩端的世界串聯在一起，變成一種科學、科技與社會完全整合的全新領域的專家，正如我試著把竹子、腳踏車、戰爭中徬徨的青少年社會問題、社區發展工作、哲學思考、跟永續生態放在一起，變成一台又一台的竹子腳踏車，從緬甸的山區運送到世界各地。因為我相信當我這麼做的時候，我站在科學中整體論的哲學基礎上，將人文關懷的根系，透過技術又往堅硬的岩石下前進了一點。

長此以往，在跨領域的知識範疇中，以及不可分割的群我關係中，這樣的我，或許就能夠變成一個自己喜歡的人，也是一個對世界有用的生命。

像森林中的一棵樹那樣，既渺小，又巨大；既平凡，又獨特。

各界好評

「美國等國家高喊 STEM 教育，想要解決工程、科技、
科學專業人才短缺的問題，但從全民的角度來看，以人
文為出發點的科技發展，才最能貼近大眾的需求。史丹
佛大學的設計學院（d.school）或是哈佛大學與維多利
亞教育機構合作的試驗計畫「Agency by Design」，其
所強調的設計思考與 STEAM（科學、技術、工程、藝術
人文、數學）教育，都蘊含著從人與環境的切身需求為
出發點的科技發展思維，值得大家來思考。這本書用平
易近人的故事，讓讀者輕鬆地接收到科技人文的概念，
頗值得一讀。」

——張玉山
／台灣師範大學科技應用與人力資源發展系教授兼系主任

「對世界各地的文科人來說，本書不啻為一劑補藥與宣告。當我們進入了人工智慧時代，我們會需要更多不同類型的人，尤其是受人文學科薰陶的人才。本書既具說服力又發人深省。」

——安妮・瑪麗・斯勞特（Anne-Marie Slaughter）
／新美國基金會（New America）執行長

「我是個文科出身的創投，卻也能在矽谷理科人中脫穎而出。史考特・哈特利完美詮釋了兩種族群合作的話會產生出何種魔法，而這種甚少被分析、卻擁有高度生產力的關係，更藉由這本富有洞見的書展現出耀眼的光芒。」

——比爾・德萊普（Bill Draper）
／德萊普、理查茲與卡普蘭基金會（Draper Richards Kaplan
Foundation）共同主席、《新創遊戲》（*The Startup Game*）作者、
聯合國開發計劃署（United Nations Development Program）前任首席

「要成為領導者，文科生與理科生的合作關係是不可或缺的……這種關係才是解決新時代大哉問的關鍵，而不是機器。」

——丹尼爾・克里斯特曼（Daniel W. Christman）
／美國退役中將、西點軍校前校長

「極棒的一本書。本書打破教育上對於科技與人文學科錯誤的二分法，不僅說明兩者能夠並存，同時也揭示若兩者不共存，更是危險。」

——比爾·奧萊（Bill Aulet）
／麻省理工學院馬丁創業中心（Martin Trust Center for MIT Entrepreneurship）董事總經理、《MIT 黃金創業課：做對 24 步，系統性打造成功企業》（*Disciplined Entrepreneurship*）作者

「這本書合乎時事又激發思考，帶來令人耳目一新且極為重要的意見……學生、家長、教育者、政策制定者、執行長與創業家都該讀讀這本書。」

——李飛飛（Fei-Fei Li）
／史丹佛大學人工智慧實驗室負責人、Google 雲端人工智慧暨機器學習首席科學家

「你無法阻止機器人闖進我們的世界，但那也不表示人類完蛋了。史考特·哈特利精采絕倫地詮釋，為什麼未來對哲學家的需求會如同工程師一樣多，兩者必須互依共存。」

——伊恩·布萊默（Ian Bremmer）
／歐亞集團（Eurasia Group）總裁、《超級力量》（*Superpower*）作者

「矽谷未來最大的挑戰將會是如何和這些透徹了解人性的人合作。哈特利用具說服力的案例說明，雖然機器能夠產生龐大且重要的數據與資料，但仍然需要人類的智慧，來把資料建構成讓文明世界得以運作下去的知識。」

——喬・朗斯代爾（Joe Lonsdale）
／帕蘭泰爾技術公司（Palantir）共同創辦人

「這本佳作清楚構築了人文學科在這個以技術為中心的世界有多麼重要。科技的最終目的，便是在於如何讓人們的生活變得更好……人文學科與社會科學告訴我們人類將可以如何進步。」

——約翰・軒尼詩（John Hennessy）
／前史丹佛大學榮譽校長、電腦科學與電子工程系教授

「史考特・哈特利巧妙解釋了為何現在不該再把人與科技劃分開來。如果我們開始重視這件事並採取行動，業界與社會都能因而受益。」

——提姆・布朗（Tim Brown）
／IDEO 執行長、《設計思考改造世界》（Change By Design）作者

致台灣讀者序

　　「文科人」（Fuzzy）和「理科人」（Techie）分別是指史丹佛大學人文社科學系的學生（文科人）和主修工科或硬科學的學生（理科人）。這兩個暱稱聽起來很有趣，但也點出了眾人對學位平等、就業機會和教育角色的觀點有滿腔情緒。此觀點自然不會安於徘徊在史丹佛大學那金黃色山坡與棕櫚樹環繞其間的寬闊校園裡，堪稱當今經濟引擎的矽谷也吸收了這種思想。事實上，學位平等、自動化以及未來技術取向的經濟市場適用哪些技能等問題，正是台灣、香港和世界各地得設法找出答案的環節。

　　數十年之久的論辯，把人文主修生跟寫程式及開發軟體的學生劃分得涇渭分明，物理學家兼小說家Ｃ・Ｐ・史諾

（C. P. Snow）所主張的「兩種文化」彷彿在現世體現。史諾所謂的兩種文化，即指精通人文學科的學生與握有必要就業能力、能在未來技術導向的經濟結構中睥睨天下的學生之間，形成不該存在的對峙狀態。台灣中小學生所受的教育內容十分廣泛，除了數學及科學之外，也必須學習國語文詩詞、藝術和音樂。然而學生進入高中之後，就得決定要攻讀的類組，即選擇第一類組（文組）或第二、第三類組（理組），這種政策不但沒能融合「兩種文化」，反而加深了兩者之間的隔閡。另外，「補習班」這種機構以提升短期的考試成績為目標，並不重視長期學習成果。世界千變萬化，政策制訂者、師長和學生在追求考試拿高分的競爭現實之餘，也必須找到平衡點，秉持教育目標，把握機會培育有能力又快樂且適應力強的未來公民。據研究顯示，學習是一種注重歸納的進程，並非以記憶知識為主。換句話說，學習需歷經思考與基本推理，也要有能力從提問以及對假設追根究柢的過程中找出答案。愈是能透過開放式問題來學習並精進自身求知慾，從各種不同的觀念之中找出關聯與象徵的學生，反應就愈敏捷，也得以培養更充分的技能來適應不斷變遷的世界。

　　本書試圖重新界定這場論戰，除了勾勒科學、技術、工程和數學等所謂 STEM 主修科目的必要性之外，也道出這些科目與人文學科之間的假對立。隨著科技的發展益發普及，各種技術變得既容易取得又無所不在，人文學科永不過時的課題無疑已成為創新技術工具的基本要求。儘管工學院畢業生還是必須下功夫扎穩技術基底，但最為成功的創新之舉與新創公司往往需要宏觀的產業脈絡、懂消費者需求與渴望的背後心理、直覺式設計以及遊刃有餘的溝通及合作技巧。此等能力正是文學、哲學和社會科學學系畢業生所具備的強項。第一類組的學生若對科學、數學和技術毫無概念，後果將不堪設想。同樣的，科學與技術只是用來服務人類、解決人類問題的途徑，如此重要的認知也是第二類組或第三類組學生不可缺少的。

我是一個在科技界成長的文科人，當年我還住在加州帕羅奧圖時（我就讀的高中所使用的蘋果電腦就是賈伯斯捐贈的），就已經觀察到這種人文與理工之間不該有的對立氣氛。之後我念史丹佛大學，又為 Google 效力並花一年時間在亞洲建立兩個團隊，後來又成為沙丘路 * 上身家 20億美元的創投資本家，也進一步觀察到這種現象。我們把人類最棒的科技抽絲剝繭之後，往往可以發現其中所蘊藏的偉大人性就是該科技之所以健全完備的原因。我見過的公司不下數千家，在此想跟台灣讀者分享的經驗是，無論你所學為何，必能學以致用，在未來以技術為取向的經濟

---

* 沙丘路：路名，距離史丹佛大學不遠，為許多創業投資人匯聚之地。

書呆與阿宅

環境裡扮演實際且關鍵的角色。科技理應讓人寄予厚望，而不是製造恐懼，有鑑於此，政策制訂者、教育單位、家長和學生都該先體認到，技術素養的養成與人類最重要的技能發展這兩者之間有了錯誤分歧。

要解決人類最大的問題，除了認同科技的重要性之外，同時也必須對研究人類處境的人保持尊重，因為這些人有辦法找出應用科技之道，這也是科技的最終目的。當我們不斷地採納及開創各種新技術工具之時，也應該好好思考人文學科真正的價值何在。我們若要向前邁進，就需要永不過時又適時的東西，中國偉大的詩詞文學和台灣的現代思想就是解答。

史考特・哈特利

2018 年夏

Chapter **01**

文科人在科技
世界中的角色

Eligible這家創新的醫療保險科技公司，是執行長凱特琳‧葛利森（Katelyn Gleason）在26歲時所創立。當時她為了開公司而向美國商業界最成功的企業家，包括Dropbox創辦人德魯‧休斯頓（Drew Houston）和家得寶（The Home Depot）創辦人肯尼斯‧蘭格尼（Kenneth Langone）等人，募集到2500萬美元的創投基金。凱特琳在決定創辦Eligible之前，對健康醫療或科技方面的專業所知有限，求學期間也完全沒料到自己會走上創業這條路，更別提成為科技公司創辦人了。她畢業於長島石溪大學，主修戲劇藝術，曾擔綱演出不少戲劇作品，譬如《馴悍記》（*The Taming of the Shrew*）的凱特（Kate）、《紅男綠女》（*Guys and Dolls*）的阿德萊德（Adelaide）等角色。2008年畢業後，她踏上演藝之路，奮戰了幾年，不過工作機會實在不穩定，但這段演藝經歷卻讓她獲益匪淺，提升了她的社交技巧、自信心和推銷能力，大大有助於她創立Eligible。

凱特琳其實是在因緣際會之下，開創健康科技事業的。近幾年來，駁斥人文教育的聲浪沸沸揚揚，其反對論點在於人文教育並未替學生養成必要的就業技能，以符合經濟所需，而凱特琳本來很有可能會成為這種論述的最佳樣板人物。當她判斷自己的演藝事業難以繼續發展，應該另尋出路時，確實感到迷惘，不知接下來該做什麼工作才好。不過，她知道自己非常擅長銷售，求學期間就曾在某家印製工商名錄的公司擔任銷售主任，賺錢支應自己的開銷。

凱特琳說，她在演戲方面的經驗使她對這份銷售工作遊刃有餘，因為她從演戲當中學到很多技巧可以讓自己的推銷話術更具說服力，也懂得該怎麼在接二連三遭到客戶拒絕時，處理自己大受衝擊的心情。演戲教會她如何撫平自我懷疑，讓自己儘管處處碰壁，依然能愈戰愈勇。當時她不過才20歲，手下已經有40名業務，年紀輕輕的她已然證明自己就是個銷售奇才。她積極尋找各種職缺，並未設限自己該找哪一類工作，就在這時，一則刊登在Craigslist的銷售工作徵才廣告引起她的注意。那是一家叫做DrChrono的網路新創公司，專門提供健康醫療實務方面的服務，包括掛號、帳務以及臨床檢驗與處方的醫囑管理等等。她對健康醫療產業一點概念也沒有，不過她懂銷售，有把握自己一定能夠學會必要的知識技能，做好這份工作。

DrChrono錄取了凱特琳，請她擔任約聘業務，她開始研究健康醫療產業，學習如何做生意。她發現創新商業模式的過程十分有意思，對於自己身為這小小創業團隊的一員也很投入，公司創辦人也慶幸有她的加入。她的推銷能力出色極了，於是創辦人便邀請她一起參加由矽谷新創公司孵化器 Y Combinator（簡稱 YC）所舉辦的年度新創公司選秀大賽，向大家推銷他們的公司。從這個競爭激烈的大賽中出線的新創公司，有資格參加為期三個月的嚴密課程，YC 創辦人保羅·格拉漢姆（Paul Graham）和一些創業有成的企業家及投資人會在課堂上提供指引，輔導學員如何發展他們的事業。結果 DrChrono 的表現令人激賞，保羅·格拉漢姆對凱特琳讚譽有加，所以當她決定離開 DrChrono 的時候，格拉漢姆就建議她應該自己開一家健康醫療新創公司，儘管她並沒有華麗的常春藤名校文憑，也不像一些同儕那樣擁有亮眼的人脈。

　　凱特琳雖然對科技的了解還是太少，不過內心已經清楚浮現她的事業藍圖。她一向對診間確認病人保險項目的作業方式耿耿於懷，因為他們多半用電話確認，也必須處理很多文書工作，這不但經常造成延宕，也很容易出錯。有些時候，病人其實沒有醫生以為應該會有的保險項目，以致於經常出現醫生最後得自己吸收醫療行為成本的狀況。有時候則是病人會收到意料之外的帳單，而氣得把帳單揉成一團。她回憶說：「我跟行政部門打過交道，也處理過帳務系統。當時大家都用 Emdeon 這家公司的系統。」但是 Emdeon 的系統技術十分老舊，醫生從診間將自己的資料系統連線到 Emdeon 系統不但傷本，速度又很慢。凱特琳聽說 Stripe 這家由 YC 輔助的新創公司推出了一種簡便做法，可以讓1萬家從百思買（Best Buy）、薩克斯第五大道（Saks Fifth Avenue）到愛迪達（Adidas）這類的商家，處理從網路收付款的各種龐雜事宜。於是她大膽做出決定，要為提供醫療照護的單位打造類似的系統，而且是一個比Emdeon速度更快又更好用的系統。雖然她對程式設計毫無概念，不過她相信自己一定可以搞懂該懂的東西，以利她僱用軟體工程師來製作系統。

從演藝生涯中掌握打造動人故事的訣竅

凱特琳窩在她位於加州山景城，也就是矽谷中心所在地的公寓裡，埋首研究她心目中的系統所需的技術。她旁聽了一些大學開設的程式設計線上課程，又泡在公共圖書館裡研讀大量書籍。她強迫自己從頭到尾啃完蘋果的軟體開發者工具書，有疑問就到開發者協作網站Stack Overflow詢問。有了基本專業知識之後，她僱用兩位自由軟體工程師，請他們著手建構系統原型，在此同時，她也積極尋覓天使投資基金。「我是一個沒有科技背景的女人，」她回憶說，「很多人質疑我，不過又多虧了我的演藝經歷賦予我的復原力，讓我即使遭遇一連串挫折，還是能夠繼續往前衝。」她也從演藝工作中掌握了如何替公司打造動人故事的訣竅，想要說服投資人掏錢出來提供支援，這是絕對少不了的重要技巧。「在劇場裡，編劇只管把劇本交給你，你得負責說故事，」2016年的某日，她一邊喝著咖啡，一邊向我解釋，「我知道我要做的就是琢磨該怎麼把故事說好。剛開始彩排時，因為並不了解每一個角色，所以摸不清方向。當你開始設計產品或是剛著手創立公司的時候，你甚至連你的產品是什麼都搞不清楚，基本上演戲和創業的感覺一模一樣，那就是你完全一無所知。我在彩排過程中悟出一個道理，只要我夠努力，內心就會清澈如鏡，能夠洞悉自己往何處切入就可以像火箭一樣騰空飛起。」

2012年夏天，凱特琳回到Y Combinator向保羅‧格拉漢姆及其團隊推銷自己，不過這次是以新創公司創辦人的身分。她成功爭取到他們的支持，也因為有了他們的支持，她才能夠迅速募集到1600萬美元，用來繼續建構Eligible的產品。Eligible的系統推出後，公司一躍而起，每週都有60%的成長率。2013年，凱特琳入選《快速企業》雜誌（Fast Company）創新百人榜，緊接著在2015年，她又榮登《富比士》雜誌（Forbes）30位30歲以下（30 Under 30）健康醫療領域創新者榜單。

成為一家公司的執行長，只是凱特琳立足於舞台中央吸引眾人目光的最新方法而已。人文領域出身的她與理科人攜手合作，設法解決了一個早該修正的問題，她一想到自家公司每個月協助處理1000多萬件醫療保險理賠申請，為這個早就需要改善的產業挹注效率並節省許多時間金錢，就感到非常開心。

　　凱特琳萬萬沒想到自己大學時期的經驗竟如此寶貴，讓她學到堅持下去的本事，把創立公司所需的技術知識弄懂；也就是說，過去她所學習的那些技巧，培養她成為一個有自信又說服力十足的溝通者，如今更進而轉化為她的創業精神。她跳脫了讀文組沒出路的刻板印象，彰顯出人文學科所培養的人文技能不但非常實用，而且能夠與技術專業搭配的重要特色。還有不少其他成功的科技創新企業創辦人，也將自己之所以能開創應用科技的新方法，歸功於人文教育對他們所做的訓練。企業溝通平台 Slack 創辦人斯圖爾特・巴特菲德（Stewart Butterfield）就認為自己是掌握了依循線索找出合理推論的能力，才開發出成功的產品。這麼說來的話，巴特菲德在維多利亞大學和劍橋大學攻讀哲學還真是恰到好處，然而有這種背景的可不只他一人。領英（LinkedIn）創辦人里德・霍夫曼（Reid Hoffman）是牛津大學哲學碩士。身價非凡的創投資本家、同時也是 PayPal 共同創辦人彼得・泰爾（Peter Thiel）則學過哲學與法律，跟泰爾一起創辦帕蘭泰爾（Palantir）、同時也是帕蘭泰爾執行長的亞力克斯・卡普（Alex Karp）在拿到法律學位後，又取得新古典社會理論博士學位。

　　億萬富豪班・席柏曼（Ben Silbermann）創立了 Pinterest，他畢業於耶魯大學政治科學系；Airbnb創辦人喬・傑比亞（Joe Gebbia）和布萊恩・切斯基（Brian Chesky）都是羅德島設計學院美術系學士。RelateIQ創立後三年，以3億9000萬美元賣給Salesforce，該公司創辦人史蒂夫・洛林（Steve Loughlin）在大學時主修公共政策。Salesforce共同創辦人帕克・哈里斯（Parker Harris）在米德柏利學院求學時念的是英國文學。前惠普（Hewlett-Packard）執行長卡莉・菲奧莉娜（Carly Fiorina）主修中古世紀歷史和哲學，YouTube執行長蘇珊・沃西基（Susan Wojcicki）在哈佛念歷史與文學。放眼矽谷，可以發現有不少這一類的「科技」典範人物在以傳授詰問及縝密思考法的教育中奠定基石，而許多科技公司更是根據從人文教育所學到的哲學概念而創立的。這並非美國獨有的現象，太平洋彼岸那位創立電商巨擘阿里巴巴的亞洲富豪馬雲，大學念的是英語系。雖說理科人的機會俯拾皆是，業界對他們的需求也很高，但大家並不了解的是，以當今科技取向的經濟而言，技術已經發展到能提供更加普及化的工具，讓人人皆可使用，在這種情況下，我們的「差異化」——即我們特有的競爭優勢——就會成為扭轉乾坤的力量，那正是人文教育所傳授的精神。

稱呼的起源

　　我第一次聽到「文科人」（Fuzzy）與「理科人」（Techie）這兩個詞，是我在史丹佛大學求學的時候。大家暱稱那些主修人文學科或社會科學的學生為文科人，主修工程或電腦科學的學生則是理科人。反觀史丹佛大學自許為技術創新領導中樞的傳統，把人文科系的學生稱為文科人是顯得有點輕佻，然而這未曾動搖學生選填人文課程的意願，主要就是因為這間大學鼓勵通才教育，教授們堅信廣泛接觸各種學科，必能為將來的成就鋪路。

　　我選擇當文科人，主修政治科學。我修了一些很棒的課程，引領我窺探科技的最新進展，比方說「國安科技」和「創業思維領導」研討會，這些課都有一流的科技公司創辦人和投資人來講課。我另外又念了古代史、政策理論和俄羅斯文學，但不是為了就業考量，而是想餵飽自己的求知慾。就讀大學期間，我花了兩年時間在「生物醫學倫理中心」（Center for Biomedical Ethics）鑽研最新的應用哲學。後來我進入科技領域工作，Google、Facebook以及哈佛的貝克曼網路與社會中心（Berkman Center for Internet and Society）都有我的足跡。最後，我成為一名創投資本家，工作內容就是與科技新創團隊會面並進行評估，然後相互合作，協助他們創立和拓展公司。我在史丹佛大學所受的教育讓我體悟到，跟那些校園裡處處可見的理科人所學到的技能比起來，步入社會的我擁有的是一種對當今科技經濟來說同等重要的互補性能力，絕非可有可無。我那一屆的畢業典禮演講人是賈伯斯（Steve Jobs），他在演說中提到一句很出名的話：「保持渴求，愚傻向前。」（Stay hungry. Stay foolish.）賈伯斯也提及人文與社會科學是創造卓越產品的要素，還說了「光靠科技是不夠的——唯有科技與人文結合並融入人性，才能結出讓心靈高歌的美妙果實」這些話。

媒體的大量報導再加上近來一些書籍紛紛提出警示，認為科技創新大行其道，促成自動化領域出現諸如自動駕駛汽車和居家智慧機器人之類的重大突破，進而威脅到人類的就業機會。我們如今正處於麻省理工學院（Massachusetts Institute of Technology，簡稱MIT）經濟學家艾瑞克·布林優夫森（Erik Brynjolfsson）和安德魯·麥克菲（Andrew McAfee）所謂的「第二次機器時代」初期，他們兩位在2014年的同名重量級著作當中提到這個概念。根據他們的說法，在這個新崛起的時代，能確保人類找到高薪工作的就業能力，當屬STEM領域的教育所訓練的技巧——STEM即科學（science）、技術（technology）、工程（engineering）和數學（math）的總稱。取得人文學科的文憑，被形容為未來勞工絕對負擔不起，同時也不切實際的浪費之舉。

　　看看小說讀讀詩，重溫古代哲學家你來我往的論辯，或者是鑽研法國革命史或某個遠方小島的社會文化，這些聽起來實在不大可能讓你在當今偏科技取向的經濟環境中覓得待遇不錯的工作，未來想必更不可能，他們的論點不外乎如此。微軟（Microsoft）創辦人比爾・蓋茲（Bill Gates）在全美州長協會（National Governors Association）的一場演講引起了騷動，他說州政府應該刪減對人文教育的補助金，把經費集中投入STEM領域的高等教育，因為該領域所傳授的技能才有辦法幫學生在將來找到高待遇工作。昇陽電腦（Sun Microsystems）共同創辦人，同時也是億萬大富豪的維諾德・柯斯拉（Vinod Khosla），是當今首屈一指的創投資本家，專門投資科技新創公司，他更是直言：「人文學科現在教的東西，跟未來沒有多大關係。」打造搜尋引擎Netscape的軟體先驅、同時也是矽谷創投資本家的馬克・安德森（Marc Andreessen）則語帶嘲諷地說，比起科學和技術這些「硬技能」，那些在大學學習人文「軟技能」的學生，「最後大概只能去賣鞋」。

📱 該留心但不必恐懼

　　此番對未來就業市場及文科畢業生前景所發出的警告，顯然是真正擔憂所致，但恐怕也完全搞錯了方向，其原因可從幾個層面來談。首先，雖然「聰明」又靈敏的機器取代某些勞工位置的可能性愈來愈高，不過取代的程度往往被誇大了，這一點在第八章會有更完整的探討。有些工作確實受到威脅，這是不爭的事實，甚至已變成現況。從機器已然進駐製造業泰半的組裝線工作，就可以看出機器人確實會拿走愈來愈多可以完全自動化的工作。然而，預測指出會有高比例的取代現象，但實際上能夠完全自動化的工作卻有限。不少職業當中的某些任務，因為重複性高或透過分析大量資料能提高執行效率而被自動化，這類型的職業很容易被機器取代。但自動化帶來的結果，往往不是把勞工取而代之，而是解放人於例行工作，進而能騰出更多時間接觸需要用到人類獨有技能的工作層面，也就是非重複性任務和複雜的問題解決工作，這些都是機器做不到，或許永遠也無能為力的事情。

　　我們不必捨近求遠，從法律這項職業就可以看到改變的端倪。2015年，MIT勞動經濟學者法蘭克・李維（Frank Levy）與北卡羅來納大學法學院的黛娜・雷穆斯（Dana Remus）教授共同執筆了一篇題名為〈機器人可以當律師嗎？電腦、律師與法律事務〉（Can Robots Be Lawyers? Computers, Lawyers, and the Practice of Law）的論文。該論文抽絲剝繭，對法律類職業容易被自動化攻占、電腦很快就會搶走律師飯碗這樣的概念進行檢驗。他們之所以會探討這個概念，是因為看到專門用來閱讀及分析法律文件的軟體問世，故而有感而發。

李維和雷穆斯先大規模分析律師執行個人業務所投入的時間，結果發現律師大部分的時間都是在研究文件、為客戶做諮詢、出庭等等，而法律從業人員擁有很多可以讓他們特別有效率的技能，比方說隨機應變的能力以及跟客戶溝通，這些都是現階段只有人類才能做的事情，將來勢必也是如此。據兩位學者的評估，一成三左右的法務工作總有一天會自動化，這是可預見的數量，但有鑑於未來可能會出現各種變化，所以算是相當審慎的估計值。自動化軟體可以助律師一臂之力，讓他們更有效率，但未必會踢走他們、取而代之。把重複性任務丟給機器負責，剩下的交給律師搞定就好。

談到搶飯碗這件事，最諷刺的地方莫過於電腦程式設計類職業——目前公認是高待遇、高需求的類別——其實是最容易受到自動化衝擊的工作。這是怎麼回事？首先，此類型的工作有很多都已經轉移陣地，外包到其他開發中經濟體，譬如印度、中國和奈及利亞等地都投入不少心力培養了大批素質極佳的程式設計師。這些廉價的外包程式設計師學有專精、訓練有素，不再像過去那樣只做些建置網站之類相對簡單的工作。新創公司Andela的成立宗旨，是希望能在未來十年內培訓10萬名非洲程式設計師，結果申請參加培訓的人太多，錄取率竟不到1%。該公司為每位學員投資多達1萬美元，培訓他們學習最先進的軟體開發技術，譬如歐拉朱莫克·歐拉迪梅吉（Olajumoke Oladimeji）這位已經擁有奈及利亞拉哥斯大學電腦科學與電子工程學位的年輕小姐，就是它的學員之一。Andela之後會把學員配對給全球型大公司，提供他們工作機會。由於程式設計師可以要求高薪，如此一來，把程式設計工作大量外包到海外其實就跟製造業將工作轉包給開發中國家一樣，是不可避免的事情。1970年，每四個美國人中就有一個從事製造業，如今不到10%。重複性的電腦運算工作大概也會循此模式外移。技術能力是很重要，然而就第二次機器時代來說，技術教育本身恐怕沒辦法成為保障就業的金鐘罩。

不過，高品質STEM教育的價值，並非只侷限在學習電腦設計程式語言，而在於能獲得硬科學或工程範疇中的嚴謹基礎訓練，這一點不容質疑。從事純科學研究、業界研發和高端科技創新類的工作，基本上還是最穩當的。至於電腦程式設計工作，目前美國就業市場缺少合格求職者，所以填補不了這類職缺。針對未來就業市場所做的分析顯示，接下來數年，人力短缺的現象會更加嚴重。美國勞工統計局（The Bureau of Labor Statistics）粗估到了2020年，國內電腦科學類職缺，會比條件相符的求職者多出100多萬個。這就是為何需要培養更多STEM學生的背後原因，因此不能否認的是，我們對理科人的需求真的很高。

當然，我們是應該提高學生對必要技能的精熟度，或許可以參考愛沙尼亞這類國家的做法，它規定小學一年級就要開始學習寫程式。但重點不該放在專門教導這些技巧，也並非聚焦於眼前的技術斷層現象。STEM領域的學生應該也要有機會培養人文學科的能力才對，因為這些能力可以讓他們更靈活、符合更多受僱條件，成為未來經濟所需的勞工。比起訓練大量人力去做界定狹隘的技術性任務，更應該要做的是提供人文教育，培養學生更多全方位的技能及和宏觀視野，淬鍊他們的理科與文科技能，讓他們成為兩者兼備的人才。硬要在STEM和人文學科之間爭個高下的話，反而使大家看不清，原來生物學、化學、物理學和數學這些所謂的純科學，其實都是人文學科的核心科目，就連電腦科學也早就納入了人文領域當中。人文學科與STEM教育之間已經產生錯誤的對立現象，但學生實際上是可以邀遊於這兩種領域的。

技術的駕馭門檻降低

不過話說回來，人文學教育的價值究竟為何，尤其是對有意在技術創新的版圖上開疆闢土的人來說？人文學科的主修生將來當真會被拒於門外，與大好前程無緣嗎？這樣的論述其實牽涉到一些錯誤的概念。首先要探討的是，有些教育水準高但未受過STEM訓練的人，卻能夠在這波未受到注意但突飛猛進的科技發展中扮演舉足輕重的角色，甚至帶頭衝鋒陷陣，將新技術應用於創新產品和服務，就像凱特琳・葛利森那樣成就非凡。從她的故事可以看到，獲取技術工具相關的智識確實很重要，但若想在當前科技經濟的諸多領域中發光發熱，技術方面的文憑已不再是必要條件。各種技術工具的駕馭門檻已然大大降低，如今就算是沒有技術專業背景的人也可以輕而易舉取得相關知識，用更有創意又有效率的方式與技術專家攜手合作，真正策動新產品和服務的創新。

近幾十年來，用來打造技術產品和服務的工具愈來愈「平民化」，這是科技界的主流趨勢之一。技術專家打造出更加直覺式的介面，讓電腦用起來更簡單，就連三歲小朋友都能輕輕鬆鬆玩iPad。蘋果（Apple）的Siri和亞馬遜（Amazon）Echo這類的新興語音介面正不斷精進改良，非程式設計人員以後就可以用來訓練電腦，指示電腦操作很多過去得先設計程式後才能執行的工作。就目前來說，架網站這件事已經不需要任何程式設計方面的知識，只要選好模板，再依需求將預先設計好的元素拖曳到模板裡，修改成自己想要的樣式即可，任何人都能成為網頁設計師，而且架好的網站又可以輕而易舉地連結到到付費服務、庫存管理系統和顧客關係管理系統等等。3D列印在十年前仍是個未來狂想曲，如今卻是唾手可得的萬能印表機，不但價格低廉，又只需要一點程式設計就能創造各式各樣的物件，比方說自己設計的家具和服裝。不過就在幾年前，發展及支持大量資料儲存技術以供各種科技公司所需，是一件技術及價格門檻都高到令人望而生畏的事情，大概只有想得出這種商業點子的過人之才才辦得到。反觀今日，人人都可以向Amazon Web Services購買雲端數據儲存服務，根本不必了解伺服器運作的技術面細節。然而，這並不表示現今所有的技術工具都很容易運用，有不少工具仍需要高階專業知識才能得心應手，不過在這種情況下，還是會有充足的資源讓人更方便獲取所需的專業知識，促使「平民化」的趨勢持續發展下去。

幾年前，我70歲的老父親騎著Litespeed單車在30多公里的時速下摔車，頭部著地的結果導致他硬腦膜下血腫，被送進加護病房。神經科醫師建議他用Lumosity來訓練大腦，幫助復原。Lumosity是一家網路公司，專門提供好玩的訓練遊戲，有助於加強語言、計算、記憶力和邏輯方面的能力。我父親從 Lumosity 手機app下載了訓練遊戲，結果他玩興大發，竟激發他創作自己的手機app。我父親擁有維吉尼亞聯邦大學碩士文憑，是一名工業心理學家，並非受過相關訓練的程式設計師，但是他自學學會了如何使用一種叫做 LiveCode 的程式設計語言之後，很快就著手按照他心目中的產品，製作可運作的原型。他透過名為 UpWork 的工作外包網站，請了一位在印度的 iOS 開發人員來協助他。我父親正好趕上 2014 年世界盃足球賽賽事推出一款 iPhone 手機 app，而且還打進玩家排行榜。我父親的故事正足以說明在這個新崛起的時代，只要有心投入創新，就算未受過正式的技術訓練，也能夠成功。雖然我父親選擇使用 LiveCode 這款從 Apple Mac 非常早期的程式 HyperCard 發展出來、也是他數十年前就試用過的語言，不過該語言當然並不是非學不可，而且本書還會陸續介紹很多沒有技術背景的文科生，看他們如何搶得先機，與理科人攜手合作，駕馭尖端科技，開發出振奮人心的創舉，大幅提升人類的生活。

✒️ 人文教育培養出來的專業技能

雖說主修電腦科學未必是置身第二次機器時代的必要條件，但人文領域的畢業生究竟具備哪些特殊技能，可貢獻於此嶄新的世界呢？人文、理工的論戰中還有一個疏漏之處，就是未能體察良好的人文教育其實可以傳授學生許多技能，這些技能不但有益於商業界，還能成為下一波突破性科技產品服務的創新樞紐。當然，也有不少人站出來大聲疾呼培養基本的思考與溝通能力非常重要，譬如批判性思考、邏輯論證和良好溝通技巧等等。法芮德・札卡瑞亞（Fareed Zakaria）在其 2015 年的著作《捍衛人文教育》（*In Defense of a Liberal Education*）中特別強調「創意、問題解決、決策、提出有力論證和管理」等能力都是人文學科所傳授的，他本身就是最好的證明。然而，人文教育培養一般思考技巧的這番論述，卻又讓大家忽略了人文學科主修生之所以握有特別有利的條件，在現今和未來的創新之路上扮演領導角色的最重要因素。

人文社會科學其實是一個專門研究人性和群體及社會特性的學問，這是人文教育中一個始終遭到莫名忽視的面向。攻讀人文學科學位的學生，往往對研究人之所以為人的奧祕很有興趣，這包括了人類的行為和行為背後的原因等等。他們積極探索家庭以及學校和司法系統這類的公立機構是如何運作，又如何能運作得更良好，還有政府與經濟如何運作，或如何因運作不良而被拖累這種常見情形，也是他們的研究目標。學生從特定科目學習到大量知識，然後把這些知識應用到當今各種有待解決的重大議題上，並利用各種途徑進行分析和解決。

　　新時代最大有可為的創新契機，就是在各種層面上應用日新月異的科技力量，包括探索更理想的途徑來解決人類的問題，譬如社會功能不良和政治腐敗；尋覓改良兒童教育的方法；協助人們改掉不良行為，用更健康、更快樂的方式生活；改善職場環境；找出更有效的方法打擊貧窮；改良醫療保險制度，讓更多人負擔得起；促使政府更有擔當，扛起解決地方性議題到全球性事務的責任；以最適切的做法把聰明的智慧型機器導入職場，讓我們能夠做更多人類本身最擅長的事情，其餘工作就放手給機器去完成。員工若是受過扎實的人文教育訓練，就等於具備了朝上述目標邁進的穩固根基。

　　科技創新最迫切的需求之一，便是為產品和服務注入更多人味，讓產品服務更貼近人的需求及渴望。賈伯斯慧眼獨具，意識到這一點，他專心朝此方向發展，最後打造出全球最有價值的公司之一。今後想要摘下成功果實的創業人士和公司，都必須以他馬首是瞻，在創造產品和服務時從各方面去思索，如何善用新技術讓產品和服務更人性化。具體來說，賈伯斯是利用了人文學科在設計上的洞見。Macintosh是世上第一台可以讓使用者選擇漂亮字型的電腦，會有此功能的出現，可以說源自於賈伯斯在奧勒岡州波特蘭里德學院上書法課時學會欣賞字體之美的關係。他在對史丹佛大學畢業生演講時，把字型形容為「一種科學捕捉不到，既美麗、富歷史感又妙不可言的藝術」。

其他還有很多人文學科都對科技界的創新貢獻良多，像心理學系就有助於打造出更契合人類情感與思考方式的產品。Facebook的爆紅就完全體現了專精「人性因素」如何能為新產品、程式和服務的設計帶來革新。大家都知道，馬克‧祖克柏（Mark Zuckerberg）是寫程式快手，但由於不善社交，在人際關係上吃了不少苦頭。不過很少人注意到，他是菲利普艾斯特中學的文科生，這是一間採行「哈尼克斯圓桌」（Harkness tables）教學法的學校，課堂上以問答型討論為主，而不是老師台上講，學生台下聽。之後祖克柏進入哈佛學院，又熱衷於學習拉丁文和希臘文，他甚至在藝術歷史這門課的期末考拿下高分，就因為他架設了網站，將200件藝術作品放在上面展示，讓同學可以針對作品重要性寫下評論，而該網站堪稱是眾人皆可參與的學習平台前身。跟姐姐蘭蒂（Randi Zuckerberg）一樣念心理學的祖克柏，他把人天生渴望與他人連結的心理學洞見，應用在Facebook的設計當中。祖克柏之所以能成為 Facebook 早期發展的開拓先鋒，當然是因為他寫程式的功力一流，不過 Facebook 的人性心理學部分，也多虧他的耕耘。

人類學的經驗也可以幫助企業掌握開發及行銷產品時，應當斟酌的文化與個人行為因素。佛羅里達州州長瑞克·史考特（Rick Scott）數年前接受某報紙採訪時曾表示，他正設法將州政府提供給心理學系和人類學系的學生獎助金抽走，轉而補助 STEM 學科的教育，他是這麼說的：「培養更多人類學家攸關到本州的切身利益？我可不這麼認為……如果我要拿老百姓的錢投入教育的話，我寧可用這筆錢創造就業機會。」史考特在發表這些言論之前，真應該先了解美國勞工部所做的研究。根據該研究估計，人類學的學生就業率強勢成長，高於多數職業的平均就業成長率，跟電腦軟體工程師目前的就業成長率不相上下。

人類學家對自動駕駛汽車的貢獻

汽車製造商日產（Nissan）延攬萊斯大學人類學博士梅莉莎·賽夫金（Melissa Cefkin），為該公司的汽車設計做評估，並請她進駐日產技術中心，主導公司的人機互動研究。目前她正率領團隊研究自動駕駛汽車與人類在進行各種可能的互動時所衍生出的複雜性，以及這些複雜性對汽車設計與控制的影響。接下來先簡要分析一下自動駕駛汽車的前景與隱憂，來思考賽夫金的投入為何有其必要。

　　自動駕駛技術的實施這項工程壯舉，可以說是令人嘆為觀止的重大成就，但從安全隱憂來看，還是有許多爭議性的問題有待解決。2016年，一位駕駛配有全自動駕駛模式技術的特斯拉汽車（Tesla）車主慘死，凸顯了當前自動駕駛汽車的設計者在為所有危險擔起責任的同時，也有他們的侷限。該駕駛出事時的行駛環境其實並不複雜：那是一條寬敞的公路段，當時自動駕駛系統未能偵測到有一輛貨櫃車切換車道後，開到這輛特斯拉的前方。事故後的分析發現，自動駕駛系統偵測不到貨櫃車在強烈陽光照射下的白色車身。該車主可能因為太過於信任自動駕駛，放心地欣賞《哈利波特》（*Harry Potter*）的電影而沒有看著路面，以致於未注意到前方的貨櫃車。專家多半認為，馬路上其實會出現很多自動駕駛汽車的安全行駛技術到目前為止尚無法應付的狀況，比方說路面有淹水、大坑洞、掉落物，或者是出現改道標誌這種臨時交通管制措施時。賽夫金目前的研究重點就是自動駕駛汽車行駛於更為擁擠的都市環境、面對本來就無法預測又非重複性的複雜狀況時，會遭遇哪些瓶頸。

　　現今自動駕駛汽車的設計者最艱鉅的挑戰之一，就是處理人機混合的環境。這種環境最終或許都可以統一由機器來運作，但在可預見的未來，基本上還是會出現各種複雜的狀況。機器是可以設定成講求效率又守規矩，但愛找麻煩的人類喜歡破壞規則，總是用複雜到很難讓機器也學會的詮釋方式，對各個狀況逐一分析。就拿沒有紅綠燈但設有「停」這個標誌的繁忙十字路口來說，行經的汽車不是不守交通規則，就是喜歡臨場發揮，比方說車主這裡揮個手、那裡用粗魯的動作示意，或甚至有些車龜速到被後方心急的車主催著跑。人類學家愛德華・薩丕爾（Edward Sapir）曾在文章中提及人類微妙的手勢系統是「精巧奧妙的不成文密碼，但沒有人不懂」。自動駕駛車輛還無法感知與了解人類的手勢，機器只知道在標誌前停下，所以必須靠賽夫金幫機器思考接下來該怎麼做以及如何成功地周旋於複雜的人際互動之中。

為了完成這個任務，賽夫金必須先找出人類的行為模式，才能幫助程式設計人員了解自動駕駛汽車在道路上應該如何行動。她借用了不少人類學界的工具來找出這些模式，比方說民族誌當中用來實際觀察各民族的田野調查法及記錄其行為的錄影方式等等。她的主要目標就是協助日產設計一種溝通系統，以利自動駕駛汽車跟行人及其他車主互動。譬如顏色辨識燈就可以顯示汽車現在正準備發動、停下還是留在原地，又或者可以設計某種視覺裝置，讓人們一看就知道這輛自動駕駛汽車是否已經注意到他們。也許汽車前方可裝設螢幕，用來顯示文字，方便傳達訊息，就像人類手勢的功用一樣。除了溝通上的問題之外，還必須要考量到駕駛人的心態，才能讓自動駕駛汽車安全進入我們的道路，比方說有些人會因為「快車道」上某輛車的行駛速度比車流速度還慢而火冒三丈，更別提那些容易暴怒的駕駛人了。據麥肯錫顧問公司（McKinsey & Company）資深合夥人漢斯-維爾納·卡斯（Hans-Werner Kaas）表示：「整個汽車製造業已經逐漸意識到有必要處理自動駕駛汽車所涉及到的心理層面，紛紛加強這方面的技能。」

　　盡可能抓出所有待解決的後勤問題，只不過是實現汽車自動駕駛的第一步而已，很多極其複雜的道德問題依舊存在。2016年《科學》雜誌（Science）6月號有一篇題名為〈自動駕駛汽車的社會困境〉（The Social Dilemma of Autonomous Vehicles）的文章就指出，今日自動駕駛汽車碰到的問題，其實與1967年英國哲學家菲力帕·芙特（Philippa Foot）所發表的知名思想實驗「電車難題」（trolley problem）息息相關。在電車難題中，假設軌道上有一輛電車正朝著五名工人疾駛而來，一名目睹此狀況的工人可以用控制桿將電車切換到另一條軌道，但那條軌道上又有另外一名工人，這位操作控制桿的工人該怎麼做才對？自動駕駛汽車所面臨的難題就跟這個情況很類似。

應該將汽車設計成優先考慮駕駛人和乘客的生命，不必去管有可能突然轉進軌道的行人或自行車騎士嗎？假如汽車可以馬上右轉避免撞到人，但有可能因此撞上擋土牆，或是有更高的風險，比方說撞到正在人行道上等燈號轉換的一家三口，那麼這輛汽車該怎麼做才好？雖然自動駕駛汽車被稱為「自動駕駛」，但實際上只是根據程式設計人員的設定，在程式碼的輔助下，依所學到的規則行駛而已（這一點會在下一章深入探討）。

應該把汽車「教」成在碰到這類狀況時都要設法迴避，還是先計算乘客所承受的風險，然後在不讓乘客受傷的原則下轉向？

又或者應該將汽車設定成依大多數人在類似狀況下會有的反應來應對？難道人類在這種狀況下會有某種常見的反應，又如果真有這樣的普遍行為，自動駕駛汽車就應該仿效或改良成更好的做法？寫入軟體中、由程式碼所界定的決斷力，可以像現今失效的安全氣囊那樣被「召回」嗎？倘若自動駕駛汽車可以比人類更快做出反應、更快算出所有選項的風險，並且一定會選擇最佳選項，救最多人的命，法律不就該明文規定汽車除了一定要有這種程式設計，也必須在遇到上述危險狀況時全交由車輛來作主判斷？切換成人類車主接手駕駛這個選項是不是也該自動停用才對？另外，自動駕駛汽車若是證實比人類駕駛更安全又更節能，那麼汽車公司是不是有必要加快開發的腳步？畢竟大家先前就是這樣，希望汽車公司加速開發更節能、可降低碳排放量的汽車。這些問題都還只是隔靴搔癢，並未觸及到勢必得解決才能將自動駕駛汽車導入人類日常生活的重大議題。

如果要求乘客點選「是的」，表示接受其責任義務，就像一般人在下載最新的廣告封鎖軟體時要點按的那種條款和規定一樣如何？這麼做就夠了嗎？哈佛心理學家約書亞・格林（Joshua Greene）在他為《科學》雜誌所撰寫的文章〈無人駕駛汽車的困境〉（Our Driverless Dilemma）中，探討了這種複雜性的根源。他指出，機器在做決定時「偏哲學性而不講究技術性。人類應該先設法讓自己的價值觀更明確且前後一致，再將價值觀植入機器中。」對年輕的倫理主義者和訴訟律師來說，這顯然是一個欣欣向榮、值得一探究竟的業務領域。國際性法律公司歐華律師事務所（DLA Piper）已經推出「連結與自駕式汽車業務」，而現年33歲，畢業於范德堡大學，主修美國研究，後來在康乃爾大學受訓成為律師的艾略特・卡茲（Elliot Katz），正是該業務的全球共同負責人，他就思考了不少這方面的議題。

挖掘文科畢業生的潛能

　　就在科技把機器變得更聰明，物聯網（Internet of Things）逐步占據人類生活，蒐集和分析我們生活裡的各種數據資料，從人類行為中挖出更多新發現之際，審慎思考該如何打造新產品服務來提升人類生活以及社區、職場和政府的本質，就成了關鍵課題。若能一針見血，戳中人性需求並配合人類的才能，以此為著眼點所開發出來的產品服務，必定擁有獨特的競爭優勢。

　　這也是線上約會服務 Tinder 為何能快速成長的原因。該公司延攬社會學家暨加州大學洛杉磯分校博士潔西卡・卡比諾（Jessica Carbino），協助它們了解配對的模式。有些人或許認為 Tinder 是無聊的配對手機 app，用戶都是根據對象的外貌來決定往左或往右翻牌。不過對這位很愛追根究柢的社會科學家來說，該網站卻是個大寶庫，裡面匯集了大量與人類魅力、社會學和心理學有關的數據資料。舉例來說，卡比諾可以從 Tinder 好幾億筆的資料當中找出「薄片擷取」（thin slicing），這個詞彙是指人類用來快速做判斷的非語言線索。比方說，資料顯示女性發現下巴線條柔和的男性比較善良，男性則認為有化妝的女性較有魅力。15% 的美國成人用過約會手機 app，從他們身上確實可以發現不少人類在評估某對象魅力時所用的方法以及約會這件事的奧妙之處。Tinder自然不是唯一一家借重文科生才華，把產品變得更誘人又有效益的公司。

　　新創公司Slack推出的企業溝通平台，該軟體讓團隊成員之間的溝通比電子郵件更有效率，因而引起轟動。該公司特別僱用主修戲劇系的員工，把Slack傳給用戶的訊息變得更討喜。Slack的聊天機器人會給予用戶別出心裁的回應，設法「讓用戶感受到額外的驚喜和小確幸」，就像你千方百計要Siri給你特別不一樣的回應，結果它最後說出爆笑或俏皮的答案一樣，譬如它用平板的語調告訴你「也許你說得沒錯啦」這類的話。如此奇妙的設計就是出自編輯總監安娜・皮卡德（Anna Pickard）之手，她畢業於英國曼徹斯特都會大學戲劇系。當使用者註冊為新用戶時，不必在欄位中填入個人資料，親切的聊天機器人會詢問你的個人資料，你只要跟它「聊一聊」就一切搞定。Wade&Wendy的模式也很類似，這家公司打造了以人工智慧驅動的聊天機器人，目的是讓求職者與企業招募單位之間的招聘過程更有效率。湯米・戴爾（Tommy Dyer）是該公司內部的組織心理學家，在馬里蘭州安納波利斯聖約翰學院受過人文教育訓練，Wade&Wendy的程式設計人員試圖根據他的研究與分析，將動態的聊天對話撰寫成靜態的程式碼。

　　在抨擊人文學科的聲浪當中，有不少人誤以為文科生跟那些鑽研STEM學科的學生比起來就是不夠嚴謹,再來就是文科生不但「弱」又很不科學,而STEM領域出身的學生學的才是正宗科學方法。事實上,人文學科傳授了很多嚴謹的探究與分析方法,比方說密切觀察及訪談方式等等,但挺硬科學的那一派未必懂得欣賞。人文領域當中也有不少學科早就融入了科學方法,以及其他以資料為取向的科學探究和問題解決途徑。以發展經濟學為例,學生必須學習如何進行隨機控制實驗來檢測政策介入,其嚴謹程度不亞於臨床醫療實驗,而率先在此領域耕耘的包括MIT貧窮行動實驗室(Poverty Action Lab)和耶魯大學扶貧運動創新組織(Innovations for Poverty Action)這類團體。

社會學家製作出精密的社會網絡數學模型。歷史學家蒐集數百年來有關家庭支出、結婚與離婚率以及世界貿易的龐大資料,再用這些資料做統計分析,辨識其中的趨勢並找出某些現象的背後成因。多虧了語言學家開發出高科技語言進化模式,使自然語言處理這門技術的發展往前邁進一大步,帶動自動化快速進展,讓電腦能夠化身為Siri和Alexa,用精準又有個性的方式進行溝通。創投資本家維諾德・柯斯拉2016年在部落格發布平台Medium上發表一篇名為〈學生主修人文學科是大錯特錯嗎?〉(Is Majoring in Liberal Arts a Mistake for Students?)的文章,這篇文章後來廣為流傳。他在文中宣稱,人文教育限制了「你的思考維度，原因就出在你對數學模型所知甚少……又沒有統計方面的概念」，想來他忽略了人文學科的主修生其實在這些探究方法上受過廣泛的訓練。

另外，沒學過量化分析方法的文科生就等同於沒有「硬」技能或相關能力這種謬論，也必須加以破除。為此我們得回頭探討法芮德・札卡瑞亞等眾多人士對人文教育所傳授的思考、探究、問題解決及溝通這些基本方法所提出的論據。這些技能的養成之所以被誤以為不夠嚴謹，其癥結點之一有可能是曲解了人文科目，以為這些學科都很冷僻或過於深奧。譬如批評者就很愛用《紐約時報》（*New York Times*）記者查爾斯・麥格拉斯（Charles McGrath）所謂「擅長解讀第一次世界大戰前克羅地亞民族歌舞中暗藏之情慾」、那些「舌粲蓮花」的學生，來形容文科生。我父親以前常告誡我和姐姐，念「可有可無」的學系會有什麼下場，幸好我們姊弟倆改選比較文學和政治科學。事實上，人文教育有一個特色，就是即使並非必要，也會鼓勵學生修習各類型的科目，不管是以必修的基本科目形式，要求每位學生都要修習，或是較為常見的做法，透過選修方式來補強學生的主修。

專業科目是人文學科研究所的特色，並不是大學部的重點。這種批評有一個很諷刺的地方，那就是專業科目在STEM領域反而成了問題，因為很多科系由於課程量太重，導致學生沒有餘裕去滿足自己更廣泛的求知慾或單純的好奇心。此外，電腦科學課程所栽培出來的新鮮人濫竽充數，對現今一名能幹的工程師應該要掌握的程式語言其實並不拿手。開發產品所必備的程式語言變化得非常快，這些沒辦法掌握程式語言的畢業生，往往需要另外接受線上培訓課程。事實上，畢業於哥倫比亞大學政治科學系的札克・西姆斯（Zach Sims），之所以會共同創辦編程學院（Codecademy），提供線上編程課程，正是因為傳統課程在程式語言方面很失敗。「我們發現，主修電腦科學的學生是很出色，但未必是出色的程式設計師，所以我們早先在訪談哈佛和MIT的學生時，就發現他們可能不是馬上就能上手的程式設計師。」他在2013年表示。俄亥俄州前伍斯特學院院長，同時也是獨立院校理事會（The Council of Independent Colleges）資深理事喬治亞・紐珍（Georgia Nugent），在《快速企業》雜誌（*Fast Company*）一篇名為〈為何一流的科技公司執行長僱用文科畢業生〉（Why Top Tech CEOs Want Employees with Liberal Arts Degrees）的文章中指出，科技日新月異，商業需求也隨之產生無法預測的變化，「最諷刺的是，周遭形勢亦趨複雜，我們卻鼓勵年輕人專心在某個一技之長上好好下功夫。我們對年輕人諄諄教誨，告訴他們人生就是一條筆直向前的路，這根本是在害他們。人文教育依然切身重要，原因就在於這些學科把學生栽培得更靈活，使學生有能力適應不斷變遷的環境。」想在這個快速變遷的世界開拓新領域，需要尤甚於以往的反應力、創造力和好奇心。

更懂得應變與溝通，更有創造與思考力

人文教育的主要目標，是允許學生追求自己的愛好，並培養他們挖掘愛好的能力。這項使命的重點任務，就是鼓勵學生接觸新領域的學問和其他文化、信念體系、調查論證的方法。理想境界是，多多接觸人文學科可以鍛鍊學生的心智，強迫他們思考各種立場與想法，進而使他們對某些觀點及偏見提出挑戰，同學之間為此辯論到三更半夜變成家常便飯。學校歡迎學生逕自按照志趣來選擇主修，這一點甚至比清楚了解自己未來要從事何種職業更為重要。學生入學時本來打算主修經濟或英國文學，但選修了一門都市社會學之後，發現自己對都市規劃有強烈興趣，或許便決定要走都市研究路線，以城市規劃或治理為職志。這名學生也許有朝一日會學以致用，與技術專家合作，開發出有效率的都市運輸系統，將無人駕駛車輛導入其中，或是從人口統計分析來思考如何為房地產訂出更合理的價格。

唯有廣泛接觸各種知識和思考方法，深入研究周

遭環境的本質，懂得如何解決問題，才有機會去發掘自己最有興趣的東西、將來要投身於何種工作，這便是人文教育的治學核心。人文教育傳授給學生的是學會學習和熱愛學習，而不是教學生學習怎麼工作。這是一場思想上的冒險，也是在培養學生基本的智識技能，讓他們做好準備，繼續在接下來的人生當中追求別的志趣，無論他們在新方向上是否受過相關的正式訓練都能遊刃有餘。這些基本的技能包括了批判思考、閱讀理解、邏輯分析、論證、清晰且有力的溝通能力，也都是在為學生做好進入職場的準備。

喬治亞・紐珍在 2015 年一篇為獨立院校理事會所撰寫的文章中提到，「總是不斷有各行各業的新鮮人（從企業領導崗位到犯罪防治、從外交到牙科、從醫療到媒體）熱切地提到他們探索藝術、人類學、哲學、歷史、世界宗教、文學、語言這些學問時所得到的種種益處，無論他們大學的主修科目為何或從事何種職業。事實上，這些畢業生往往將自身成就歸功於大學時期得以接觸到各種思考模式。」這些成就自然也包括了科技類產品和服務的創新。2015 年《富比士》雜誌 6 月號刊登了喬治亞・紐珍所寫的文章，他在文中提到 Slack 創辦人坦言哲學教了他不少東西。「我學會如何用文字清晰明確地表達，也學會怎麼跟著論據走到底，這在開會時很有用。我又從科學史認識到人是怎麼對某件事信以為真，比方說以前大家都堅信這個老舊概念：空氣中有乙太之類的東西在傳播重力，直到被證實不是真的為止。」他回憶說。

　　人文教育對這些基本技能的養成，正是這麼多雇主不顧某些科技巨擘悲觀的警告，仍執意要僱用人文科系畢業生的原因。2013年《人文教育》雜誌（*Liberal Education*）刊出的一份調查研究指出，七成四接受調查的雇主回答人文教育是「當今全球化經濟下奠定成功基礎的最佳途徑」，而這些雇主當中有不少是科技業的老闆。LinkedIn握有價值連城的資料，對於何種背景的人受僱於何種職業瞭如指掌，該企業在2015年進行一項研究，結果發現「人文領域的畢業生比技術類科系的畢業生更快進入科技業職場。踏入科技產業的文科畢業生日益增多，2010到2013年之間，其成長率比電腦科學與工程學系主修生高出10%。」

　　敏捷的思考力對公司的重要性不亞於技術專業，這也是當今公司用來在創新之路上保持領先的要素。本書會一再提出例證，探討畢業於人文領域的「文科人」究竟如何大膽一躍，跳入完全未知的領域中，將各種領域的線索串連起來，去感知連專家也忽略的問題，並且對自己的能力充滿信心，去掌握他們所需要的任何知識，以利推動他們的創新構想。這並不是說只有人文教育才能鍛鍊敏捷度，許多技術領域出身的人也非常有創意。這裡的重點在於，人文教育會積極鼓勵學子培養這些能力，其重要性跟理工科不相上下。

　　近幾年來，矽谷有不少首屈一指的公司僱用了很多沒有技術背景或對技術知識所知甚少的員工，這些員工也多半沒有在科技公司待過的經歷，而公司卻在設計、銷售、品牌建立、顧客關係管理及產品開發行銷上借重他們的專業。從當前最新的現況可以看到，文科生在許多最具創意又成功的商業新點子上扮演關鍵性角色，同時也是推動核心產品開發不可或缺的人物。其中有人把他們從經濟學、社會學、語言學或心理學這類主修科系學到的特殊調查分析技巧應用在工作上，也有人從事不曾為此受過特殊訓練的職業，凱特琳・葛利森就是一個例子。文科人協助消弭各種專業的隔閡，以巧妙的方式運用技術途徑來解決各種問題，並建立必要的跨職能團隊，開拓大有可為的創新版圖。他們正在將自身對如何考量人性因素，以及如何充分發揮新科技的力量以改善人類生活的重大見地，與世界分享。

　　文科與理科這兩種專業的交匯之處，誕生了今日最令人雀躍又最具影響力的創新之舉，以更強大的途徑來解決教育、健康醫療、零售業、製造業、治安及國際安全等諸多領域中的重大問題，這種創新就是重量級投資人彼得・泰爾在他 2014 年的著作《從 0 到 1》（*Zero to One*）所說的「獨一無二」的創新。正如馬克・祖克柏於 2016 年 8 月與 Y Combinator 總裁山姆・奧特曼（Sam Altman）訪談時所強調的：「我一直認為大家應該從想為這個世界解決的問題著手，而不是先決定要不要開公司……致力於改善社會的公司，就是最棒的公司。」這些創新者提升了我們培養下一代學習熱忱的方式；他們利用人類心理學的知識和說服力，讓預防醫學有重大進展；他們協助政府更公開透明、更民主，並且促使人際溝通更有效率、品質更高。創新者探究「大數據」這股洪流的潛力，巧妙地運用自然語言處理和機器學習這類的尖端科技。這種轉型式創新的時代，才正要開始而已呢！

機會無所不在，但威脅也如影隨形。企業若無決心率先整合文科人與理科人員工，讓他們密切合作，也就是把有能力洞悉人性因素、對新技術工具的各種可能性瞭如指掌的人招募進來，很快就會被淘汰。正如頂尖戰略專家麥可・波特（Michael Porter）2015 年在《哈佛商業評論》（*Harvard Business Review*）刊出的一篇文章中所指出的：「產品正朝智慧型的連接裝置發展……徹底顛覆了各家公司的競爭態勢」，我們的商業模式以及技術與非技術職務之間的合作，必須再創新、再進化。

創新的浪潮如火如荼地展開，每一位能幹的勞工都不會想置身事外，無論是正在思索生涯方向的大學生、望子成龍的父母，還是各行各業的創業家和企業主管，都必須體認到文科人與理科人攜手合作可以發揮巨大的潛能。機器人崛起的預言讓人不得不信，但第二次機器時代的發展重點並非機器即將取代人類的角色，而在於我們會讓機器為人類提供更好的服務。

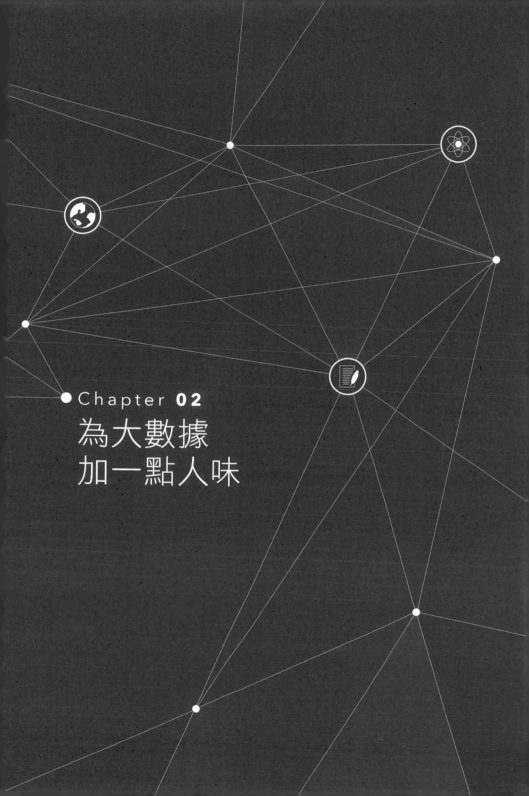

Chapter 02
為大數據
加一點人味

2014年5月2日，美國海軍第七艦隊的藍嶺號指揮艦（USS Blue Ridge）在南海詭譎多變的水域巡邏。情報指出，越南專屬經濟水域（exclusive economic zone，簡稱EEZ）出現大批船隻。該區部署了密密麻麻的監控裝置網絡，這些監控器所蒐集到的資料都會呈現在全球海事指揮管控系統上（Global Command and Control System–Maritime，簡稱GCCS-M），或稱「技客」（Geeks）。

安德烈亞‧塞納奇斯（Andreas Xenachis）那天值班，負責指揮「監看樓」（watch floor）的六位分析師。監看樓是指幾組人員輪班監控和分析從大型艦隊C4I（即指揮、管制、通信和情報）系統傳入的龐大資料。他的小組負責持續通報技客上出現的所有資料，這個任務主要就是接收、擷取並呈現船艦移動、衛星資料、雷達信號和通訊有關的資料，十分複雜。該小組同時也負責向艦隊指揮官呈報資料所指出的意涵，以及任何可能危及其麾下數萬名將士的線索，讓指揮官能掌握重要態勢。

就在那天，技客螢幕上出現了一群光點，那是所有組員從來不曾見過的畫面。光點似乎列隊而行，呈現分層保護的布陣，是海軍艦隊會用的典型隊形，也就是一組小型船艦組成的防護線，環繞著軍艦或「灰殼」船，製造出層層相護的效果。中越兩國過去幾年來因為中國侵入越南EEZ而吵得不可開交，那麼這些光點會是中國海軍的軍事行動嗎？有可能是攻擊行動的前兆嗎？或者只是某種海軍軍事演習？

螢幕上的資料沒辦法告訴分析小組該怎麼從它所呈現的局面做出精準評斷，當然也沒辦法對他們透露該向指揮官提出什麼建議才好。塞納奇斯的小組當天值夜班，換其他組的輪班人員去睡覺。他們必須將自身對海軍作戰的經驗、南海複雜情勢的背景知識、光點隊形所在的特殊位置等資料加以彙整，並開啟好幾十個聊天視窗、不斷地打電話，隨時跟規模更大的C4I團隊溝通。這種情況下，縝密判斷出威脅的層級是當務之急，因為南海形勢一觸即發，只要走錯一步，就會馬上擴大成重大衝突。

在此先介紹一些歷史背景。中國、台灣、越南、馬來西亞、汶萊和菲律賓全都對南海有領土主張，而且各自又對其他國家的主張提出挑戰。也難怪該區地位如此重要：南海地區石油蘊藏量約110億桶，天然氣約190兆立方英尺，所以該區的能源資源不容小覷。據估計，到了2035年，從中東出口的化石燃料會有九成都銷往亞洲。經濟實力正在緊縮的中國，已經在南海周遭積極投入不少軍事建設，並以人工島部署逐步擴張的驅逐艦艦隊，並建造專門供戰鬥機使用的機場跑道。儘管鄰國強烈抗議，但中國仍然野心勃勃地在爭議水域鑽探石油，而各國都可以用高深莫測的法律措辭來主張該海域的所有權。面對這種劍拔弩張的局面，美國海軍增加了南海的巡邏作業，設法確保國際法所保障的航行自由，中國則認為美國這項舉動侵犯到它的主權，因為它聲稱其軍事設施可歸類為小島，這因此賦予它對南海有專屬權。

中國海軍的船艦曾經對美國船隻發動幾次挑釁動作。2009年，中國漁船據知是得到該國政府授意，試圖切斷連到美國聲納系統的水下電纜。那年稍後，中國潛艇在靠近菲律賓的海域撞上正在執行水下監控作業的美國潛航器。美國國防部部長艾胥頓‧卡特（Ashton Carter）稱中國的行動與國際規範「不合拍」，而全球安全專家則紛紛懷疑是否將出現另一次的冷戰，而這種持續不斷的衝突新局面，中美兩國若是自以為受到威脅而在反應時有個閃失，恐怕會引發重大的國際危機。

塞納奇斯的監看樓和C4I團隊戒慎恐懼，討論到各種可能的情況，和各種或可解釋畫面上那些密集隊形的可能原因。他們思考了所有的信號情報，也翻遍文獻，接著分析南海整個環境局勢的具體情況之後，他們有了共識。他們推論那個被簇擁的大型物體應該是中國的鑽油塔，它周圍像是小船艦的亮點，是大批漁船和中國海警的船艦及軍事護衛艦。後來他們的推測得到證實，中國國營企業「中國海洋石油公司」（China National Offshore Oil Corporation）當時正在將龐大的「海洋石油981」（Haiyang Shiyou

981，簡稱 HYSY 981）深海鑽油塔，運送到離西沙群島不遠的地點——越南、中國和台灣全都對西沙群島有領土主張——而且這座鑽油塔也立刻展開鑽油作業，導致中越兩國對峙數個月之久。越南聲稱該鑽油塔就在他們的大陸棚上鑽油，違反了聯合國海洋法公約（UN Convention on the Law of the Sea）。中國的回應則是派出多達 80 艘船隻，包括七艘軍艦和軍機，來保護鑽油塔的安全。

札克·庫柏（Zack Cooper）是華盛頓特區戰略與國際研究中心（Center for Strategic and International Studies，簡稱 CSIS）海事透明倡議合作的亞洲安全專家。「雖然南海爭議海域一直都有一些軍事行動，但中國將 HYSY 981 定位在越南（和台灣）宣稱有領土主張的海域，導致南海發生過去十年來持續最久的對峙衝突之一，」他指出，「這個動作破壞穩定，並產生事態擴大的危險，但是實際上卻沒有發生重大衝突，這反而證明了這些強硬事件是可以被控制的……越南承擔了實質風險，極有可能讓中國領導人跌破眼鏡，使他們確信必須改變對越南的盤算，以免錯估越南在挑戰中國的高壓手段時所展現的意願和能力。」

HYSY 981 僵持事件（後來都以此稱呼該事件），點出了現今蒐集的巨量資料能提供的有用洞見其實有限。技客系統確實是健全耐用的工具，可以針對船艦在海上的行動呈現寶貴的資訊，但資料的詮釋必須仰仗人類的經驗智慧和靈活的問題解決能力。事實證明，塞納奇斯所受的人文教育訓練，讓他有能力在這樣的過程中做好領導監看樓的任務。他是耶魯大學政治科學系以及塔夫茲大學佛萊契爾法律外交學院國際事務的主修生，跟科技研究沾不上邊。畢業之後，他在華盛頓特區布魯金斯研究院（Brookings Institution）擔任院長特助，磨練他的分析技能。儘管他或許就是領導監看樓的不二人選，但他還是認為：「不管是誰被丟到這種情境之下，面對如此艱鉅的分析任務，只要能跳脫大數據，多一點深思熟慮，一定能做好這份工作。」

他是羅馬尼亞裔移民，一直很想貢獻己力，服務這個為他開啟機會之窗的國家，也因此他在31歲時加入美國海軍，擔任預官。錯綜複雜的地緣政治衝突擾亂全球社會，他希望能直接參與交涉事務。塞納奇斯最初是在聯合參謀部當分析師，不過很快就受到拔擢，登上美國海軍藍嶺號指揮艦，擔任艦隊情報系統值星官，後來又收到一封電子郵件，邀請他參與地緣政治事務、擔任預測師。有不少專案或行動正致力於為現今蒐集到的龐大又豐富的「大數據」，導入人力情報與素人專業，藉此激盪出最強烈的火花，十分振奮人心，比方說有一個叫做「傑出判斷力計畫」（Good Judgment Project，簡稱GJP）的專案行動，塞納奇斯就是其中的一員。

為科技力量灌注人的視野

協助改良新技術，使其發揮更大的功能，是我們人類應當肩負起的關鍵角色之一，如此才能不斷進步。這並不是說STEM的重要性降低了，而是指在技術已經如此普及的狀況下，人對技術的應用能力就顯得格外重要。加強技術的力量，使技術發揮更多成效，這樣的機會比比皆是，對於那些受過調查研究、解決問題的訓練以及從人性因素來思考的人來說，也是大有可為之處。

心理學家菲利普‧泰特洛克（Philip Tetlock）是賓州大學管理學、心理學和政治科學教授，他正是率先開拓這些機會的先鋒人物之一。2011年，泰特洛克偕同身為決策科學家的妻子芭芭拉‧梅勒斯（Barbara Mellers）以及經濟學家丹‧摩爾（Don Moore），共同推動「傑出判斷力計畫」。泰特洛克用了20年時間探索專家在做決策時具備何種特徵，又會碰到哪些陷阱。他將心理學及政治科學面的質化洞見與量化分析方法融合運用，藉以評估專家見解的成效，尤其要分析的就是他們的判斷力何時會出錯或有失靈傾向。

泰特洛克率領GJP打頭陣，參加美國國家情報總監辦公室所贊助的比賽，設法解答比賽中所提出的問題，主持比賽的則是「美國情報先進研究計畫」（Intelligence

Advanced Research Projects Activity，簡稱IARPA）。IARPA
相當於情報界的「國防先進研究計畫署」（Advanced Re-
search Projects Agency，簡稱ARPA），該組織正是早期電
子通訊網路（後來發展為網際網路）的幕後推手。2010
年，IARPA創立了「綜合小隊預測」（Aggregative Contin-
gent Estimation，簡稱ACE）計畫，其宗旨為「大幅提升各
類型事件的情報預測正確度、精準度和及時性」，也就是
指塞納奇斯在南海所評估那種國際安全事件。由於塞納奇
斯成功解讀雷達螢幕上的小點，證明了他的專業，所以泰
特洛克決定邀他加入為了解決IARPA所提出的挑戰而特別
組成的團隊。塞納奇斯也很想測試自己的能力，便立刻報
名參加這個刺激的計畫，沒多久他的表現就就讓他躍居2%
頂尖預測者之列。

IARPA每年都會公布100到150個與外交政策有關的問
題，吸引眾人針對這些議題做出預測，比方說預測監察敘
利亞化學武器的可能性，或是下一任聯合國秘書長會不會
由女性出任。IARPA有一個共識，認為ACE計畫所取得的
答案一定可以解開「大數據」，意思是說，應用精密的數
學分析來評估IARPA預先提供給參賽者的大量資料，就能
從中找出解決之道。塞納奇斯指出，「最後的結果真的令
人大開眼界。」

IARPA的綜合衝突預警系統（Integrated Conflict Early

Warning System，簡稱ICEWS）是一個大型資料庫，裡面含有與衝突有關的歷史資料，IARPA授權給參賽者該系統的使用權，以便幫助他們解答問題。另外，各團隊都有權使用各種他們覺得實用的方法。有些團隊招募了來自美國一流學術機構的資料分析專家，融合大量的分析技術，包括機器學習在內，從純技術層面來探求解答。基本上，機器學習就是提供機器大量的資料，然後將機器設計成能夠按照一系列規則自行分析資料，藉此訓練機器自動執行任務，目前最受矚目的自動駕駛汽車就是運用此技術。不過，機器經過訓練後還可以創造很多令人嘆為觀止的豐功偉業。舉例來說，Google旗下的子公司DeepMind就利用機器學習，讓AlphaGo程式竟然能夠在超級複雜的中國古老棋盤遊戲圍棋賽當中擊敗世界冠軍，第八章會對此做深入探討。在那場比賽之前，就算是最聰明的人工智慧機器，下圍棋這種事也絕非其能力所及。

華頓商學院（Wharton）團隊採用的方法跟其他團體很不一樣。泰特洛克在資料科學上已經有了最新發展，但他繼續深入耕耘。他向數千位背景各異的人士尋求經驗背景的輸入，其中也包括塞納奇斯對船艦移動的經驗。他雖然也使用高階分析技術對資料進行初步研究，不過他同時又運用了個人的專業背景。比賽結果讓人嘖嘖稱奇。相較於使用既定方法的控制組，GJP是唯一在預測事件的能力上有顯著提升的團隊。「其他團隊的表現並沒有高出基準線。儘管那些團隊都運用了精密純熟的演算法，但就是少了一點東西。我認為他們缺乏的就是人這個元素。」塞納奇斯邊喝咖啡邊解釋。

GJP成績斐然，令人振奮，這證明了在科技益發聰明的時代，文科人的價值不減，或者以這句富有哲理、同時也是美國特種部隊中心思想之一的話來說：「人比硬體重要。」泰特洛克這位對文科人的專長與人類判斷力的弱點有獨到見解的心理學家，設計出一套方法，將人類和機器各有所長的能力彙整在一起。華頓團隊的成績實在太出色了，正因為如此，IARPA決定把撥給其他團隊的補助金收回，全數轉給華頓團隊，幫助他們擴大計畫。美國國家情報委員會（National Intelligence Council）主席以及其他人士，包括哈佛法律系教授及前白宮顧問凱斯・桑思汀（Cass Sunstein）等人，就曾公開讚揚這個計畫。桑思汀甚至表示該計畫是他至今在預測方面看過最重要的科學研究。《紐約時報》專欄作家大衛・布魯克斯（David Brooks）指出，倘若他是總統，辦公桌上一定要擺著GJP那種預測報告。泰特洛克抱持懷疑的觀點，對假定提出質疑，開闢一條人類智慧與資料合而為一的途徑。

如今，GJP為公私領域的決策者注入了強心針，促使他們培訓自己的預測專家，這些專家最終又可以協助預測各種情勢的發展，以利該單位做好該做的準備。安德烈亞・塞納奇斯現在正負責政府方面的小組。他回想IARPA的比賽時表示：「最有意思的是，剛開始有人提出『該怎麼讓預測自動產生？怎樣可以把人從這個過程中抽離？』這樣的假設性問題，竟然會有把人當成多餘的想法。我支持創新，不過我也深信，人類明明還有重大的附加價值，不該任由技術方案將人類摒除在解決之道的方程式外。」隨著GJP的影響力逐漸擴散、朝私領域發展，新型態的預測問題也因應而生，比方說車輛領域的破壞式創新之類的議題。它與華頓商學院車輛暨行動力創新計畫（Program on Vehicle and Mobility Innovation）合作，向預測人員調查有關特斯拉自動導航系統軟體更新及其電動汽車在中國的普及率等問題。該計畫再次彙整文科人與理科人的專業，並輔以社會科學，在大數據的分析上有了更大的進步。

人類會找到更適切又有效率的方法，來駕馭大數據和機器學習的力量

創業家克里斯・安德森（Chris Anderson）著有《長尾理論》（*The Long Tail*），同時也是《連線》雜誌（*Wired*）前主編，他在2008年指出，現今所蒐集的巨量資料讓科學方法相形之下顯得落伍了，因為「科學方法立

基於可驗證的假說上。大部分的模型是科學家腦中形成的機制，這些模型會經過檢測，然後透過實驗確認或偽造世界如何運行的理論模型……沒有模型的資料只不過是噪音。但是巨量資料出現後，科學途徑，也就是假設、模型、測試這些環節，漸漸隨之落伍了。」安德森在《連線》雜誌一篇名為〈理論的終結：資料洪流使科學方法落伍了〉（The End of Theory: The Data Deluge Makes the Scientific Method Obsolete）的文章中指出，理論不可避免會有終結的一日，因為既然有了龐大的資料，人不必先行假設資料可能揭露哪些重點，只要透過分析就能從中找出新發現。換句話說，有了足夠的數據資料、有了足夠的資訊，人類便知識在握。

但是牛津大學網路學院哲學與資訊倫理學教授盧恰諾・佛洛里迪（Luciano Floridi），在其著作《第四次革命：資訊網路空間如何重塑人類的經歷》（The Fourth Revolution: How the Infosphere Is Reshaping Human Reality）中駁斥安德森「理論終結」的主張。佛洛里迪認為，安德森對知識的見解並非獨創，其實是呼應了400年前英國哲學家法蘭西斯・培根爵士（Sir Francis Bacon）聲稱人只要累積足夠的事實，即可不言自明，無需任何假說的論點。甚至在更早以前，古希臘哲學家柏拉圖也提出過相同論點，他強調知識不僅僅是資訊或資料，所謂知識是從懂得「如何提問和回答問題」而來。因此佛洛里迪認為，安德森說的是一個老套論點，而且「資料並非不證自明，我們需要提出聰明的問題」。佛洛里迪的主張跟普遍認為是伏爾泰的見解很類似：務必先從某人提出的問題來評斷他，而不是他的答案。

近幾年來，「聰明的」科技有了不少突破性發展，紛紛出現了機器的能耐已經超越了人類，或遲早把人類比下去的言論。所謂的大數據出現之後，更是助長了這種技術發展的態勢，這意味著創造出大型「伺服器農場」或「資料中心」這一類可以將資料儲存在「雲端」（這名稱如今聽起來有點諷刺）的機制之後，技術可行性提高，自然可以蒐集到更龐大的資料。在此同時，商業和休閒活動轉移陣地到網路發展，也產生了需要儲存與分析的龐大資料。另外，愈來愈多功能強大的小型感測器內嵌在各式各樣的產品當中，從智慧型手機到汽車和家電應有盡有，資料產生的速度也非常驚人。手機和那些無所不在的感測器，可以讀取和寫入的資料種類極廣，從視覺方面的資訊到感測器周遭物件任何風吹草動的相關資訊，以及環境裡各種的情況和聲音都是讀寫範圍。有些感測器可以執行所謂的「實境捕捉」（reality capture），也就是說，實體世界的任何一丁點元素都會被轉換為數位位元資料。

另外一股促使新資料洪流更加壯大的重要發展，便是小型電腦晶片與無線網路連線能力的革新。這兩種技術搭配在一起，就能為形形色色的物件植入運算能力，還能使裝置連線到網路，這一發展又促使物聯網快速演進，使得我們周遭的各種裝置，都能隨時與其製造商通訊，而且機器與機器之間也可以彼此互動溝通。就拿強鹿公司（John Deere）來說，這家公司已經在牽引機上配置導引系統，讓牽引機有自己行駛的能力，又裝設了感測器來蒐集土壤方面的資訊並傳送到公司，公司分析過這些資訊之後，便可以向農夫建議該怎麼提升農作物的產量。

有一些觀察家對這些發展十分關注，比方說克里斯·安德森，他們就主張，機器學習這種新力量會全面取代人類，拿下分析資料的主宰權。我認為比較有可能發生的情況是人類會找到更適切又更有效率的方法，來駕馭大數據和機器學習的力量，以便解決許多重大問題，而這類問題需要的不只是更優質的分析，還必須仰賴人類與機器聯手才能加以解決。

其實早在上個世紀中期，就已經出現了機器是否會取代人類的論戰。運算先驅暨MIT教授馬文·明斯基（Marvin Minsky）就認為應該把人工智慧的發展作為目標並與人類的能力相互配合，而同樣也是MIT教授的J·C·R·利克里德（J. C. R. Licklider）則主張，機器可用來輔助人類的能力，而非加以取代。許多人將利克里德視為運算界的「蘋果佬強尼」（Johnny Appleseed）＊，因為他提出的個人電腦概念、人類與電腦互動的重要性，甚至是網際網路，可以說為運算的發展灑下了種子，當今科技的所有層面幾乎都受到他的影響。他在1960年一篇具有非凡影響力的文章〈人機共生〉（Man-Computer Symbiosis）中主張，人與電腦之間不會出現機器人末日的景象，而是會「產生一種共生關係，除了琢磨出人類想不到的東西之外，還能夠用現今已知的資訊處理機器所做不到的方式來處理資料」。

現今所見的發展態勢，恰可作為強而有力的佐證。以新技術所開闢的途徑而促成最富成效的創新，往往是人文技能與自動化機器強項相互結合所產生的結果。另外，機器學習對普通人來說看似深奧而不得其門而入，是理科人專屬的堡壘，唯有專家才能利用此技術，貢獻一己之力加以改良就更不用說了。然而事實上，大數據和機器學習已經急速「平民化」，多虧各種網路平台的出現，人們可以把各種疑問張貼在平台上，即便是沒有資料分析經驗的人也可以幫忙提問資料方面的問題，又能接觸到很多專精資料科學的人士，請他們提供解答。由澳洲經濟學家所創立的公司 Kaggle，就是這類平台之一。

＊　蘋果佬強尼：美國拓荒時期的故事主人翁，他帶著蘋果種子灑在美國各地。

將資料科學化為競賽，
Kaggle 協助改善各領域的難題

　　Kaggle創辦人安東尼・葛博倫（Anthony Goldbloom）成長於澳洲，2006年畢業於墨爾本大學經濟系。他沒想過自己會走上創業之路，但大學念的經濟學顯然為他開啟了一扇門，讓他有了Kaggle這個構想。大學畢業之後，他搬到首都坎培拉，在澳洲財政部擔任經濟學家。「我以前經常得處理GDP（國內生產毛額）、通貨膨脹和失業這類問題，」他回憶說，「這些可不是什麼有趣的議題。財政部後來給了我三個月的假，讓我到英國倫敦的《經濟學人》雜誌（_Economist_）實習，我在那裡寫了一篇有關預測分析的文章。我發現很多公司內部藏有各種很有意思的資料，讓我很感興趣。我也發現到處都有各式各樣的資料，公司行號很有可能需要人幫忙解讀。」當然他也注意到，其他各類型的組織機構也有一樣的想法。葛博倫決心以此為職志，讓大家能夠透過最好用的工具來解決現實社會的各種問題。他打鐵趁熱，利用晚上和週末的時間努力設計出這種技術工具，也就是Kaggle平台的前身，在不眠不休半年之後，他辭掉正職工作，創立了這家公司。

　　簡單來講，Kaggle可以讓企業公司及研究人員將資料張貼到平台上，世界各地的資料科學家可以比賽分析資料並提供見解，勝出的方案可抱走一大筆現金，以獎勵他們的辛勞。葛博倫將資料科學化成一場競爭激烈、報酬又高的比賽。資料較敏感的公司可以付費舉辦封閉式比賽，在保密協定（nondisclosure agreement，簡稱NDA）的保護下設定只有專業人士能參加的門檻，不過大致來說，一般大眾多半都能透過該平台公開進行預測分析。Kaggle主持過數百次比賽，平台上的資料科學家對於解決各種不同的問題也有重要的進展。

以奇異公司（General Electric）為例，它在Kaggle平台上公告以60萬美元作為獎勵，尋求方案來解決該企業的一些難題，像是協助預測美國商業航班的跑道使用與登機門模式。奇異公司提供Kaggle參賽者大量有關飛航及氣象方面的資料之後，就陸陸續續在為期四個月的比賽當中，收到參賽者提供的3000多筆資訊，而勝出的團隊將業界標準精確度提升了40%。這等於幫每個登機門的每個航班節省了五分鐘的時間，相當於每年幫中型航線節省320萬美元左右。

另一個例子是，Kaggle協助醫界改良了糖尿病患者視力衰退的治療方法。糖尿病視網膜病變是糖尿病患的長期併發症之一，也就是指眼睛供應氧氣到視網膜的微血管受到損壞。這些微血管一旦損傷，就會造成視網膜病變，而這種病變最後多半會導致失明。這在已開發國家是造成失明的主因之一，而八成的糖尿病病患的視網膜多少都會損傷。加州保健基金會（The California Health Care Foundation，簡稱CHCF）認定，只要及早發現，糖尿病視網膜病變是可以藉由雷射、藥物和手術來治療的。CHCF決定在Kaggle平台上貼出比賽公告，獎金為10萬美元，徵求視網膜早期檢測方法。它把數千張內含健康與受損視網膜的影像張貼到平台，五個月之後，英國華威大學一位名叫班哲明·葛拉姆（Benjamin Graham）的統計員設計了一套演算法，能夠預測出當時85%的視網膜損壞。

Kaggle協助解決了各種領域的難題。另一項影響重大的成果，便是催生出電腦化的申論考試評量法。在教育界，標準化測驗之所以多半以複選題為主，並非因為這種題型是測驗思考、溝通和團隊合作等複雜能力的最佳做法，而是因為複選題是最便宜的評分方式。標準化測驗並不是評估學生學習程度最理想的途徑，而申論題則能夠全面性地評量學生的程度，也較能反映出就業市場所需的能力。

惠利基金會（Hewlett Foundation）想知道是否可以找到某種自動評分系統，既能維持品質又能針對申論題給分。若真有這樣的系統，就可以利用技術把申論題這種非制式型考試的評分作業變得更省錢，進而加強認知能力之標準化測驗的品質。該基金會舉辦一個叫做「自動化學生評量獎」（Automated Student Assessment Prize，簡稱ASAP）的比賽，邀請參賽者使用資料科學建構模型，做到跟人工閱卷員對 2 萬 7000 份涵蓋多種主題的學生長篇申論題所做的評分具備一樣的品質。經過三個月後，它收到 1800 筆演算法，頂尖團隊的表現甚至優於業界廠商。ASAP 共同總監湯姆・范德・亞克（Tom Vander Ark）認為：「電腦可以用來驗證教師的工作，但不能取而代之，另外又能降低各學區的成本，提供更優質的測驗，不但評分迅速，成本也更便宜。」

🖋 哪裡有「恐怖分子搜尋」按鈕？

　　儘管有不少科技創新者認為人性因素必然走向終點，消失於資料分析的方程式中，但也有創新者清楚認知到，有了人的投入，才能創造競爭優勢，帕蘭泰爾技術公司（Palantir Technologies）總監希亞姆・桑卡爾（Shyam Sankar）就是一例。帕蘭泰爾是一家市值 200 億美元的公司，它們所設計的資訊分析平台，可以讓世界安全、法律系統和政策制訂等領域的專家善用資料科學，更有效地打擊犯罪及全球恐怖主義活動。帕蘭泰爾受僱於數個最為神祕、以三個字母為代號的單位。這家公司的「前進部署工程師」（forward deployed engineers），也就是所謂的業務人員，可以輕而易舉深入敵後，設定分析儀表板，直接與特種作戰指揮官一起合作。事實上就在 2016 年，帕蘭泰爾拿到了與美國特種作戰司令部合作的合約，其價值2億2千2百萬美元。

桑卡爾畢業於康乃爾大學電機工程學系，後來又拿到史丹佛大學管理科學與工程碩士。他是理科人中的翹楚，但他信仰的是J‧C‧R‧利克里德用強大機器分析能力搭配人力情報、人的直覺及模式識別的主張。

帕蘭泰爾的技術幫助組織機構彙整結構化與非結構化資料，讓情蒐專家能夠針對各種來源的資料進行搜尋與提問，而且可以在同時間完成。深諳情報技巧的專業人士，可以利用此技術尋找失蹤兒童、詐欺犯或恐怖分子，至於無資料科學專業知識的人，則可用此技術找出隱藏在不同系統當中的模式。桑卡爾秉持的哲學是，唯有增強人力情報，才能搶得先機，領先恐怖分子這類適應力很強的敵人一步。「恐怖分子能屈能伸，隨時隨地都能適應新環境，」2012年，桑卡爾到蘇格蘭格拉斯哥參加TED環球會議，他在台上表示，「無論你在電視上看到什麼，恐怖分子所做的調整和相應的偵測行動，基本上都是人類的作為。電腦偵測不到未曾出現過的模式和新行為，但人類可以。人類可以指定機器做事情，利用技術來測試假說，從中找出真知灼見。擒獲賓拉登（Osama bin Laden）的並不是人工智慧，而是一群專注、機智、傑出的人善用各種技術的結果。」

再舉另一個例子。2007年10月，美國和聯合部隊在伊拉克靠近敘利亞邊界的辛賈爾，攻進蓋達組織的安全屋。他們找到700名外國戰士的背景資料，這些就跟人資表一樣的表格裡註明了這些戰士來自何方、誰招募了他們、他們想做何種工作以及他們加入組織的原因。唯一的麻煩就是，這些表格都是皺巴巴的紙張，上面全是手寫阿拉伯文。只有人的專業能力才有辦法篩選並解讀這些表格，但是等到將資料都抓出來經過編碼之後，就可以派機器上場進行分析。

分析結果指出，那些外國戰士有兩成來自利比亞，當中又有一半來自某特定城鎮。他們還發現利比亞伊斯蘭戰鬥組織（Libyan Islamic Fighting Group）某位教士演說過後，加入組織的人數會激增，馬上就讓他們對這位在蓋達組織內地位高升的教士有所提防。倘若沒有機器幫忙分類大量資料，也不可能探測到這種跡象；反過來說，要是沒有攻入安全屋，將實體資產予以復原、翻譯並標註人資表以利機器處理，也不可能取得那些重要資訊。要讓機器發揮效果，就必須兼顧背景脈絡和問題的結構。

不少像帕蘭泰爾這種提供資料分析服務的公司，通常都被形容為利用頂尖高科技途徑從「大數據」取得寶貴洞見的先鋒。確實如此，這些公司的新聞稿多半將自家公司描繪成百分之百以科技為取向，原因就在於技術能力遠優於人類的能力是矽谷的主流觀點。但實際上，各家技術公司，包括Google、Facebook、Slack、帕蘭泰爾和其他公司在內，無不雙管齊下，仰賴技術與人才的貢獻。

大部分的理科人都著眼於如何蒐集、儲存和處理大數據，桑卡爾則認為此舉雖然「必要但不足以」從資料中挖出最有價值的資訊。「當務之急並不是去琢磨該如何運算才好，」他表示，「而是思考該運算哪些東西。該如何運用人的直覺並以此規模來分析資料呢？首先要做的就是必須把人的角色設定到過程中。」這便是為什麼文科人與理科人之間的定位有必要重新定義，這兩種領域的人才同等重要，都是開發與部署最佳技術不可或缺的要素。

資料背後的偏見

資料並不客觀，這是事實，因此在分析資料集時，務必考量到當中所含的偏見。白宮在2016年提出警告：「把資料轉換成資訊的演算系統，並非絕對可靠，畢竟這些系統的運作仰賴的是並不完美的輸入、邏輯、機率和演算法設計者。」舉例來說，從犯罪數據看不出所有的犯罪活動，這些數據反映的只是報案資料而已，況且報案資料又會因為很多因素而有偏差現象。某社區可能特別喜歡叫警察，另一個社區卻未必如此。非法移民較多的移民密集社區，打電話請警察到附近處理小犯罪事件的頻率，是否跟那些不在乎同鄉被驅逐出境的社區一樣？累積了十幾張違停罰單未繳的人，有沒有可能報案說自己的車子被偷了？這樣看來，報案資料反映的其實是信任度與社區生態那些在表面上很容易被忽略的差異。舉例來說，美國司法統計局（Bureau of Justice Statistics）就發現，像是仇恨犯罪和性侵之類的特定犯罪，有長期被低報的情況，意思是說，這些犯罪很有可能落在報案資料的熱點地圖之外。

　　人權資料分析團體（Human Rights Data Analysis Group，簡稱HRDAG）是位於舊金山教會區的非營利組織，致力於運用嚴謹的資料分析，解決全球侵犯人權的議題，它就曾經針對犯罪資料的偏差，以及演算法如何強化警察局的反應偏差做過研究。皇家統計學會（Royal Statistical Society）的期刊《顯著性》（*Significance*）也發表過一項研究，調查由PredPol這家專門以資料科學來預測及預防犯罪的公司所推出的一款預測性警務演算法，其功效何在。該演算法可以通報警察局哪裡是部署警力的最佳地點，以期預防可能的犯罪情事。

　　克里斯蒂安‧蘭姆（Kristian Lum）和威廉‧以塞克（William Isaac）這兩位作家決定運用一款屬於少數能公開發表於專業期刊中的演算法，來分析可公開取得的加州奧克蘭毒品犯罪紀錄資料。蘭姆和以塞克從一些其他資源，比方說美國藥物使用與健康全國調查（National Survey on Drug Use and Health），蒐集到奧克蘭毒品犯罪分布資料，來補充原有的資料集。從他們的資料可以看出，大致上各個族裔都有使用毒品的現象，但相應的毒品逮捕紀錄卻非如此。根據美國公民自由聯盟（American Civil Liberties Union，簡稱ACLU）2013年的報告指出，非裔美國人因持有大麻而被逮捕的機率是白人的3.73倍，即使這兩個族裔使用大麻的機率差不多一樣。ACLU把逮捕率與實際毒品使用率之間的落差，歸咎於種族面貌辦案方式、攔截盤查程序及逮捕配額。HRDAG也發現，毒品犯罪在奧克蘭各地的分布狀況很平均，但毒品的查扣行動卻集中在一些特定地點，主要是西奧克蘭和福特維爾這兩個絕大多數都是非白人族裔居住的低收入社區。

也因此，犯罪活動的發生地點這方面的資訊，極有可能在統計數據上出現偏見，所以如果真如演算法建議的，派遣大批警力到犯罪率較高的那一帶社區，反而加重偏見，因為在這些地區加派更多警力，就意味著很有可能會出現更多逮捕行動。較高的逮捕數據又會被放入演算法中，演算法又利用該資訊來確認它所推算的特定社區有較高犯罪率的預測是正確的，進一步加深了最初的偏見，最後變成扭曲的惡性循環現象。在史上第一份針對大數據與公民權利的報告中，白宮特別強調這兩種影響力重大的新機會之外，同時也提出警告：「若無審慎的分析，這些創舉很容易製造歧視、強化偏見，而蒙蔽了機會。」舊金山法院試用演算法來提供判決建議，倫敦又有利用演算法管理派遣人力的做法，這些都超出了傳統執法的範疇。科技作家奧姆·馬利克（Om Malik）稱之為「資料達爾文主義」（data Darwinism），在這種現象之下，一個人的數位聲譽會變成他的使用門檻。

凱西·歐尼爾（Cathy O'Neil）是哥倫比亞大學新聞學院前資料實作主任，著有暢銷書《大數據的傲慢與偏見：一個「圈內數學家」對演算法霸權的警告與揭發》（*Weapons of Math Destruction: How Big Data Increases Inequality and Threatens Democracy*），她對大數據更是小心為上。她表示：「宣揚大數據的傳道者不少，但我不在其列。」她認為演算法就像她所說的「被拿來當做武器使用」，好讓歧視永遠存在。演算法會利用數學來掩飾偏見，而歐尼爾特別指出這種有害的演算法通常具有五大特質：（1）以特定族群為目標；（2）演算方式不透明，目標族群不了解其如何推算；（3）對許多人造成衝擊，或者也可以說有「規模」；（4）建構者以目標族群不苟同的方式界定演算法的成功（一般所謂的成功通常是指幫組織省錢）；（5）造成惡性循環。

另一個特別有啟發性的例子，可以印證歐尼爾的論點。紐約大學史登商學院商業智慧及資料探勘學兼任教授克勞蒂亞・柏利希（Claudia Perlich）是一位資料科學家，她在一場名為「有了資料還不夠」（All the Data and Still Not Enough）的演講中，探討一個她因為好幾個研究活動而勝出的資料探勘競賽，叫做「探索與資料探勘獎」（Knowledge Discovery and Data Mining Cup）。2008年，西門子醫療（Siemens Medical）邀請幾個研究團隊參加比賽，用功能性磁振造影所拍攝的胸部影像含有乳癌患者的可能性，來排序候選區域。每一個團隊都拿到來自10萬個候選區域的117項特徵。在1712位病患的胸部影像當中，有118位至少有一個惡性候選區域。西門子也請這些團隊研究每個影像的117項特徵，其中有些特徵或許可作為預測之用，指出該病患是否罹患癌症。各團隊被要求建構模型，分析這117項特徵，以研究這種預測模型對診斷候選區域乃至於最終診斷病患的可靠性為何。

　　柏利希的團隊隸屬於國際商業機器（IBM）的華生研究（Watson Research）。他們在探索資料集時，注意到病患編號小的病患，其癌症發生率似乎很高，遠超過預期的10%左右。把病患識別碼加入預測模型後（沒有哪位稱職的資料科學家想到這一點），他們觀察到預測績效顯著上升。病患識別碼理論上是隨機產生的十位數數字，只作為識別病患之用，這串數字本來就不該跟功能性磁振造影資料所提供的乳癌發生率有關，該團隊的觀察發現卻非如此。病患識別碼被劃分到數組內，在某組中，36%的病患有惡性部位，然而在其他兩組中，只有1%的病患有癌症。病患識別碼不該屬於能指出乳癌關聯性的資料特徵，因此這個現象讓柏利希的團隊大感不解。根據進一步調查，最能解釋這種現象的假說，就是資料必定是從四個來源取得。從不同來源蒐集資料一向是資料分析的良好習慣做法，但在這個案例中，彙整資料集的人並未明確指出某些病患的資料是取自於癌症篩選場所，某些則來自癌症治療場所。由於治療場所的癌症發生率明顯較高，因此病患識別碼當中代表不同區域的數字，就成了可預測的指標。雖然柏利希的團隊建構了預測更準的模型，可分析磁振造影影像中數千筆的特徵，但進一步檢驗後他們才發現，此模型唯一可靠的預測，就是指出病患正在接受癌症治療，還是處於診斷過程當中。此模型乍看之下很有效率，但效果「好」到令人難以置信。由此可見，資料的漏洞會吞噬模型的預測能力。

「我們該如何著手控管這些深入人類生活的數學模型？」凱西‧歐尼爾提出這個問題。「數據不會消失，電腦也不會，更別提數學了。我們會愈來愈依賴預測模型之類的工具來經營我們的機構、部署我們的資源以及管理我們的生活⋯⋯這些模型的構成不只是靠資料而已，我們在判斷該留意及該省略哪些資料時所做的決定也會影響模型的構成。這些決定牽涉到的不只是後勤、利益和效率方面的問題，最重要的是根本上的道德問題。」蒐集和解讀資料時出現的人為誤差，必須透過人類的分析來修正，這樣的工作自當由受過良好人文與社會科學教育的人來做。這些領域出身的人會針對資料蒐集來源的社會背景脈絡提供寶貴觀點，他們也具備必要的能力，可以詮釋和傳達他們從資料中找到的新發現。我們無法排除社會中的偏見，但我們可以結合文科人與理科人的專長，把演算法訓練成能夠更有效地過濾掉人類皆有的弱點，並減輕其造成的偏誤。

資料科學必須搭配資料識讀能力

　　萊絲莉・布雷蕭（Leslie Bradshaw）在芝加哥大學求學時念過性別研究、經濟學、人類學和拉丁文，她被《快速企業》選為百大最有創意的商業人士，是一位「把資料科學變得很酷」的女性。布雷蕭共同創辦了互動設計公司JESS3，帶領現今數位產品創造的風潮。自2012年起，她也開始積極提倡所謂的「資料識讀」。

　　「我們必須站在相同的立足點，以看待數學與電腦科學的態度，來看待社會科學與人文學科，才能深化大數據的好處。」這是她在「美國夢想家」（American Dreamers）計畫中所寫的內容，該計畫是由想出耐吉（Nike）知名廣告詞「做就對了！」（Just Do It.）那家廣告公司威頓與甘迺迪（Wieden+Kennedy）所進行的出版實驗。布雷蕭把資料識讀定義為「體察（資料蒐集與分析）過程中可能會出現的根本問題，包括從策略到資料的蒐集、過濾、分析和描述。」

　　布雷蕭認為，受過人文與社會科學教育的人，無論是正在從事資料科學方面的工作，還是有機會看到資料新發現的一般大眾，都能對推動資料識讀有所貢獻。這是因為有此背景的人對各種社會議題和心理偏見特別有感，而這些都是評估資料集如何建立時所要考量的因素。另外，這些人也學有專精，能夠用必要的方法清楚呈現資料的研究成果。布雷蕭強調，資料識讀要做的就是對資料集和分析作業採行三項重要「措施」：其一，把資料放在規模更大的社會背景脈絡之下，也就是資料的蒐集來源處；其二，用簡潔明瞭的視覺畫面清楚呈現資料；其三，以清晰又具說服力的說故事方式傳達新發現。她在提及自己矢志改良資料科學的使命時指出：「我的夢想……就是造就一個讓資料變得更有意義的未來。為此要做的事有很多，包括蒐集及剖析資料；分析、詮釋資料和找出資料的脈絡；將資料視覺化、故事化，大家可以接觸到這些資料。然而就目前來說，大家景仰的是偏重數學、受過電腦科學教育的

『資料科學家』，這種態勢其實不利於發揮大數據的全部潛能。」

　　有社會科學背景的人受過相關訓練，不但知道要探究那些會影響資料分析的偏見和主張從何而來，也會為了提升資料分析的適用性，以利解決各種社會議題，而提出一些有必要仔細研究的問題。比方說，資料該如何蒐集和分析，才能闡明學前教育要用何種更有效的方法幫助幼兒做好學習的準備？對於如何才能創造工作機會，將破敗的貧民區經濟導向正軌，可否找出任何洞見？從我們可以蒐集到的大量新進資料當中，能否揭露罹患憂鬱症或糖尿病的成因？社會科學的方法和觀點，可以用來蒐集更健全又相對中立的資料，使分析工作更有效率，並應用於諸多範疇中，而上述議題只是其中的一小部分領域而已。

　　至於人文學科方面，學設計的人可以為資料的新發現增添美觀的視覺效果，將晦澀難懂又令人退避三舍的數字報表，立刻轉換成清晰易懂的畫面。受過訓練而有清晰文筆又具備敘述能力的人，可以把資料新發現說得既好懂又好記，確保這些成果能發揮更大的影響力。「請用平等的態度接納英文系主修生、哲學家和新聞記者吧，」布雷蕭向資料科學家建議，因為「會有更多人因此得以接觸到你的資料，也會有更多人跟你的資料互動。」

🖋 解開商業界長久以來的謎團

2015年，公司企業的雇主接受全美大學及雇主協會（National Association of Colleges and Employers）的調查，把「團隊合作的工作能力」列為他們心目中應屆畢業生最需要具備的特質，雇主對這個特質的需求，甚至超越問題解決、分析與數量技巧。然而，「團隊合作」依舊是個含糊不清、大家一知半解的詞彙。Google 做了一項名為「亞里斯多德計畫」（Project Aristotle）的研究，希望藉此研究確認某些工作團隊的績效特別優異的原因。眾所周知，Google 是個以資料為本的公司，它甚至評量過若主管在新人上班第一天跟他們打招呼的話可增加多少生產力（想知道評量結果嗎？答案是生產力提高了15%）。

拉茲洛‧博克（Laszlo Bock）著有2015年出版的《Google超級用人學》（*Work Rules!*），這位率領Google「人力營運部」（People Operations，即多數公司的人資部）十年之久的資深顧問指出：「我們盡量從分析和資料科學的角度來觀察人，一如我們的工程師面對產品端所秉持的立場。」人力營運部在這種精神之下，彙整心理學家、社會學家和統計學家組成了研究團隊，設法解開商業界最令人傷透腦筋的謎團之一：為什麼某些團隊的績效就是特別突出？

此研究團隊花了數年時間分析大量資料，從Google之中200多個團隊的特質抽絲剝繭。他們挑戰50年來的學術研究，著眼於驅策團隊的背後因素，假如是因為團隊成員之間的價值觀相近，那麼這些成員在職場之外的社交程度又是如何。他們分析由朋友所組成的團隊，也觀察了由完全不認識彼此的陌生人所組成的團隊；他們研究成員同質性高的團隊，以及績效各有不同的團隊。

最後研究小組發現，原來團隊成員之間的互動狀況才是關鍵，成員的背景來歷則沒那麼重要。他們也注意到，整個團隊對爭論、歧見和共識的處理方式具有決定性影響。群體往往會形成獨特的不成文文化，比方說有些群體的作風很強勢，經常出現打斷他人講話的狀況，有些則喜歡透過對話交流。某些團隊由專家所組成，這些專家往往恨不得昭告天下他們對自己的專業有多拿手，而有些團隊喜歡進行開放式討論。他們最終解開了謎底，激發Google團隊績效的最大動力之一，就是所謂的心理安全感，或可稱為承擔風險及容許犯錯的能力。

Google的研究印證了2008年卡內基美隆大學、MIT和聯合學院的心理學家所得到的研究結論。他們發現高績效團隊的群體智慧較高，而激發群體智慧的動力就是有所貢獻的精神。最卓越的團隊其領導人不會固定不變，這些領導人也會充分利用每個人的強項，立下開誠布公的規範，或稱為「平等分配的輪流發言權」，這個說法是查爾斯・

杜希格（Charles Duhigg）在他為《紐約時報》所撰寫的文章〈Google從打造完美團隊中學到什麼〉（What Google Learned from Its Quest to Build the Perfect Team）中所提出的。由單單一人所主導的團隊，往往績效不彰。Google也驗證了2008年那項研究的另一個重點，即高「平均社交敏感度」十分重要。績效好的團隊，其成員擁有平等的發言權，能感知其他成員的心情、個人背景和情緒。Google針對自身績效做了縝密的資料分析，結果發現具備高「平均社交敏感度」最為重要。

眾所周知，Google這家位居世界翹楚、專攻資料蒐集與分析的公司以「整合全球資訊，供全世界使用」為使命，它發現，即便擁有最聰明又訓練有素的分析頭腦和最有力的技術工具（這兩樣都是Google員工的必備），但是深耕領導力和軟技能這類的人性因素才是公司邁向成功的關鍵。或許，再也沒有比這個事實更能夠證明文科人與理科人的結合所產生的力量有多麼強大了。

正如亞里斯多德計畫的發現，非認知型的「社交技能」可以為公司大大加分。美國勞工部1998年的「職涯資訊系統」（Occupational Information Network，簡稱O*NET）調查，將社交能力界定為（1）協調能力；（2）協商能力；（3）說服力；（4）社交覺察力。哈佛教育研究所經濟學教授大衛・戴明（David Deming）以團隊生產力為切入點評估社交能力的益處，結果發現擁有比較優勢的員工在執行特定認知型任務時，績效表現優於採「任務分工」的同事。傳統觀念認為，任務分工會產生協調成本，但是戴明卻主張「社交技能可作為某種社交反重力，降低任務分工的成本，讓員工可以更有效率地發揮專長並共同生產。」基本上，社交技能可以為團隊合作產生潤滑效果，降低合作所產生的成本。

由於既有科技已經能夠應付更多重複性工作，非重複性的複雜型工作就留給懷有不同志趣與能力的人類來做。現今環境益發需要團隊合作、任務分工，也因此社交技巧的重要性不遑多讓。人文學科教我們認識自己，又教我們人之所以為人的道理，其實都是在培養我們設身處地為他人著想的同理心，這正是社交能力的根基，社交能力又是促進任務分工、團隊合作，乃至於提高生產力的一大要素。

在考量資料中為什麼出現落差與偏見、該怎麼運用新技術工具，以及團隊該如何打造時，最重要的莫過於懂得欣賞文科人具有能夠與理科人互補的關鍵性角色。

Chapter **03**

技術工具
「平民化」

Spire是率先以發射經濟實惠的小型衛星到太空為業務的新創公司，我初次見到該公司創辦人彼得・普拉策（Peter Platzer）時，他坐在舊金山一家名為「六分儀」（Sextant）的咖啡店裡。六分儀就是以前水手用來觀察星星以利導航的裝置，這個店名真的取得恰到好處。儘管全球定位系統（Global Positioning System，簡稱GPS）技術問世之後，得以追蹤海上船隻的動向，但仍有GPS力有未逮的窘況，而Spire所部署的小型衛星，正好可以彌補這種缺口。提升海域覺知（maritime domain awareness）能力，有助於減輕海盜、非法漁業和人口販賣等問題。不過，追蹤船艦動向只是Spire的衛星大有可為的用途之一而已。內載於衛星當中的感測器，可以測量無線電波在大氣中跳動時的曲線，因而能提高天氣預報的準確度。衛星探測所得之「聲音」——換句話說就是蒐集到的大氣壓力與溫度等相關原始資料，會納入氣象預測的模型當中，不但可作為規劃海灘假期和滑雪活動的參考，還能夠提供農業和保險業這類產業所需的資訊。

　　普拉策以及他所成立的Spire團隊證明了諸多技術工具已經發展得非常普及，當今各行各業都能用來開拓出各種令人大開眼界的創新之舉，對付傳統做法所不及且急需解決的問題，而創新程度更是超乎矽谷的預期。

　　衛星一向是最精密、最難以觸及的技術工具，建造成本所費不貲，又只能由火箭發射，而發射費用則從5500萬到2億6000萬美元不等，視衛星大小和重量而定。因此，儘管人類現今早已具備從太空監控地表狀況與各種事件的強大能力，但礙於成本上的限制，所以就目前來說很難發射更多衛星。不少公司與組織的核心能力因供不應求而有一展鴻圖的好機會，但是使用衛星傳輸時間實在貴得離譜。彼得·普拉策及Spire團隊可以打造出尺寸更小但效能不減的衛星，幫忙蒐集及讓各種新型態資料更易於普及，之所以有辦法做到，是因為很多必要的高科技衛星零件的製造成本很便宜，而且很容易安裝在產品當中。

小型衛星究竟如何協助解決至今最棘手的議題，我們可以從失蹤船隻的問題來詳加探討。

慕都邦號失蹤事件：加強海事追蹤刻不容緩

航海時代開啟以來，海洋一直是個魅惑之地，吸引人類航行穿梭於地平線上。然而，全球廣闊的開放水域在施展魅力的同時，也是詭譎多變的，以致於當船隻航行於滔天巨浪、風暴肆虐的海面上時，要追蹤其動向一向是個棘手的難題。早在西元前31年，羅馬將軍阿格里帕（Agrippa）所指揮的海軍在亞克興角（也就是現在的希臘），擊潰安東尼和克麗歐佩特拉的大軍，把奧古斯都大帝拱上寶座，成為羅馬帝國的第一個皇帝後，就可以清楚看到，遠洋船舶可機動航行的秘密，無論對海軍指揮官還是商業船東來說，始終都是最麻煩的安全問題之一。現有衛星雖然不斷地掃描海洋，但涵蓋範圍仍有不少漏洞，經常出現船隻失蹤的現象，而當中又有一些是為了從事不法勾當而故意消失。

俗稱北韓的朝鮮民主主義人民共和國，就曾惹出駭進好萊塢片場電子郵件帳號、無預警試射導彈等國際醜聞。另外，北韓也在公海上從事秘密活動，專門走私武器以及非法交易麻醉品。

2014年7月，北韓貨輪慕都邦號（Mu Du Bong）從商業船運電子網柵中消失了九天，引起國際安全專家的驚慌。根據國際海商法，船隻都必須安裝轉發器，以便透過自動識別系統（Automatic Identification System，簡稱AIS）定時發送設定好的信號。AIS是一種全球通訊網絡，有助於保障船隻在開放海域的安全，同時又有利於追蹤航行軌跡。轉發器通常不會自行關閉，因此一般認為慕都邦號消失是為了從事不法勾當。這種情況也不是第一次發生，北韓的海軍指揮官過去就有過不良紀錄。

其中最惡名昭彰的大概是清川江號（Chong Chon Gang）事件。1977年，這艘全長509呎、可載運9000噸以上貨物的巨大貨輪，從北韓南浦市港口的碼頭下水服役，開始它涉入武器交易、危害公共安全及其他違法活動等充滿爭議的生涯。這艘貨輪登記在平壤一家叫做清川江航運公司（Chongchongang Shipping）的名下，一般認為該公司就是由北韓執政黨朝鮮勞動黨的傳奇「中央委員會39局」所經營的傀儡機構，大家總以「39號辦公室」這種帶有極權色彩的封號來稱呼該單位。

39號辦公室經常涉入不法行徑，為北韓政府斂財。基本上，這個精心組織的犯罪集團是由北韓政權成立和經營，並直接向金正日匯報，直到他於2011年過世為止。該單位的斂財手段一向很有創意，且年年翻新花樣。布魯金斯研究院暨密蘇里大學研究員錢喜娜（Sheena Chestnut Greitens）就指出，該單位涉及的活動包羅萬象，從製造甲基安非他命和偽造以假亂真的美鈔，到非法交易瀕危物種、派駭客從線上遊戲挖錢、參與保險詐欺，以及製造假菸和日常用品等等。特別值得一提的是，它所製造的偽鈔，據說品質好到讓美國特勤局都稱之為「超級紙鈔」（supernotes）。它連假威而鋼也賣〔《華盛頓郵報》（*Washington Post*）甚至指稱它賣的假威而鋼確實有效〕！據英國智庫皇家聯合軍事研究所（Royal United Services Institute）的北韓專家安德烈亞・伯傑（Andrea Berger）表示：「39號辦公室太重要了，一般認為該單位就是北韓政權的行賄基金。」根據歐盟官方針對北韓情勢所公布的執委會施行規章（Commission Implementing Regulation）指出，39號辦公室的觸角遍及各地，包括羅馬、曼谷和杜拜都在勢力範圍，且旗下子公司「也協助北韓的資助武器擴散計畫」，規避聯合國制裁，透過澳門的境外銀行洗錢，並使用這些錢資助該國的核武野心。

2009年3月，索馬利亞海盜在阿拉伯海上追趕龐大笨重的清川江號，他們用快艇包圍這艘老貨輪，頻頻開火並發射火箭筒。結果清川江號擊退了海盜，並沒有落入2009年快桅阿拉巴馬號（Maersk Alabama）被劫持的下場──該事件被改編成電影《怒海劫》（*Captain Phillips*），從此聲名大噪。不過，清川江號因海盜的襲擊而受損，在未經通報之下，該艘貨輪停泊在敘利亞的塔爾圖斯。塔爾圖斯位於敘利亞地中海岸，就在黎巴嫩北方，受損船隻會停靠在這個容易引起紛擾的港口。之所以說紛擾，是因為該港口同時也是俄羅斯的軍事基地。事實上，塔爾圖斯正是俄羅斯在此區域最大的前哨基地。儘管敘利亞內戰已經把該國蹂躪殆盡，造成數十萬人民死亡，但俄羅斯總理普丁（Vladimir Putin）依然力挺敘利亞強硬派總統阿薩德（Bashar al-Assad）撐起政權的原因之一，就是為了保有該基地。清川江號停泊在此頗不尋常，有些海事分析人員也對這艘貨輪因修復需要才在此停靠的理由深感懷疑。一年後，也就是2010年2月，烏克蘭當局在清川江號又因不明原因通過黑海時予以扣留。

到了 2013 年 7 月，清川江號航向古巴，進入距美國海岸約 90 英里的水域。這艘貨輪離開古巴十天後，就把船上的 AIS 轉發器關閉，以致於 AIS 系統看不到該船的蹤跡。後來，就在貨輪試圖離開墨西哥灣，開始它 800 英里返回北韓的航程時，貨輪在靠近巴拿馬運河的地方被巴拿馬當局發現。經過五天僵持，巴拿馬官員登上清川江號進行徹底搜查。起初，這艘容量龐大的貨輪看起來好像只載運了 20 萬袋紅糖。但由於這艘船聲名狼藉，因此搜尋人員更加仔細地搜查，結果發現在袋裝紅糖下藏了兩枚蘇聯時代防空導彈、九枚已拆卸的防空飛彈、兩架 MiG-21 型米格戰鬥機和 15 具引擎。雖然北韓政府聲稱，古巴只是把老舊的武器零件送到北韓維修，不過許多專家認為，古巴此舉顯然違反了聯合國禁止軍售給北韓的制裁令。

　　正因為有這段過往背景，時隔才一年就發生慕都邦號從網柵消失的事件，自然會推測這艘貨輪有可能打算如法炮製，進行不法勾當。慕都邦號從古巴朝北航行，正往美國的方向前進時，它的信號漸漸變弱，船長給了大概是「迷失方向」之類的說法。等到這艘船意外撞上墨西哥海岸外的暗礁時，轉發器才又重新開啟。船身裡面空蕩蕩的，無從得知它之前載運了什麼貨物。但是一艘大型的外國船隻竟然能如此輕易地裝載武器，再悄悄接近美國海岸，這件事實已足以證明加強海事追蹤是刻不容緩的安全議題。Spire的衛星相對來說並不貴，而且有能力提供這種服務，補強陸地型監控系統與太空信號情報的不足。

由於地球曲率的關係，地面型AIS系統通常只能偵測到離海岸50英里內的船隻，根本無法涵蓋到200英里寬的專屬經濟海域，也就是各國對其海岸線外擁有特別使用權的水域。此外，對於超出50英里範圍之外的船隻，衛星沒辦法在追蹤時依需求頻繁地進行掃描。這沒得選擇，掃描頻率會隨著作業中的衛星數量而有所侷限，也因為衛星高昂的建造與發射成本而無法盡情發揮。

事實上，船隻不但有能力從追蹤網柵上消失，它們也經常這麼做，幾乎難以判斷這些消失的船隻都跑哪去了。假如某艘船以30節的可控制速度航行，那麼從AIS上一次讀數出現後算起到下一次掃描的這段期間，這艘船可以航行到半徑約200英里內的任何地方。這個距離聽起來不遠，但因為船能夠往任何方向自由移動，所以半徑200英里的範圍就等於搜尋面積達12萬5000平方英里。這種情況非但不利於找出把轉發器關掉的清川江號和慕都邦號這些北韓貨輪，也會妨礙受難船隻的搜救行動。Spire和其他公司所打造的小型衛星（通常又稱為奈米衛星），勢必能夠降低擴大追蹤範圍及掃描頻率所需的費用。由於掃描海洋的頻率取決於地球軌道上的衛星數量，若是部署奈米衛星的成本下降，不但Spire這類公司不必投入高昂成本就能部署很多衛星，亟需使用衛星的公司和政府也不必花大錢就能取得增強的信號情報。Spire的衛星裡也內載了其他感測器，可另外探測到其他種類的讀數，比方說提供更精準的新天氣型態相關資料、更加嚴密監視非法捕魚活動，以及透過訂閱提供各種資料串流存取權，就像Amazon Web Services提供雲端運算服務一樣。以印尼這樣擁有1萬7000個島嶼的國家為例，若該國想要管控其海域上的非法漁業活動，訂閱太空資料串流或許就是少數幾種的彈性做法之一。

技術成本大幅下降後
——以嶄新的方法使用資料，才能創新再突破

　　Spire這家公司印證了技術工具的可用性提升後，創新領域之門便會敞開，只要是具備良好教育背景、腦袋裡有好構想又能應用技術解決問題的人，都能踏入其中。普拉策雖非典型人文研究所出身，不過他念的的確是人文教育的核心學科之一、同時也是純科學的物理學。除了物理之外，數學、生物學、地質學和很多其他學科都算純科學，但主張應當培養更多STEM畢業生的人，往往不承認這些純科學也屬於人文教育課程的一部分。錯誤的二分法就這樣以訛傳訛。不過，從人文領域去接觸STEM教育有一個顯著的差別，那就是學校不會建議學生僅從就業層面來思

考學業，而是鼓勵他們多多修習人文社科方面的課程（這在不少人文學校來說甚至是必修課程），除了促使學生欣賞其他學科領域的價值之外，更重要的是鼓勵他們按照自己的志趣來決定該如何應用所學。

　　普拉策這位物理學家決定把自己所受的科學訓練應用在他對太空的熱情上，而普拉策接觸到的一些人和Spire領導階層，顯然是不折不扣的理科人，比方說那些念過電子工程且熟諳電子工程眉眉角角的人。不過，想必也有很多人為Spire提供新資料如何運用的背景脈絡。這些人在求學期間讀過國際貿易與發展這類科目，譬如目前負責企業發展的德蕾莎・康多（Theresa Condor）就是一例。他們或許研究過像是非法漁業或人口販賣這類的主題，所以能產生一股推力，引導公司把資料的應用方向放在解決急迫性難題上。也多虧了這些人，產品才能在準備好求新求變的經濟層面中有立足之地，發揮精準掌握貿易流通、深入了解天氣模式對市場的影響等等之類的功能。

　　值得一提的是，技術進步再加上感測裝置的功能日益強大，以及成本急速下降等有利條件，促使正在萌芽的商業太空產業又往前邁進一大步，同時也讓過往並不熟悉火箭科學或太空科技的人，有機會接觸到這塊產業。如今業界已經發展到能夠用現成零件來製造更小型的衛星，這不但大大降低發射所需的費用，小型衛星所蒐集的資料又能夠應用在各式各樣構想和市場中。舉個例子來說，康多曾在哥倫比亞大學國際與公共事務學院以及倫敦政治經濟學院研讀國貿，此番背景再加上曾負責花旗銀行拉丁美洲商業聯貸部門的工作經歷，無疑對Spire團隊大有裨益，幫助他們了解到衛星即時掌握船隻位置資料的重要性。雖然公司是由一群重要又勤奮的理科人所組成的團隊負責整合，不過多虧了康多住在孟加拉時與美國國際開發署（U.S. Agency for International Development，簡稱USAID）協商航運契約的經驗，讓衛星可發揮的功能有了用武之地。衛星覆蓋區增加就能提供更豐富的資料集，蒐集這些資料又可以產生龐大的價值，但唯有對全球情勢瞭如指掌，才知道如何應用這些資料。熟知全球局勢的專家當中，有不少出身於人文領域，康多就是其中之一。以史丹佛大學的標準來說，普拉策是理科人無誤，但他除了是科學主修生之外，也是一位藉由人文領域的途徑同時開發科學與軟技能的學生，他的求學之路並不以就業為考量。他是當今最先進的高科技領域之一的創新領先者，重用文科人與理科人的長才，以嶄新的方法應用太空資料，更顯得他的才華益發耀眼。

　　Spire這類的公司之所以能立足市場，是因為已經有現成又便宜的微型衛星零件可供一般消費者取用，既然不必特別開發零件，小型衛星就能以大幅降低的成本發揮強大功能。以前的衛星大多製作成小型汽車的大小，需花上數百萬美元，但Spire的衛星只有酒瓶那麼大，打造成本只要幾百塊美元。正如普拉策於2015年向太空新聞網站Space-News所提到的：「太空好像『蘋果化』了，我們只要在地球上改好軟體，就能幫遠在天邊的衛星調整功能。」商業太空航行的快速發展，比方說伊隆‧馬斯克（Elon Musk）的公司SpaceX所提供的火箭發射服務，也把衛星送上軌道這項任務變得更划算了。奈米衛星的尺寸非常小，方便背負在較大型的載體上，以更低的成本一起發射到太空中。Spire於2016年部署了約20顆奈米衛星，擴展速度很快，希望最終能達成目標，成功部署有100多顆衛星的網絡。

　　毋庸置疑，創業是一條充滿冒險的旅程，但隨著新技術工具變得唾手可得，任何有心一圓創業夢的人都可以使用，多的是機會可以加入創新者的行列。接下來要介紹目前一些可供使用的奇妙工具，並探討如何以嶄新的方式搭配組合這些工具，不必深入學習使用必要技術，也能夠創造突破式創新。

☗ 以不同技術工具組出新意

下次眼看著就要趕不上跟別人會面的時間，忙著打開Uber手機app叫車到家門口時，不妨想一想Uber是如何搭配各種技術工具才組出了現行服務。公司首先必須先取得汽車的所在位置、交通狀況及前往目的地的路線等大量資料，但不必自行建立儲存容量來存放全部資料。它使用先進的雲端運算服務Amazon Web Services，所花的成本比2000年時要低100倍，等到價格又變得更划算時再打造自己的資料中心。由於Uber手機app使用簡訊來聯絡乘客和司機，所以也不必自行開發簡訊系統：它使用Twilio的技術，而Twilio這家公司又是前景看好的另一種網路服務提供商之一，2016年6月的首次公開募股（簡稱IPO）表現十分亮眼。另外，Uber也不必費心打造地圖技術，「Google地圖」（Google Maps）就很好用。至於以電子郵件寄送收據給乘客這個環節，Uber採用的是名為SendGrid的電子郵件服務。它也跟線上付款公司合作，由Braintree來管理Uber所有的交易事宜。

現今人人皆可用來打造創新產品與服務的技術工具其實非常多，組出Uber服務的基本工具只是其中一小部分而已。把目前各家新創公司的服務或產品攤開一看，就會發現它們是由十幾項左右的基本工具建構而成，這些工具都不用公司自行開發，只要運用巧思加以組合即可。「全端開發人員」可以退場了，現在是「全端整合者」的天下。一如棋藝精湛的棋手總是說他們眼裡看到的不是棋盤上擺著一顆顆棋子，而是這些棋子彼此之間如何連結、發揮力量，並產生巧妙的隊形；對創業家來說，藉由組合現有可用的服務，就能打造自己的公司，這是同樣的道理。「意元集組」（chunking）原先是認知心理學的專有名詞，指大腦處理資訊的一種方式，意思是說，當我們在記憶日期、電話號碼或西洋棋的棋步時，大腦會大幅降低這些資訊的複雜性。同樣地，技術服務的出現再加上預製零組件，有了這兩樣條件，創新的複雜度便得以大幅降低。

2012 年，我在一篇為《富比士》雜誌所寫的文章中指出，最振奮人心的創新技術再也不是矽谷獨占，「創新人人皆可，不特別屬於哪個地方、也不是一種現象……矽谷依舊是科技的堡壘和重力場，但是封閉平台正逐漸凋零，使用技術的階級正逐漸轉變為以技術為資產的階級。」技術領域原本只有少數人能接觸，多半以推動科技創新的理科人為主，但時至今日，每一個人都可以投入數位世界，以新方法整合各種工具，衝鋒陷陣，追求真正的創新，包括人文領域出身的人在內。事實上，有不少工具都是免費的，很容易就能從網路上取得。另外，在既有的基礎技術架構中持續創新的話，會使強大的工具變得更容易上手，如此一來，文科人就有更多機會能夠運用工具來因應各種他們認為需要解決的問題。

以上介紹了Kaggle和GJP計畫提供了人人都能接觸到的高品質資料分析，不過還有其他單位也提供這種服務。Forrester Research於2015年發布〈Forrester Wave：大數據預測分析解決方案〉（The Forrester Wave: Big Data Predictive Analytics Solutions）報告，列出其他13個提供大數據分析解決方案服務的公司或單位，其中包括了IBM、戴爾（Dell）、微軟和甲骨文公司（Oracle）在內。另外，普及化的技術其實很多，資料分析只是其中的一種。理科人率先推動技術的平民化，以致於許多技術自然而然演變成十分精簡的架構與介面，不過有一些提升技術可用性的卓越創新，實際上是由文科人開拓而來的。

從製作原型到顧客管理，一應俱全的僱用服務

現今不管推出的何種科技產品或服務，架網站都是最基本的需求，不過這個需求其實適用於任何種類的產品。短短幾年前，架網站還必須先學會HTML或請網路開發人員來做，通常所費不貲，如今卻有了許多免費或經濟實惠的現成工具，供新手打造設計美觀的網站。只需要挑選樣

板，點選一些預先設計好的元素，比方說旋轉木馬的圖片或購物車功能，把這些元素拖曳到樣板裡做一些自己需要的調整，就大功告成了。這些服務也方便使用者輕鬆購買網域名稱及後續的網站管理工作，包括提供主機和電子商務服務到便於整合顧客流量的資料分析服務等等。假如需要更高階的自訂功能，這些平台也可以讓使用者設計程式，有些甚至提供專業程式設計人員僱用服務，不過自由網路開發人員也很容易找就是了。

談到設計與創造產品，各種學有專精的設計師和工程師，譬如機械工程師、產業設計師和互動設計師等等，現在都可以透過Behance、Dribbble和UpLabs之類的平台僱用他們。這些平台會展示設計師的作品，堅強的陣容可供各種專案挑選。2012年，Behance共同創辦人史考特・貝爾斯基（Scott Belsky）把公司賣給Adobe，據報導交易金額超過1億5000萬美元。貝爾斯基其實並非專業設計師出身，也沒有技術方面的背景，不過他在康乃爾大學主修設計與環境分析時，因為修了一些選修課程而對設計產生濃厚的興趣，後來在哈佛商學院攻讀MBA時，又在泰瑞莎・艾默伯（Teresa Amabile）教授的指導下研究創意科學。

2006年，貝爾斯基與畢業於西班牙巴塞隆納瑪沙那藝術學校的西班牙設計師馬蒂亞斯・科瑞（Matias Corea）體認到設計者也有專業需求的諷刺現象而攜手合作，專心朝此方向耕耘。恰如貝爾斯基所指出的，他發現「很多公司、書籍和會議都需要創意，創意這種事情講的是靈感和點子。但好笑的是，創意人員最不需要的就是『更多創意和點子』」。他反而覺得創意人員需要的是清楚明確的做法，讓他們的工作更有效率，又能贏得恰如其分的好評，並得到更理想的報酬。「替專業人員的經歷做個編排，不但方便他們陳列自己的作品，也有助於有需求的人更容易找到他們的作品。」他表示。「公開透明是成為菁英之必要……我要是耳聞某人的作品令人驚豔，我就會想僱用這位人才來幫我做出令人驚豔的東西。另外，我要是知道他們有多高竿，也會樂意多花一點錢請他們。」Behance正是靠這種觀點吸引一流的人才匯集於此平台，讓平台　躍而起，成為800多萬公共設計專案的中樞。

UpLabs是一家初期新創公司，它們另闢蹊徑，著眼於將人文類設計師與技術類網站開發人員整合的需求，讓兩者匯集在一個共同合作的社群裡。來自法國的兩位共同創辦人馬修・奧塞蓋爾（Matthieu Aussaguel）和吉耶梅特・德尚（Guillemette Dejean），是出身人文領域的設計師，他們想幫助設計師和網站開發人員進一步了解彼此的工作性質，由於工程師與設計師往往不清楚網站設計的過程有多困難，相互誤解的結果造成雙方產生摩擦，因此兩位創辦人便希望能擔起橋梁的角色，化解工程師與設計師之間的歧異。奧塞蓋爾和德尚所構思的使用者介面（user interface，簡稱 UI）工具集，既出色又符合大家的需求，因而贏得了新創公司夢寐以求、來自孵化器 YC 的支持。設計師與開發人員利用該網站相互評論對方的作品，同時也在此推銷他們針對各種想像得到的網頁產品元件所做的設計與程式，比方說從精心打造的登入方塊和登錄表單，到手機 app 的首頁設計、圖表顯示方式、各式各樣的圖示，以及依商業界需求特製的功能，例如餐廳網站的選單設計等等。

產品原型製作方法便宜又多元，人人都能變創客

　　產品原型的製作也愈來愈容易、成本降得更低。創業路上一開始會碰到的障礙之一，或許就是在你證明構想有用或能夠創造「抓客力」之前，得先保有一份工作，先以副業的形式來追逐創業夢。如今，已經有各式各樣的工具可以幫助你用省時省錢的方法，來開發實體產品和網站產品的原型，展翅飛翔不再是難事。再以我 70 歲的父親為例，他最初想製作 iPhone 手機 app 時，是先在餐巾紙上把構想畫出來，再用蘋果簡報軟體 Keynote 把紙上內容轉換成一幕幕清晰易懂的畫面，來描繪他的手機 app。接著他把需要處理的手機 app 基本指令找出來，上網鑽研所需知識。他先自學了一些程式碼語言，不過在遇到一些瓶頸之

後，他決定僱用印度程式設計師來協助他。由於他的設計十分明確，用清楚的線框圖來呈現手機app，因此他和程式設計師可以一起用便宜又快速的方式把手機app打造出來。在開發手機app的過程中，最艱鉅的挑戰莫過於想出好點子了。

至於想製作實體產品原型的人，不妨考慮一日千里的3D列印技術。創業家可以利用此技術，先以數位方式將產品設計傳送到印表機，再用各種可以送進機器裡的材料，像是塑膠、金屬，甚至是陶瓷，把原型列印出來。用電腦輔助設計軟體就可以將設計輸入印表機，雖然這個環節要外包給別人做也很容易。

Shapeways這家源自於荷蘭的公司，創立了設計師招募市集，並設置以3D列印為主的「未來工廠」，替設計者打造產品。未來工廠裡有工業規模的機器，在接收送入機器的實體材料後，會按照預訂的物件製造模式，用噴嘴以層層相疊、每層都非常薄的模式，把成品印製出來。如今3D列印已經可以製作出各種物件，包括家具、樂器、特殊家用品，到空拍機配件和建築物的預製建築材料等等。未來工廠的3D列印機把數位化設計轉換成實體元素，這樣的產業正快速成長中。麥肯錫預測，到了2025年，3D列印產業的成長會帶來5500億美元的經濟效應。Lexington和肯塔基州的MakeTime這類公司，也提供現成的電腦數值控制機（Computer Numerical Control，簡稱CNC），可以讓全美各地的合格五金行使用備用產能，依需求來生產零件和原型。MakeTime創辦人杜魯拉・派瑞希（Drura Parrish）曾在帝博大學就讀心理學，後來又在莎凡娜藝術設計學院和南加州建築學院念建築，他同時掌握了數位製造與透過共享經濟來善用閒置資產的魅力。無論這些公司是由理科人還是文科人所創立，都大大擴展了創造的可能性。

　　創新者也可以利用現成電子元件，以實惠的價格製作各種電子產品的原型，Arduino就提供這種服務。Arduino是開放原始碼平台，提供電路板這類的硬體元件和控制硬體用的軟體程式庫。Arduino的元件很容易上手，沒學過電子工程的人也可以輕鬆組建和進行編碼。舉例來說，查德・赫柏特（Chad Herbert）決定利用Arduino製作一種低成本又容易攜帶的裝置，以便用來監聽兒子的睡眠：他的兒子患有癲癇，有時會在睡覺時發作。市面上現有的監聽器都太貴了，要價約400到500美元，赫柏特的裝置只需十分之一價格。另外，坊間的監聽器體積太大，不好移動。於是赫柏特便修改了Arduino程式庫中某個現有設計和一些程式碼，自行製作了一個裝置。赫柏特並非理科人出身，他畢業於東南路易斯安那大學新聞學系，現在住在路易斯安那州巴頓魯治，除了擔任足球教練，也做編輯工作，同時也是一位愛子心切的父親。他正是連硬體都能創造的代表人物。

　　只要有好奇心又有足夠的動力想學習使用工具，就能找到設備、教學和諮詢一應俱全的工作空間，在全球各大都市都可以看到這種被稱為「駭客空間」（hack spaces）的場所。比方說TechShop就在美國七個州設點，以會員制的方式提供會員使用價值數百萬美元的產品製造設備，其中包括金屬加工工具、雷射切割設備、電子實驗室、3D列印，另外又有各種課程可以選擇。一個月只要支付150美元，人人都能透過這些平台搖身一變為點子十足的「創客」。當然使用者也可以從雲端搞定所需工具，只要把設計檔傳給MakeTime就好。派瑞希談到他的分散式製造（distributed manufacturing）*數位市場時表示：「我們的目標就是成為全美最大、人人都可以使用的五金行。」

　　另一種很實用的原型製作途徑就是拍影片。創新者可以先拍攝影片示範產品如何運作，然後再投入其他較為吃重的工作。Dropbox創辦人德魯‧休斯頓便是利用這種做法，先錄製示範影片，向潛在使用者和投資人呈現他的願景，後續再進行很多複雜又不可或缺的編程作業，

＊　分散式製造：指可在全球各地設計與生產的客製化製造模式。

設法落實Dropbox這項產品服務。他的影片內容主要著重在介紹檔案分享服務的基本功能，結果吸引了數十萬訪客瀏覽他的網站，原本有5000人對他的預先發行版產品感興趣，結果一夕之間暴增到7萬5000人。Spire也循相同模式起家，當時公司的名稱還叫做Nanosatisfi，它在群眾募資網站Kickstarter張貼影片之後，就募到了第一筆開發資金，共有676個人在Kickstarter平台上提供總計10萬6330美元的資金，協助這家新創公司購買所需零件，成功建造它的第一顆衛星，使公司業務得以順利發展。另外，雖然沒有人會妄想成為下一個大導演馬丁・史柯西斯（Martin Scorsese），但自由業的攝影師還是非常多，只要僱用現成攝影師再搭配群眾募資平台，就能用簡單的說故事方式募集到資金，一圓創業夢。

原型打造出來之後，不妨利用一些服務測試消費者的反應。以TestFlight這款蘋果服務為例，製作適用於蘋果的iOS手機app的人，都可以透過此服務取得試用版測試員的回饋意見。同樣的程式服務還包括Google Play的App Beta Tester。這兩種程式及其他類似的服務，都很適合用於「精實創業」（lean startup）型的產品開發。2011年，精實創業這四個字因為連續創業家艾瑞克・萊斯（Eric Ries）的暢銷著作《精實創業》（*The Lean Start-up*）而紅翻天。嚐鮮客試用過「最小可行性商品」（minimum viable product，簡稱MVP）*之後所提供的回饋，有助於設計者藉由建造、評估、學習的歷程，反覆雕琢產品，使之更臻完美。另外也有一些服務，讓你輕而易舉就能搞定使用者問卷調查和測試產品早期版本這些環節。以Optimizely為例，創新者可以透過該服務執行所謂的A/B測試，也就是比較顧客對兩種設計版本的反應，譬如網站購物車的設計，或者是進行多變量測試作業，一次測試多種版本。Optimizely又有從視覺畫面來編輯網站、iOS或Android介面的功能，完全不必寫程式碼，也不用忙著修改變數，原本修改後要執行的A/B測試或多變量測試作業自然也免了。80%的手機app經過第一輪使用之後都會被淘汰，因此Optimizely可以說加速了測試與分析作業，好讓人人都能開發出有效益的產品。

如果想建構基礎設施，讓公司順利營運，也有很多其他種類的技術服務可以利用。自從有了Amazon Web Services這類的雲端運算公司之後，促使儲存、管理和擷取大量資料的作業成本大幅降低，這些都是短短數年前才出現的事。Kleiner Perkins是亞馬遜和Google最早期的投資公司，也是矽谷最成功的創投公司之一，據該公司表示，自

---

* 最小可行性商品：以最少的成本設計產品，再快速將產品投入市場，測試產品的可行性。

2010年以來，儲存1GB資料的成本減少了四倍，從大約20美分降到今日的5美分左右。客觀來看，以2015年7月來說，YouTube指出使用者每分鐘共上傳400小時的影片，也就是說大約每年上傳2億1000萬小時的影片。據保守估計，一分鐘影片的檔案大小約40MB，算下來等於YouTube一年會收到5億GB的資料。換句話說，儲存成本降低四倍的結果就是每年幫Google省下7500萬美元。無論是收受款項、控制庫存及配送物流、處理業務營運，還是執行後續顧客關係管理等等，有非常多的服務可以支援新創公司。

現在也有強大的行銷廣告工具，可以協助創新者精準鎖定潛在顧客，最顯著的例子莫過於Google AdWord計畫和Facebook的廣告，而其他新型態的社群媒體工具，譬如Pinterest和Instagram，也都能提供創業家寶貴的洞見，找出消費趨勢。這類服務確實對行銷能力大有助益，但這些工具本來就是專門設計給文科人和企業管理者使用，相較之下，影響更為重大的其實是連寫程式這件事都變得愈來愈容易了。

學寫程式不再是難事

　　新型態的教育平台，可以讓有心從零開始，學習製作網路產品和服務的新手，快速掌握各種程式語言，精熟必要的編碼技術，這是因為近幾年來程式語言很容易學的緣故。早年的程式設計人員，必須撰寫由1和0組成的二進位程式碼來控制電流和電子電壓，如此才能操控實體元件。接著出現高級程式語言，譬如Basic、C語言和後來的C++，把寫程式轉化為一種使用語言的過程，後來又出現了JavaScript、Ruby和Python這些更容易上手的程式語言。就像俄語和英語的符號或語法雖不同，但可以表達相同含義，所以透過「Google翻譯」或是其他線上翻譯工具，能夠將文字從某種語法轉譯成另一種語法，電腦程式設計也變得愈來愈普及。比起會不會講俄語或英語，你說話的內容及其含義更為關鍵。同樣地，跟是否有能力用Java或Ruby語言寫程式比起來，有沒有邏輯、提出什麼問題以及要解決哪些問題才是重點。以往程式設計人員必須從無到有把程式寫出來，如今有了GitHub這樣的開放程式碼社群，除了供開發人員匯聚於此之外，也蒐集了可供使用的存放區。該平台堪稱是一個大寶庫，提供各種經過試驗與測試的程式庫和程式模塊供「分支」之用，換句話說就是能複製取用並以此為基礎做其他開發。此外，以往必須花不少時間檢查程式碼的錯誤，但現今的編輯程式，比方說 Sublime Text，就可以把反饋意見用不同顏色標出，甚至還提供等同於拼校程式碼的編輯建議。

同樣地，Ruby on Rails 這類語言的框架採用「慣例優於設定」的哲學，提供了更強大的抽象機制。這種框架把「慣例」標準化，這樣一來就能輕輕鬆鬆執行像是與資料庫整合這種常見作業。開發人員使用 Ruby 做最初設定檔時，或許需要 20 行程式碼，Ruby on Rails 卻因為可以使用慣例，所以開發人員只需要寫兩行程式碼，標準作業執行起來不但變得更輕鬆、更可靠，也比過去更安全。可以衍生出這些框架並不是只有 Ruby，幾乎所有語言都能發展出各種應用框架。Django 就是以 Python 寫成的框架，Express 則是很受歡迎的 JavaScript 手機 app 架構。

YouTube 的貓咪影片家喻戶曉，不過該平台也可以挖到寶貴的程式語言教學影片，幾乎所有的程式語言都囊括在內，只要花個三秒鐘看看廣告，這些影片就任你瀏覽（YouTube 甚至提供觀眾略過廣告的功能）。假如你需要的是更有規劃的教學課程，赫赫有名的「可汗學院」（Khan Academy）就提供了精簡又相當實用的免費課程。若對開發 iPhone 手機 app 有興趣，蘋果有個叫做 Playgrounds 的手機 app，供大家學習編寫程式。它提供「程式碼片段」（snippets）程式庫，內含特定類型任務的程式模塊，也有QuickType單手鍵盤，讓編寫程式的過程變得更直覺。蘋果的Playgrounds有便捷的功能，讓願意閱讀基本做法的人可以打造複雜的手機app，而且就在蘋果的網站上。另外還有非常多開放線上課程（Massive open online courses，簡稱MOOC）提供教學，解說大部分的電腦運算語言及技術創新的各種面向，而且全都免費，其中不少課程甚至是常春藤盟校階梯教室的上課內容。Coursera是一家非常成功的MOOC公司，事實上，該公司執行長理查·萊文（Richard Levin）就曾擔任耶魯大學校長20年之久。

其他的私立教育企業，則把寫程式拆成小單元課程，方便網路消費，向「全世界的學生傳授寫程式的技巧」，譬如先前提過、由哥倫比亞大學政治科學主修生札克·西姆斯所創立的編程學院就是其中之一。編程學院的公司網站可讓使用者進行互動學習，被《時代》雜誌（Time）譽為全球50大最佳網站。全世界有超過2500萬的學員使用過編程學院。總部位於奧勒岡州波特蘭的Treehouse，提供數千小時的深入教學影片，指導使用者如何編寫程式，每個月的費用為25美元，每天都有來自190個國家、超過18萬的學生花30分鐘使用此服務來學習技術工具。許多企業正是仰賴這類服務來提升或交叉訓練員工的技能，讓員工有能力使用日新月異的技術工具，其中包括推特（Twitter）、Airbnb和美國線上（AOL）。General Assembly（簡稱GA）由畢業於耶魯大學社會學的馬修・布里莫（Matthew Brimer）共同創辦，這家公司同時推出線上課程和實體課程。它有一個最受歡迎的免費工作坊叫做Dash，提供數小時的HTML、CSS和基礎JavaScript課程。這門由奈森・貝蕭（Nathan Bashaw）創辦的課程，有超過25萬名的學員上過，包括我在內。或許有人會以為他是理科人，但他在密西根州立大學求學時念的是政治理論、憲政民主和哲學，而且他還把成功開辦這門課歸功於他的人文教育背景，他表示：「廣泛的人文教育讓我具備批判思考與創意思考的能力，把別人看不到的東西串連在一起，同時又能明確有效地表達我的論點。」GA也提供面對面教學，充分運用文科人的見地，採用直接讓學員動手設計程式和打造產品這種最有效率的技術能力授課方式。

　　2016年，我和布里莫一起坐在GA的紐約辦公室裡，他說自己創辦GA所秉持的理念是，當今科技進展得如此快速，「每個人所受的教育應該一律都是試用版」。「試用版」在工程界是指「尚未完成的」產品。確實如此，許多參加過GA課程的學生都是程式設計人員，他們隨時都在學習新程式語言，納入自己的專長項目當中。「明日的程式語言甚至還沒被發明出來。教育不該是指你得到了某樣東西，或是你勾選了某項專長的方塊，應該是隨著你終其一生不斷擴充增長的東西。」這是布里莫睿智的見解。GA

在全球各大都市共有15個據點，所募集的創投資金為1億美元，2016年時總計有700位員工，是一種新型態的都市社區大學，有心學習或提升技術能力的人都可以來這裡上課。從其他方面來看，GA有如訓練智能的健身房，基本上你可以在此做重訓，保持在最佳狀態。此外，低收入的學生可以利用GA的「機遇基金」（Opportunity Fund），免費上三個月的沉浸式課程，傑洛米・哈德威（Jerome Hardaway）就是其中一位學員。這位來自田納西州的退役空軍，曾經在伊拉克和阿富汗服役，他就利用機遇基金上網頁開發課程，結果拿到第一名。他畢業於佛羅里達州立大學犯罪司法與政治科學系，目前經營一家由自己所創辦的組織Vets Who Code，幫助其他像他一樣的人學習技術方面的能力。

把CRM系統導入警務，SPIDR讓執法更有效率

另一位為了學習如何落實願景而受益於GA服務的非理科人創業家是拉胡・西德胡（Rahul Sidhu），他曾做過緊急救護技術員（emergency medical technician，簡稱EMT），也是賓州阿利根尼郡的義消，同時更是洛杉磯郡的警官。他的公司SPIDR是資料驅動警政（data-driven policing）領域的龍頭，在解決警務的一些偏見上有重大進展，比方說先前探討過的少數族裔被逮捕的機率過高的

問題。一年到頭都開著的手機，是公民記者曝光弊端的利器，也引起眾人意識到警方在執法時的偏見，但後續在提升警政效率上的進展卻十分緩慢。西德胡建立了新型的CRM系統，也就是顧客關係管理（community relationship management），試圖加以改革。

　　西德胡有感於雖然蒐集到大量警政資料，但這些資料卻沒有被有效運用。「警察示意某輛車在路邊停下後，他會開啟無線電，並查看那輛車的車牌號碼，」西德胡解釋，「他會回報現在的位置，而電話那頭的調度員則進入調度軟體，建立事件。他們在軟體中指定警官姓名及攔車位置，軟體便把時戳建好。接著警官要求盤查該輛車的駕駛。偵測車輛管理局（DMV）資料庫隨即展開，該資料庫會提供駕駛的姓名、地址、種族等資訊。」這樣看來，警務單位其實已經知道如何有效使用資料，但是就分析資訊庫，從位置、日期、時間和許多其他犯罪面向來汲取洞見方面，仍有待加強。西德胡發現，如果能把警方的資料蒐集到更大的資料庫中，並對該資料庫執行深入分析，不但有助於優化資源，又能看出偏差之處。舉個例子來說，透過資料或許可以看出某位特定的警官較常要求某類型的駕駛，或者是在某個特定時間或地點要求駕駛停車臨檢，或許就可以從這裡切入，探究該如何才能做到一視同仁或減少這種偏差。

西德胡開始思索，如何彙整警方蒐集到的各種資料，像是警察巡邏車配備的GPS裝置裡的資訊、調度資料和DMV紀錄等等，以便做更有效的分析。他表示：「我熱愛執法工作，所以才會當警察，但我每天都看到警方有很多作業遠遠落後其他產業。資料的運用就落於人後。」

　　西德胡先彙整技術資源來打造產品。當時他仍擔任EMT技術員；畢業於匹茲堡大學的西德胡，對急診醫學的熱愛就是在這所學校求學時產生的，他曾經送一位病人到醫院，結果那位病人到院短短十分鐘後就過世了。這刺激他決心開發一種可以讓出勤的救護人員進行心電圖檢查的工具，並在病人送抵醫院前就先將檢查結果傳回醫院，如此一來救護人員運送重症病患的過程就可以變得更順暢。他與醫療專業人士及工程師攜手打造出這種裝置，也因此對管理技術資源信心大增，即使他本身並非理科人。事實上，他剛起步時根本對寫程式一無所知，但他有心學習。

　　他上了720小時的GA密集課程，全面鑽研網路與行動開發。接著又參加160小時銷售與事業開發方面的沉浸式課程，這些課程讓他學會如何推銷產品及管理銷售與顧客關係，另外又上了12週使用者經驗設計的密集課程，探索設計流程與產品管理技巧，學習如何打造和測試原型，並予以改良後再推出最終版的產品。西德胡的技術長是一位Google的全職員工，這位技術長表明不願意離開Google創業後，西德胡的網路開發講師肯納尼亞・柯尼（Kenaniah Cerny）便約他出去吃午飯，邀請他加入。西德胡也想起過去在洛杉磯市警察學院跟伊隆・凱澤曼（Elon Kaiserman）在沙坑裡拚命訓練、決心未來要一起工作的情景，便邀請他負責事業開發。

SPIDR科技公司現在為警方提供相當廣泛的服務，它利用資料找出最有可能發生車禍的地點，據此改善監視設備及配置警察的巡邏時間，並將自動產生的逮捕與犯罪率公務報告發出去，以便跟配有警力的社區做更有效率的溝通。與社區建立更緊密的關係是西德胡的願景，而這種關係不可諱言正是當今美國社會亟需的東西。「這不只是工具而已，」他表示，「它可以革新整個文化。要是有一個機構能夠利用資料找出警方力有未逮和表現突出之處，抓出更需要巡邏的區域，或是把資料分析報告發送給需要警察服務的民眾，就能達到影響社區的目標。你改變的不只是警察局的文化，整個社區的文化都會因此改頭換面。」

麥克・席林（Mike Schirling）在佛蒙特州佛伯靈頓警察局待了25年，其中有七年多的時間擔任警察局長。他在任內見證了三次電腦系統的大改革。據他回憶，最早「我們還用打字員和複寫紙來做口供。」伯靈頓有100位警官，擁有該州最大的警力，但即便如此，伯靈頓警局每年接到的服務電話多達4萬多通，遠遠超過它能處理的範圍。

SPIDR科技公司讓席林大為振奮，該公司不但幫忙把民眾打電話報案後的後續溝通事宜自動化，還協助警方將警局如何回應的資訊傳達給社區，建立社區對警局的信任。席林從警界退休之後，也成為該公司的顧問。

SPIDR的服務最有意思的地方就是從一些既有的資源來開發，所以警方不需要另外投資新的技術硬體。SPIDR創辦人整合了現有的車輛與治安硬體，再運用軟體工具讓這些硬體有新用途。「大多數的警察局都會在警車裝設GPS裝置，不過都是作為追蹤警車位置之用，」西德胡解釋，「我們建構了演算法，分析同一筆GPS資料一段時間，但並非為了查看警車現在位在何處，而是藉此預測警車接下來可能必須前往的目的地。同一筆GPS資料經過回溯之後，用途就改成了掌握巡邏車的位置並找出它與犯罪率之間的關係。」大數據的能耐僅止於此，SPIDR的社區關係管理平台盡可能利用技術，讓民眾能夠透過手機積極參與。

人文領域的畢業生可以開發這些特殊資源，運用他們的洞見來滿足人類的需求和渴望，打造突破性的解決方案。至於西德胡這類的人士，實際體悟到人類有重大問題需要解決之後，就扛起革新的使命，尋覓新方法來改善人類的生活。大數據確有其侷限，所有非凡的新技術其實都需要人的投入，也必須洞察人類的需求與弱點，才能發揮技術的潛能。接下來幾章會介紹很多創新者，他們受過人文教育的薰陶，琢磨出讓機器更人性化的方法，就算機器未必需要更多人性。他們想出許多方法，增進了人類健康快樂，改善我們的教育系統和經濟，也提高了政府部門的透明度與效率。這一切印證了儘管我們已經擁有強大無比的工具，依然需要人類永恆不變的特質。

Chapter **04**
演算法是
用來服務人類
而非統治人類

卡特莉娜・雷克（Katrina Lake）是一位以開創性手法運用新一代技術的創新文科人。她與擅長「推薦演算法」的頂尖程式設計師艾瑞克・柯爾森（Eric Colson）攜手合作，打造了 Stitch Fix 這家公司。所謂的推薦演算法是指一種資料探勘數學，可以向亞馬遜網站的消費者提供建議品項，或是在音樂服務平台 Pandora 上推薦你或許會喜歡的歌曲。卡特莉娜的公司被《富比士》雜誌形容為掌握了「時尚界的魔球」。

卡特莉娜跟很多經濟系的同學一樣，畢業後就進入商業諮詢領域工作，曾在巴特儂集團（Parthenon Group）專攻零售公司策略，與柯爾百貨公司（Kohl's）和 eBay 這類的公司合作。她也體認到，有些零售商數十年來如一日，做生意的方式並沒有太大的改變，譬如梅西百貨公司（Macy's）就是如此。在零售領域如魚得水的後果說來諷刺，她竟然連購物的時間都沒有。事實上，她因為一刻也不得閒，所以就把治裝事宜全交給她最信賴又時髦的妹妹來打理。

有一次卡特莉娜終於有了空檔，決定出遠門到北加州的山野間露營度週末，結果上網買帳篷卻成了一場讓人氣餒的經驗，那些眼花撩亂的品項把她打敗了。她搞不清楚自己到底需要什麼，也沒時間先做功課再採買。不過是買個帳篷而已，真不該這麼辛苦，她心想。就在這時，她突然頓悟了一件事，原來零售服務產業中有一個缺口，消費者在採買時其實非常需要有效率又專業的協助。受過經濟學訓練的她很清楚，先找到這樣的缺口，再設計強大又划算的途徑來填補缺口，就能產生突破性創新。

她是這麼想的：假如她搞不定自己到底要買哪種帳篷，那麼一定也有很多人跟她一樣，被琳瑯滿目的商品弄得暈頭轉向。她很篤定自己已經直搗黃龍，抓到了一個好點子的核心，不過她想攻讀哈佛的MBA學位，更進一步研究該如何根據這個點子開發商業模式。另外為了加強學業，她也到時尚零售業的新創公司Polyvore擔任行銷工作，並在此跟公司執行長蘇克辛德・辛格・卡西迪（Sukhinder Singh Cassidy）學習領導技巧，這位執行長也是Google亞太及拉丁美洲業務前任總裁。她另外又體認到，即便是線上零售商，也能利用人性因素創造優質的購物體驗。

只要運用高審美觀來挑選魅力十足又新潮的商品，再以最誘人的方式主打這些商品，就算在亞馬遜和沃爾瑪這類零售巨擘的環伺之下，依然有公司能夠成功突圍，培養出一票忠實的粉絲，像Polyvore就精於此道，但特別值得注意的是，它也善用了社群網絡這種因網路問世而興起、以人為本的最強大創新工具之一。Polyvore算是一種新型態的社群商務網站，該平台讓消費者可以透過各種方式，一起提升消費同好的購物體驗，比方說建議他們可能會喜歡的商品，或者是秀出整套的穿搭圖，就像私人採購會建議客戶如何穿搭一樣。像 Pinterest 也是備受矚目的社群商務平台，不過還有很多電子商務網站也善用社群的潛能。

　　這兩份工作讓卡特莉娜對傳統零售業和創新的線上商業模式有了更扎實的了解。她發現一些最成功的線上零售商都使用推薦演算法之後，便決定打造購物版的網飛（Netflix），再加一點變化。她的購物版網飛公司，會融入造型師的人性元素，藉此提升要提供給購物者的精選商品品質。另外，她也會將社群商務網站之所以能成功的人性化溝通方式納入其中。簡單來說，她希望打造一個時尚商務品牌，幫消費者扛起挑選品項的責任，替他們節省時間，而不是陳列一大堆眼花撩亂的商品，讓購物者自行在無邊無際的選擇中掙扎，就像她以前在網路上挑帳篷時那樣無奈。Stich Fix 的目標是成為線上私人採購，與 Stich Fix 鎖定的客戶打好關係，花時間好好了解他們的品味和風格。

延攬三大重要人士一圓夢想，資金、營運、技術一次到位

　　這個網站不會用一頁又一頁的商品資訊來轟炸訪客，也不會提供相互矛盾的評鑑給顧客參考。這裡沒有購物車，也沒有「購買」按鈕。卡特莉娜所憧憬的 Stitch Fix，是一個透過強大的推薦演算法，從各家品牌、各種風格都有的大宗服飾產品做篩選，再初步挑出符合某顧客個人品味的商品。這些商品建議接著會轉給私人造型師員工，由他們負責評鑑並選出最後要寄給客戶的精選商品。

公司最後會將一個內含五樣商品的盒子宅配到客戶家中，他們幫這些包裹取了很潮的名字「fix」。客戶可以在任何方便的時間點，舒舒服服地在家裡試穿這些衣服，就像太陽眼鏡公司瓦比派克（Warby Parker）首創的模式一樣，若有不想購買的商品，也可以退回，Stitch Fix會自行吸收退貨的郵資費。這種商業模式若想奏效，網站提供的商品建議就一定要深得顧客的心，否則在沒有強勢推銷的情況下，庫存管理、僱用私人造型師和宅配所需的成本很快就會壓垮這家新創公司。

卡特莉娜的憧憬很大膽，大膽到20家左右的創投公司在她尋求金援時拒絕了她，因為她的方案要成功，就必須有推薦演算法技術，可是她並沒有這方面的技術能力。然而，這個憧憬也十分誘人，其商業模式的潛力看起來非常強大，因此她總算說服了三位不可或缺的重要人士，加入她一圓夢想的行列。

Baseline Ventures投資公司的史蒂夫‧安德森（Steve Anderson）是Instagram首位投資人，他也對Stitch Fix這個構想感到非常興奮。2011年，他投資75萬美元，有了這筆資金之後，卡特莉娜就能搞定商業和技術方面的重要人事布局。接著她又聯繫沃爾瑪（Walmart.com）營運長麥可‧史密斯（Michael Smith），替 Stitch Fix 建立傳統零售架構。卡特莉娜的野心當然沒那麼小，史密斯在沃爾瑪將近十年時間，營運長任內負責監督公司所有營運狀況，從供應鏈管理到顧客服務都在他的管理範圍。以商業物流的專業人士來說，沒有比史密斯更夠資格的合作對象了。史密斯對這家新創公司很感興趣，順理成章加入卡特莉娜的團隊。

最後，卡特莉娜延攬了網飛推薦演算法的幕後推手，也就是網飛的資料科學暨工程副理艾瑞克‧柯爾森。當然要找他，畢竟她要打造的是購物版的網飛！柯爾森在網飛組了一個 18 人的團隊，打造出外界普遍認為是黃金標準的推薦演算法。他也在 Stitch Fix 組了旗鼓相當的團隊，不過是以卡特莉娜所憧憬的私人採購服務演算為準，這個資料團隊要支援超過 2500 位造型師的工作。以文科人與理科人攜手合作這件事來看，柯爾森絕對是理想的搭檔，因為他也完全能體會人的投入是 Stitch Fix 掌握競爭優勢、大鳴大放的重要關鍵。

柯爾森跟卡特莉娜一樣，大學時主修經濟，同時又接觸到資訊系統和管理科學領域，而且對這些領域十分著迷。他後來繼續深造，拿到兩個碩士學位，一個是加州舊金山金門大學資訊系統碩士，另一個是史丹佛大學統計學習碩士。統計學習學的就是跟推薦引擎的核心有關的數學。柯爾森一邊攻讀學位，一邊著手研究各種開發方法，把人類特有的能力與新一代人工智慧機器所擅長的功能加以整合。他與卡特莉娜合作擴大Stitch Fix的規模之際，也讓他有機會能夠證明自己的主張，正如他和共同作者在一篇研究論文中所指出的：「人機結合的推薦系統，可以將大規模機器學習與人類專業判斷的優勢整合在一起。」

對一個熱衷於打造推薦引擎的資料科學家而言，Stitch Fix的商業模式無疑是個讓人蠢蠢欲動的挑戰。一般而言，採用推薦演算法的線上零售商，多半只期待推薦商品承擔一部分的銷售量，比方說亞馬遜網站提供的建議承擔公司三成五的銷售量，但Stitch Fix卻百分之百靠推薦商品來銷售。柯爾森當然樂意加入這家公司，況且他覺得「演算技術長」這個職位，大概是最新潮的「長」字輩頭銜了。

精準推算最貼近顧客喜好的商品，
還能減少造型師的判斷偏誤

為了推算出能搔到客戶癢處的最佳推薦商品，Stitch Fix先請購物者以客戶身分註冊系統，並回答一系列約60題以上的提問，抓出他們對服飾與配件的喜好，和個人生理上的一些特徵，包括身高、體重、衣服尺寸和年齡等等。Stitch Fix充分利用應用程式介面（Application Programming Interface，簡稱API，是一種可以讓資料庫互連的介面），尤其是Pinterest的API，讓客戶能夠在Pinterest平台上選取他們喜歡的各種商品及穿搭，或者是通常能反映出個人審美觀的頁面，藉此對客戶的喜好有更深層的了解。結果這個功能選項大受歡迎，四成六的Stitch Fix用戶都透過這個方法建立釘選畫面區塊，而Stitch Fix就是從這些區塊來了解客戶的喜好。

這些資料全數送入電腦系統之後，演算法會把客戶資料和Stitch Fix所輸入的所有庫存商品資料一起進行分析，找出貼近客戶喜好的服飾配件。每一件庫存商品，都已經精心標註了50到150個獨一無二的描述符（descriptor），從基本的材質種類到顏色和版型，比方說緊身牛仔褲或靴型牛仔褲，以及更細微的款式特徵，像是某件服飾屬於波希米亞風還是經典款式。接著演算法會依計算所得的客戶喜好機率來評比，列出要宅配給客戶的五件一組初步商品清單。柯爾森把這個環節稱為「機器演算」，仰賴的正是他的機器學習系統。隨後則會進入「人類演算」步驟，也就是由造型師來做最後的定奪。

每一份清單連同機器推算的客戶喜好機率，和購物者所填寫的品味風格相關資訊，都會傳給造型師過目。為了挑出最後的五樣商品，造型師會運用他們對時尚美感與文化因素的微妙認知來進行挑選，比方說這位購物者的所在地區最近流行何種造型，哪種款式又最適合某購物者的「年齡」。2016年柯爾森在FirstMark資本公司舉辦的資料科學系列演講活動「紐約資料驅動」例會（Data Driven NYC）中指出：「我們不會試圖讓機器像人類一樣思考，機器也不該像人類那樣思考，我們希望機器和人類各自善用其獨一無二的強項……我們有這兩種美妙又具有互補作用的重要資源可以善加利用。」但柯爾森的腳步並沒有停下來，他已經先一步採取行動，著手增強人類的技能。

他的團隊甚至使用演算學習，設法減少造型師的判斷偏誤，這種存在於潛意識的偏誤可以藉由精密的資料分析偵測出來。舉例來說，每位造型師都有自己偏好的風格，而且對於某個款式屬於現代感還是傳統風、是非主流還是前衛也有個人的看法。對於哪些商品穿在購物者身上可能最好看，造型師不免也會有個人偏見，而造型師的偏見又可能跟購物者想要的風格產生衝突。因此柯爾森特別編寫演算法，從每位造型師一段時間以來寄給購物者的精選商品組合中抓出這種偏誤。接著他又持續修正了購物者到造型師之間的流程，也把要提供給造型師挑選的商品組合適切度提高，以便組合出更貼近消費者需求的商品。比方說，假設造型師只注意客戶的年齡資訊，那麼這種造型師的偏見跟注意年齡又看照片的造型師可能會有所不同。同時注意到客戶年齡又看到照片的造型師，或許可以看出客戶年紀較成熟，但想看起來年輕一點，又或許是年輕客戶希望自己看起來成熟一點。造型師的行為會隨著各種不同程度的偏見而有所不同。柯爾森的團隊將造型師的行為視為資料科學中的「分類問題」，他們認為造型師是不可改變的，有其根深柢固的做法，因此轉而利用演算法來修正那些傳送給造型師的商品選項，將造型師的偏誤承擔下來，並協助他們減少偏誤。換句話說，Stitch Fix 從不曾想要改變造型師的想法，而是利用技術讓造型師做出更棒的成果。

Stitch Fix 以這種做法整合人類與機器的長才，進而成為目前 39% 的購物者最主要的購物方式，公司業績也年年快速成長。這種成長力道又促使一些備受敬重的矽谷投資人，對該公司投注更多額外金援，包括 Uber 董事暨 Benchmark Capital 合夥人比爾‧格里（Bill Gurley）在內。格里發現他的助理都把她的可支配收入花在 Uber 和當時仍名不見經傳的造型服務上，後來格里才明白那就是 Stitch Fix。他坦言：「卡特莉娜‧雷克是我合作過最優秀的人才之一。」有了格里的支持，卡特莉娜也能聘請時尚業的頂尖專業人士擔任公司的高級主管，比方說前絲芙蘭（Sephora）行銷長和千禧世代最愛的機能性服飾品牌 Urban Outfitters 電子商務負責人茱莉‧邦斯坦（Julie Bornstein）。

創立網路公司必須面對技術方面的挑戰，但這並沒有嚇跑卡特莉娜‧雷克。她發現矽谷其實有很多資源可以使用，也就是說，科技界並不是封閉的生態系統，只容技術專家通行，其他人不得其門而入。她同時也體認到，有技術能力的人其實很需要她這種文科人才有的能力，而這種能力不但可為科技注入人性，也能巧妙地串連線索，比方說把網飛的訂閱服務模式應用在零售時尚業。網飛已經馳騁商場十年，就拿賈伯斯的名言來引申，仍有人帶著渴求和愚傻，努力將網飛的核心模式運用於時尚業。現在，被《財富》雜誌選入「2016年40位40歲以下最具影響力的商場人士」名單的卡特莉娜，已經是一家有4000名員工的公司老闆，她只不過才募集5000萬美元的創投資金，就締造了2.5億美元的營收。

🖋 人類是人工智慧的幕後推手

　　演算法可以針對所蒐集到的、有關個人興趣與行為的龐大資料，進行分類爬梳並做出回應，這種能力又衍生出許多機會，來更有效地滿足人類的需求與渴望，而各行各業也才探觸演算法的潛能沒多久，政府機構就更不用說了。演算法在功能上的重大進展，促使一些分析師預測，演算法會逐漸居於主宰地位，甚至會有取代勞工的一天，不過那些致力於打造優質演算法的傑出創新者，對未來卻抱持不同的看法。

　　這些包括柯爾森在內的人士，提倡利用演算法來增強人類的才能，同時也警告說，以純數學來取代人類能力的效果是有侷限的。保羅・英格利希（Paul English）也是首屈一指、應用演算法來打造突破性服務的人物，他創辦了旅遊預訂服務網站Kayak。這位不折不扣的理科人，畢業於麻州大學波士頓分校電腦科學系，在別人看來完全就是那種會看扁人性因素的人，然而他卻像柯爾森一樣，主張人類與機器就是最佳拍檔。

　　英格利希非常喜歡利用聊天機器人這類的技術，將人工智慧注入產品當中，不過他自稱為「AI現實主義者」。如今，英格利希又運用新技術工具重新改造了旅遊預訂服務，創立Lola這家公司。該平台的服務提供聊天介面，使用者可以用手機以對話的方式預訂旅遊住宿行程，省去搜尋和篩選這些麻煩的環節。這種聊天介面也稱為聊天機器人，或是具備自動回應功能的通訊手機app。舉個例子來說，假設你開口說「我想找下星期五從舊金山到奧斯汀的航班」，聊天機器人有可能會回問你「你一個人旅行嗎？」或「你想要單程票還是來回票？」不過由於Lola的聊天功能只能幫忙處理該平台的一部分工作而已，因此英格利希也僱用了一些專員來負責預訂業務。他很清楚人類的需求有時相當複雜，很容易讓演算法不知所措。舉個例子來

　　　　　　　　　　　　　　　　　　書呆與阿宅

說，提供機票班次的基本資訊是很容易，但消費者對於預訂飯店有個人偏好，這涉及到各式各樣「模糊不清」的因素，譬如某家飯店潮不潮，或是某兩家飯店的床單紗織數誰比較多之類的問題。另外，同一個人的喜好會隨著狀況的不同而有所改變，比方說你出差的時候，或許偏好住在離機場較近的飯店，但度假的時候卻覺得離市中心愈近愈好。「人工智慧還需要一段時間，才有辦法處理大部分的要求。」英格利希說。他也強調，除非聊天機器人提供的服務品質有一定的水準，美國航空或希爾頓飯店這類的品牌才會讓機器來控管它們的服務。然而在此之前，人依舊繼續扮演著指揮人工智慧為人類謀福利的重要角色。「在我的新公司 Lola……大家都說在 Kayak 很諷刺的是，我們也許會害一些旅遊公司倒閉，因為我們把自助服務弄得非常非常簡單……現在有了 Lola，我打算在接下來十年設法讓旅遊公司變成又酷又有影響力的行業，努力革新線下的實體產業。」美國有四成六的住宿預訂還是透過專人或電話完成，英格利希不禁問：「人在旅遊計畫中的角色是什麼？有什麼是人比電腦更強的地方？人可以比人工智慧更棒嗎？另外，人類和人工智慧該怎麼合作？我們創業家應該要打造人類主導的人工智慧，還是由人類所支援的人工智慧？」他的五人 AI 小組與 20 人的旅遊專員團隊合作無間，雙方都不可或缺。

現今所開發出來最為精密的「思考」機器程式，實際上是用來增強人的聰明才智，而不是取而代之。背地裡的真實情況是，人們急著撐場面，忙著替機器做補強，以防系統出毛病。紐約的新創公司X.ai，打造了名為「艾美」（Amy）的數位助手，這個程式的任務就是「以神奇手法排好會議」。理論上，使用者只要在電子郵件附上排程要求並寄送副件給艾美，這個數位助手就可以用電子郵件跟各方溝通好會議時間和地點，並自動排入行事曆中，免去使用者郵件往返的麻煩。X.ai大推艾美的人工智慧功能，但是在很多情況下，排程要求都超出艾美的理解範圍，讓該程式不知如何行動。該公司目前正積極打造百分之百以人工智慧驅動的數位助手，但想達到這樣的境界，還是得倚重幕後的人類推手把此技術能力的漏洞一一補起來。

現年24歲、畢業於芝加哥大學公共政策學系的威利·凱爾文（Willie Calvin）就是艾美的幕後推手之一，他的工作逐漸變成幫數位助手艾美偽裝成可以從容處理任何狀況。雖然不少人讚美艾美的表現十分人性化，比方說被大眾媒體形容為「舉止流暢」，但艾美之所以如此人性化，是因為有時候那並不完全是艾美，而是艾美背後的真人，譬如凱爾文。所以事實真相是，「以神奇手法排好會議」對數位助理來說真的太難了。

Facebook是一家資源與工程人才都不缺的公司，它的通訊團隊開發了一款數位助理「M」，內嵌在Facebook Messenger中。這個程式使用自然語言處理技術來解讀使用者要求的含義，然後再依據含義執行指令。但若是沒有人的投入，M是沒辦法運作的。M的背後有一組名為「M訓練員」的Facebook內部員工幫忙，其中有不少具有顧客服務的背景，他們負責執行該程式無法處理的任務。假如任務是預訂車輛服務，把使用者送去參加某個活動，那麼M程式可以自行使用Uber API處理好。但如果使用者的要求帶有私人的需要，比方說配送杯子蛋糕到某個生日派對，M就會把任務轉給某位M訓練員，這位員工會呼叫TaskRabbit或Postmates這類即時外包服務，僱用某人去收貨與配送，把杯子蛋糕送到目的地。

發明新應用方式，將人類的才能與演算法整合，是一塊蓬勃發展的領域，非常值得喜歡研究人類行為與人類有待解決的問題，藉由設計更理想的解決方案來提升人類生活的人去開發。當然，其中有一些像是配送杯子蛋糕這類的問題，大概不是需要解決的問題。新聞工作者尼克‧比爾頓（Nick Bilton）著有2013年出版的《孵化Twitter》（*Hatching Twitter*），他在《浮華世界》（*Vanity Fair*）中指出：「舊金山的科技文化基本上就是要解答一個問題：媽媽不再幫我做哪些事？」這也是卡拉‧史威緒（Kara Swisher）這位記者所說的「千禧世代的輔助式生活」。那

些以人文背景來思考人類生活與社會本質、人類心理變化
與人類行為背後基準的人，還有那些學過創意思考與溝通
技巧的人，最有資格帶頭衝鋒陷陣，開拓影響重大的科技
應用方式。可以讓產品更人性化、進而變得更富魅力的機
會實在太多了，科技公司才接觸到一點皮毛而已！

🖋 當機器失控時

　　佩德羅・多明戈斯（Pedro Domingos）是華盛頓大學
電腦科學教授，發表過200篇以上的資料科學技術論文。
2014年，他得到資料科學領域的最高殊榮 SIGKDD 創新獎
（SIGKDD Innovation Award），這是頒給在知識發現與資
料探勘領域有傑出科技貢獻的人。他也曾發明一種先進的
探勘資料流開放程式碼技術。他著有 2015 年出版的《大
演算：機器學習的終極演算法將如何改變我們的未來，
創造新紀元的文明？》（*The Master Algorithm: How the
Quest for the Ultimate Learning Machine Will Remake Our
World*），這本書雖預示了演算法的大躍進，但他也承認：
「運算的複雜性是一回事，但人類的複雜又是另一回事
……電腦就像個白癡型天才，它們學習演算法時的表現，
有時候像極了愛鬧脾氣的神童。」

　　2016年3月，微軟在網路上釋出的女性人工智慧聊天

機器人「泰伊」（Tay），就是這樣的天才。泰伊使用機器學習技術，以推特的社群資料及Kik和GroupMe這類通訊手機app的對話來進行訓練。微軟幫泰伊註冊為推特使用者，結果網路上即時出現的內容馬上成了這款聊天機器人的訓練材料，四面八方的推特用戶都把矛頭指向它。由於泰伊的學習能力很強，不到幾分鐘它就變成活躍的推特用戶，其他用戶逐漸看穿它程式化的回應內容，便開始傳訊息給它，想試驗看看可以從它那裡套出什麼回應。有些使用者叫泰伊重複他們的言論，而且很多都是冒失的內容，但泰伊都盡責地照做無誤。有些用戶，包括線上電子布告欄4chan的鄉民在內，竟然聯手把這個已經變得不堪的數位惡作劇鬧得更大。結果，泰伊被問到猶太人大屠殺的議題時，極為不恰當地以拍手的表情符號來回應。微軟迅速讓泰伊下線，並宣布會對泰伊做「些許調整」。

泰伊的失態引起不少頗有見地的評論，其中一些最顯著的文章出自於對技術十分在行的文科人之手，譬如約翰・韋斯特（John West）這位畢業於歐柏林學院哲學系的前端開發人員。韋斯特在成為線上雜誌《石英》（Quartz）的撰稿人之前，是一名程式設計師，他兼有文科人與理科人的身分，對泰伊事件做了十分有力的分析。他指出：「在一頭闖進未知的新技術領域之前，我們一定要捫心自問：是誰受益？」另一位作者蕾伊・亞歷山大（Leigh Alexander）是《衛報》（*Guardian*）記者，對於微軟為何沒有考量到在推特平台上社會規範也會使力這個問題，她提出極為敏銳的見解：「推特用戶喜歡對知名女性嘻笑謾罵的新聞層出不窮，微軟顯然沒有從中學到任何教訓，要不然一定料想得到會發生這種事情。」文科人受過人文關懷的訓練，目的是為了保護及改善人類的生活品質，而不是專門為了提升技術能力，我們需要這樣的人才為技術創新提供一些叮嚀和覺察。以負責的態度做實驗，在快速向前邁進時不破壞其他東西並非難事。若是部署技術時不好好留意當中的人性因素，恐怕大家都要承擔更多比泰伊觸犯眾怒更嚴重的後果。

目前為止所出現的負面後果都是在偶然況下發生的，這也是我們在思考人類的議題時，必須考量到各式各樣的想法和專業的理由之一。公司企業在開發產品時，必須更努力將人類縝密的思維置入其中，才能隨時掌握演算法愈來愈強大的能力，確保機器能夠與人類的生活相契合，就像人類學家梅莉莎・賽夫金協助日產汽車設計自動駕駛汽車一樣。千萬別輕忽演算法失控時可能造成的傷害。作家麥可・路易士（Michael Lewis）在他2015年的非小說類作品《快閃大對決》（*Flash Boys*）中，以高頻交易股票這個艱澀的主題直搗黃龍，生動地描繪專門為操縱市場而寫的演算程式如何叱吒風雲，最後又一發不可收拾的故事。

2010年5月6日一場人稱「閃電崩盤」（Flash Crush）的事件，便造成股市在短短半小時內跌掉了1兆美元。擁有高超技術的交易員向市場推了好幾千筆小額電子合約〔或稱為買賣報價（indications of interest）〕，然後在有成交需求時，先發制人地取消這些合約。這些小額合約專門用來「唬弄」市場，操弄股票的交易方向，好讓快閃交易員能事先掌握股票，取得有利可圖的位置，以此牟利。涉入其中的交易員最後遭到起訴，罪名是詐欺及操縱市場，法規也修改為禁止使用這些隱身於機器內部的技術性詐術。然而，新法規卻造成「管制套利」現象，一堆因應限制措施的新伎倆順勢而生。因此，即使現行法規已經考量到演算法被刻意濫用的情況，但演算法仍有可能遭到各種形式的濫用，而且多半不會像《快閃大對決》那樣以戲劇化的方式被抖出來。

金融市場中比較討喜的演算法應用，是由路易士筆下的主角之一人布萊德・勝山（Brad Katsuyama）所開發的，他就是揪出那群股票黃牛的揭發者。勝山目前正致力於利用演算法追求市場平等。2016年6月，美國證券管理委員會（Securities and Exchange Commission，簡稱SEC）批准他的交易平台IEX為正式的股票交易所，與紐約證券交易所（NYSE）和納斯達克證券交易所（NASDAQ）平起平坐。我們必須主導技術，因為技術也是唯一能減少技術遭濫用的工具。就像信用卡公司利用很多資料取向及機器學習的技術，偵測自身的環境，藉此控管信用卡詐騙情事一樣，主管權責機關或許可以有所作為，請傑出的理科人與文科人一起搭檔，協助控管工具若出現漏洞時可能會產生的危害。

演算法塑造出「回音室」效應，人文思維是解方

　　這年頭我們會看到哪些線上內容，無論是網飛電影佇列、Facebook動態消息，還是Google搜尋裡出現的東西，基本上都是演算法在主宰。這些內容究竟是怎麼選出來的，是大家必須嚴肅以對的課題。2016年，《華爾街日報》（*Wall Street Journal*）透過Facebook的圖形API擷取自認為「非常自由派」或「非常保守派」的人所廣為分享的網站文章，製作了分屬「藍色動態」（Blue Feed）與「紅色動態」（Red Feed）兩派的消息來源。從這個活動可以看到，演算法的選擇不但使讀者接觸到嚴重偏差的內容，而且演算法也塑造出一種「回音室」（echo chambers）現象，讓人們的想法變得更加根深柢固，無法敞開心胸去接受更多元的觀點。雖說《紐約時報》這類刊物歷來的確也都是經過一番精心挑選，才決定了它們的頭版新聞，藉此形成議題，但現今跟往昔大不相同的是，這樣的功能已經交給了據信是以資料導向、照理說應該也很客觀的技術在暗中進行。唐納·川普（Donald Trump）選上總統之後，

眾多權威人士直指民意調查「錯得離譜」。民意調查的資料顯然無助於大家預測到美國竟然會有這場重大的政治挫敗。澳洲律師兼記者艾倫‧提姆斯（Aaron Timms）是紐約預測分析新創公司Predata的內容總監，他卻另有主張：「這是人的失敗，並不是大數據的錯……我們需要好資料，也需要更犀利的報告……真正出色的技術一定是理科人與文科人結合所成。」資料會根據人的意圖來確認或否決，以免我們對其追根究柢。我們必須好好追究這些客觀上應該服務人類需求的演算法，畢竟人類才是編輯，不是嗎？

有鑑於此，Facebook僱用不少文科人與它的理科人並肩作戰，發揮強大的互補作用，力圖反擊回音室效應，想必也會得到大力支持，因為該平台一直致力於尋覓新方法來服務用戶的需求。娜歐米‧葛列特（Naomi Gleit）在祖克柏搬到加州的前一年，從哈佛轉到史丹佛大學，改念科技與社會。她十分熱衷於探索科技如何影響人類生活本質，因此2005年她便以Facebook為題撰寫畢業論文。她執意要成為Facebook的一分子，加入祖克柏及其團隊打造強大新社群工具的行列，於是她經常去拜訪它位於帕羅奧圖的辦公室，連續好幾個月，直到他們終於給她一份助理的工作為止。葛列特現在已經是產品副總裁，是繼「祖克」（大家都這麼暱稱他）之後任期最久的元老級員工。

另一位早期員工索里奧‧奎爾沃（Soleio Cuervo），從一開始就把以人為本的精神注入 Facebook 平台的發展。奎爾沃畢業於北加州杜克大學，主修音樂，拿手的樂器是小提琴和薩克斯風。他幫 Facebook 設計了很多功能，現今無所不在的按讚功能就是他的傑作。對於自己在科技界的成就，他歸功於音樂：「音樂幫助我在既有體制內盡情發揮，再以體制為本往外擴充。」他可以流暢地從爵士樂完美轉換到古典樂，也就是說薩克斯風和小提琴這兩樣樂器他都切換自如，這種能力恰巧也非常適用於成立新創公司那種隨時得臨機應變的過程。儘管 Facebook 早期會誇口說每個員工都是程式高手，不過該公司其實因為僱用了人文學科主修生而受益匪淺，比方說葛列特和奎爾沃等人，他們對 Facebook 的核心產品同樣有重大貢獻，也是公司空前成功的幕後功臣。

演算法有很多好用途

當然，我們不應該將警語當成危言聳聽，就此認定演算法充滿危險，或乾脆別再去琢磨更多應用演算法的新方式。坦白說，這是一條回不去的不歸路，況且演算法其實也默默做了不少好事。演算法無所不在是既定事實，幾乎提升了人類生活的各個層面，包括我們如何搜尋網路、如何自動訂正文字、如何使用 GPS 導航，以及如何用手機拍照和傳照片等等。你在 Instagram 套用濾鏡時，或者是修改音響聲音的設定時，演算法隨時隨地都在運作。癥結點並不在於演算法很危險，而是我們在開發演算法時，必須秉持身為人的敏感度，而且也要對演算法如何能為人類需求提供最好的服務有深入的了解。這就是文科人上場擔任要角的時候了！

32 歲的席瓦妮・斯洛亞（Shivani Siroya）就是這樣的文科人。她運用自己出身於衛斯理大學國際關係學系、哥倫比亞大學公共衛生學院健康經濟學的學術背景，以及她在聯合國人口基金會（United Nations Population）及花旗集團（Citigroup）的經歷，協助開發中國家的窮人拿到他們迫切需要的貸款。儘管公司總部位於美國加州聖塔莫尼卡，但她主要都在肯亞工作。微型金融機構會提供貸款給沒有資金的老闆，這些人多半位於開發中國家，他們沒有信用紀錄，這表示放款方往往沒有好辦法可以判斷該不該借錢給特定創業者。這種貸款多半屬於小額融資，而傳統的放款方通常必須派人實際與借款方接洽，才能評估借款方是否有資格接受信用貸款，這是一個所費不貲的過程，意思也就是說，大多數的微型貸款利率真的很高，甚至可以超過 25%。由於風險評估的成本本來就很高，這意味著在真正拿到微型貸款的人與大批值得花錢評估其信用風險的人之間，有個缺口正在逐漸擴大的「中間斷層」（missing middle）。中小企業的老闆是開發中經濟體的引擎，但他們往往受到漠視，借不到所需資金來擴大業務。

不過斯洛亞及其公司Tala（過去稱為InVenture）徹底改造了這個機制。Tala利用個人手機裡所累積的大量個人資料，包括簡訊、通話紀錄、位置與移動資訊、聯絡人清單在內，透過這些資料來評估借錢給手機持有者的風險。這樣的機制可以說善用了智慧型手機的普及性，因為就算在世界上最窮的國家，手機也是無所不在的。斯洛亞表示：「我們之所以相中智慧型手機裡的資料，是因為我們覺得那是最能代表某個人日常生活的東西。」有此見地想必也是應該的，畢竟她訪談過印度及撒哈拉以南非洲約4500位的中小企業老闆，對整個市場有充分的了解。

斯洛亞與理科人合作建立一個平台，讓需要借款的人可以下載Tala手機app到他們的智慧型手機裡，然後就可以申請貸款。Tala接著會使用一種專門開發的演算法，分析1萬筆有關這位貸款申請客戶的資料點。舉例來說，Tala發現當手機費率較低時，那些早上十點過後打較多電話的人，通常是信用比較好的借款人。這或許是因為他們很重視細節，所以才會一絲不苟地仔細研究自己有哪些選項，他們說不定會特別留意小字體的說明內容，也有可能是悟性高的行動派，喜歡跟周遭的人交流，從中找出最適合的做事方法。Tala也觀察到，假如某個人講一通電話多半會超過四分鐘的話，這樣的人也可視為風險較低的借款人，因為他們會用電話跟別人建立更好的關係。公司除了評估這種資訊之外，還會搭配一些其他的資料點，像是銀行提存款、社群媒體和人口統計資料，針對借款人進行全盤評估。

　　Tala先從東非、印度和南非起家，打算擴大到其他金融產業通常會忽略的地區。2014年Tala初登場，兩年過後就有12萬5000名過去沒有信貸資格的肯亞人拿到貸款，每人的平均貸款金額為100美元，且違約率維持在5%。四分之三以上的借款人會回來貸第二次款，顯然很滿意第一次的經驗。

　　Tala並不是唯一一家想要打入微型貸款的科技公司，事實上，這是許多初出茅廬的新創公司爭相競逐的熱門領域。有一家叫做Branch的公司也利用手機app來判定貸款資格，提供平均30美元的貸款，利率則介於6%到12%之間。另一家公司Lenddo則寫了一套演算法，根據社群網絡資料之類的非傳統來源，來評估風險及驗證身分。Lenddo在20個國家推出，金融機構和電信公司都可以使用Lenddo，以便對新興中產階級的申請者進行記分、評估和驗證，這些人可能不符合傳統的貸款條件。利用展露於資料中的信號，擴充貸款的途徑，進而改善人的生活，這正是演算法的功勞。確實如此，演算法和機器學習都可以用來增強我們最人性化的能力，包括創意表達技巧在內。有一種技術創新就是最佳例證，它強大的貢獻讓人類說故事的能力更上一層樓。

Neon 藉助資料科學的力量，找出影像的潛意識魅力

　　蘇菲·萊布列希（Sophie Lebrecht）在蘇格蘭格拉斯哥大學求學時念的是心理學系，接著又拿到布朗大學認知神經科學博士學位。她後來與卡內基美隆大學心理系系主任麥克·J·卡爾（Michael J. Carr）聯袂成立 Neon Labs，這家公司專門銷售影像挑選工具，協助公司客戶挑選在網路媒體上最能引起共鳴的影像。Neon 應用機器學習演算法推薦各種影像，讓公司可以用來勾起觀看者想一探究竟的衝動，換句話說就是設法藉助資料科學的力量，找出影像的潛意識魅力。這種需求可以說愈來愈迫切，因為新的影像源源不絕地湧現，讓公司繼續淹沒在其中，錯失了創造內容、引觀者上鉤的時機。事實上，我們的大腦可以在17毫秒的瞬間決定要點選或避開哪些內容，速度如此之快，人其實根本不會意識到自己真的在做決定。萊布列希的博士論文研究的正是大腦視覺系統是如何隨時針對周遭事物指派如此細微的正面或負面反應，這種反應萊布列希稱之為「微原子價」（micro-valence），借用自化學名詞「原子價」（valence），而原子價指的就是原子的正價或負價。她把自己的研究變成

專利技術，現今的Neon便是以這個研究為基礎，使用神經科學來探尋觸發正價的感動因素，或反過來說，找出讓人自覺像廢物的東西，來預測消費者的喜好。

各種裝置裡充斥著愈來愈多廣告、文章和影片中的影像，不斷轟炸人們，想在短暫的片刻抓住人們的眼球已經不是那麼容易的事。Neon可以幫助內容創造者挑出最值得秀出來的影像，只要把數百萬格影像組成的影片放進Neon的工具中，程式就會利用以神經科學為基礎的機器學習法，對這些影像進行演算分析。程式會評估每一個影像，並根據1000個不同的變數予以標註，比方說影像所包含的色彩和面部表情。然後這些影像又會跟種子影像庫進行比對，而這個影像庫裡已經預先建立了人們會對影像產生何種反應的相關資料。假如放進工具中的某個影像所具備的特質，跟種子影像庫某個績效不錯的影像相符，Neon就會將該影像標示為公司可以考慮使用的影像。接著Neon會幫忙把挑選出來的影像按優先順序排好，幫助內容創造者找出最適合且最能在一瞬間抓住觀眾注意力的影像。

簡單來說，Neon增強了人類說故事的能力，並不是取而代之。挑選重點鏡頭，供電視機前的觀眾欣賞，這樣的工作可以清楚闡釋Neon的功能。1996年亞特蘭大奧運期間，NBC總共播放了171個小時的賽事。20年後，2016年里約熱內盧奧運，NBC每天播放356小時賽事，所以第

31屆奧運期間總計共播放了6755小時,這是史無前例的數字。同樣的,2016年超級盃期間,40架NBC攝影機用4K鏡頭以每秒120格記錄好幾個小時的足球賽,場上的專業攝影師也拍了每場多達2000張的影像。Neon開發的先驅機器學習技術,大大加快了編排所有影像的作業,很容易就挑選出對觀眾來說最重要的瞬間畫面,和各式各樣最感動人心又張力十足的特寫。

蘇菲‧萊布列希、席瓦妮‧斯洛亞和卡特莉娜‧雷克全都以人文學位作為發展基石,打造文科人與理科人兼備的團隊,實現了演算法的新能力其實可以用來更有效地服務人類需求的願景。機會之門依然敞開,歡迎更多像他們一樣的有志之士加入,如此才能確保這種特殊技術是用來服務人類,而不是控制人類。技術並非最大的威脅,真正可怕的是唯技術獨尊的想法,因為這種觀點會犧牲其他科目,也就是人文學科,同時剝奪我們提出大哉問的能力,使我們無法把工具用在良善的層面上。我們確實應該培養技術,但不是用拉抬其地位的方式,而是以多元化的思維來發展及應用技術,賦予技術良好的用途。

Chapter 05

讓科技更
合乎倫理

長期提倡聰明設計的唐納・諾曼（Donald Norman），目前擔任加州大學聖地牙哥分校設計實驗室（The Design Lab）主任，他在1988年的著作《設計的心理學：人性化的產品設計如何改變世界》（*The Psychology of Everyday Things*，後稱為 *The Design of Everyday Things*）中，探討了他所謂的「日常事物心理學」，揪出設計不良產品的空洞貧乏之處，譬如有漏洞的茶壺和會擋人的雙扇門，並訴求「以使用者為本的設計」。他後來在1992年出版另一本著作，書名相當逗趣，叫做《方向燈是汽車的臉部表情》（*Turn Signals Are the Facial Expressions of Automobiles*），這本書要傳達的訊息其實很嚴肅：產品設計者必須致力於讓產品更切中人類的需求和渴望，同時也要思考精心創造的產品如何融入人類的生活。諾曼在書中指出，所謂的創新應該是為了提升人類的生活品質，並非製造挫折，甚或拖垮生活品質，尤其是科技領域的創新。

「現代科技有不少似乎是為了存在而存在，」他寫道，「無視於人的需求與顧慮，畢竟人類照理說才是這些科技存在的理由……我既不是抨擊也非捍衛科技，而是想了解人類與科技之間的互動是如何發生的，找出其中窒礙難行的地方和原因，然後設法加以改善。或許可以這麼說：把科技社會化、人性化就是我的目標。」

寫到汽車方向燈這個主題時，諾曼特別強調「機器是一種社會裝置」，因為機器會與人類互動，正是因為如此，科技就必須設計成能因應人類的思考及行為方式。換句話說，機器必須具備敏感度，能夠呼應我們模糊不清的人類天性。人類發展出很多生理上的手勢或臉部表情與他人溝通，汽車也一樣需要用方向燈作為駕駛之間通用的技術信號。諾曼當時並未預見日後會出現自動駕駛汽車，這種汽車特別需要精密的途徑與人類溝通，也就是人類學者梅莉莎・賽夫金在日產汽車所開發的溝通模式。

唐納・諾曼被公認是以人為本設計運動的元老之一，促使科技產品更人性化是該運動的宗旨。他結合文科人與理科人的技能，藉以體現產品創造的優勢。諾曼先後拿到電腦工程的學士學位及數學心理學博士，後者是一個人文與技術合而為一的開創性領域，他專門研究如何以電腦模型來探究人類心智的運作。諾曼在加州大學聖地牙哥分校心理學教授，研究人機互動近30年，成果影響深遠，1993他走馬上任，為蘋果效力，協助公司實現賈伯斯打造「科技與人文結合並融入人性……讓心靈高歌」的願景。諾曼在蘋果開拓了「使用者經驗」領域，領導大批以人為本的專業設計人員，他們追隨諾曼的步伐，讓蘋果產品領先群倫，共同朝賈伯斯制訂的目標大步邁進。

在此同時，以輔助與取悅人類為目標的科技產品大量湧現，也在我們的生活中產生了不少有害的「復仇效應」

（revenge effects），這是指使用科技後產生始料未及的後果，比方說沉迷於打電動、總是忍不住想檢查那些排山倒海而來的電子郵件、簡訊和社群媒體通知。創造科技產品時若能以更敏銳的思維來因應人的需求，便可發揮無窮的潛力來輔助人類、協助人類達成目標，進而提升人類的生活，但可惜設計人員只能做到隔靴搔癢。

本章要探討的是新一代創新者如何將人文領域所培育的技能、見地和敏感度應用到科技創新之中，更進一步地發揮唐納・諾曼及賈伯斯的初衷。當前一些成長最快速的科技公司就是由文科人所領導，這都是因為它們善用強大的新技術打造出日常問題的解決之道，同時又保有深度同理心，十分了解該如何為解決迫切的人類議題提供協助。

通訊手機app Slack創辦人斯圖爾特・巴特菲德，在維多利亞大學求學時主修哲學，也追隨諾曼與賈伯斯所提倡的人本精神。巴特菲德很早以前就開始創業，過去曾創立相片共享公司Flickr，後來在2005年以2500萬美元賣給雅虎（Yahoo），當時他32歲。2008年他離開雅虎，成立遊戲公司Tiny Speck。不過當種種跡象顯示Tiny Speck成不了氣候時，他就想或許可以用他過去為了幫團隊擋電子郵件所設計的內部通訊工具為基礎，延伸開發出另一套產品。事實證明他很有遠見：他成立Slack不到三年時間，這個新事業據估就有40億美元的身價，每天有超過2700萬用戶使用它。

　　巴特菲德設身處地，想到了大家在職場上被大量電子郵件追著跑的經驗，他深深了解長週末過後面對400封工作電郵時那種快喘不過氣來的個中滋味。Slack可引領用戶順利走出電子郵件的數位叢林。根據麥肯錫全球研究所（McKinsey Global Institute）的資料顯示，需與他人互動的員工每天必須花28%的時間處理電子郵件，19%的時間則花在蒐集資訊。Slack的投資人、早期也擔任過Facebook高階主管的查麥斯‧帕里阿皮提亞（Chamath Palihapitiya）指出，「它（Slack）要摧毀電子郵件，在所有公司之間創造一種網路效應（network effect），目的就是為了讓人們回歸過去快樂的日子──這點在我看來實在太重要了！」

　　金特利‧安德伍德（Gentry Underwood）曾負責設計公司IDEO的知識共享（Knowledge Sharing）領域。他專攻「社群軟體」，這是一種以人本技術為基礎的大規模協作平台和工具。他在史丹佛大學念文理兼具的人機互動領域，並拿到符號系統學位。不過他離開新創事業之後，到聖塔克拉拉大學攻讀兩個心理學碩士學位，後來又拿到田納西州納什維爾范德堡大學人類學與社區發展學位。他從這些學業學到了民族誌方法，掌握人類學家如何進行田野調查，實際觀察人類，包括婆羅州部落到21世紀職場上的勞工等等。他自己進行民族誌研究，並應用於打造更人性化的電子郵件收件匣，成立了Orchestra這家公司，推行名為Mailbox的行動產品，討喜的功能讓使用者只要滑動電子郵件，就能讓郵件「打盹」，以便稍後處理。2013年，這家新創公司甚至還沒發行旗艦版的iPhone手機app，Dropbox就開出1億美元的收購價格，買下這個才剛上線一個月的產品。

這種人文與技術結合的產品開發新時代才正要展開，有很多機會可以運用人文社會科學研究的觀點與方法來提升產品的設計。正如唐納・諾曼所說的，設計的精髓不是把東西美化而已：「設計是一種思維方式，一種判斷人類根本需求是什麼的方式，然後再打造可幫助人類的產品和服務。設計必須結合對人類、科技、社會和商業的洞見。」這需要所有人的投入。

🖋 加強設計倫理

提倡以人為本的賈伯斯為了培養蘋果員工這樣的設計精神，便創立蘋果學院（Apple University），聘請人文學者到公司授課，並於2008年在前耶魯大學管理學院院長喬爾・波多尼（Joel Podolny）的指揮下推行。蘋果學院的宗旨是教育員工各種產品與設計方面的技能，其中也囊括了一些著重產品設計美感、簡約和效率的相關課程。

基姆・馬龍・史考特（Kim Malone Scott）這位傑出學者也在蘋果學院任教，她在普林斯頓大學求學時主修斯拉夫語，先前效力於Google，負責數10億美元的AdSense業務，後來才加入蘋果的師資陣容。另一位師資是學識淵博的喬許・科恩（Josh Cohen），他師承素負盛名的哲學家約翰・羅爾斯（John Rawls），擁有哈佛大學哲學系博士學位，也在MIT、史丹佛大學和加州大學柏克萊分校任教，教授政治、哲學和法律。他的某堂講座特別著重探討景觀設計師費德列克・洛・奧姆斯德（Frederick Law Olmsted）在打造紐約中央公園的藍圖時，所應用的設計原則。其中就有一條這樣的原則：為了幫助都會居民更深入體會大自然的美，每一條穿越中央公園的路徑都應該規劃成曲線型，如此一來，每走一步所看到的風景都會呈現出美感各異的綠意。奧姆斯德的用意就是讓民眾賞心悅目、處處充滿驚喜，這同時也是蘋果打造新產品所秉持的目標。當時這種大自然之美多半只有社會菁英獨享，好讓他們可以跳脫紐約，沉浸在更多的鄉野風光當中，但奧姆斯德希望一般大眾也有機會接觸到。不妨滑一下iPhone手機那簡約的介面，或許你也會體驗到像是傍晚漫步在中央公園的蜿蜒小徑上時那種如沐春風之感。

　　人文社會科學方面的課程主要是在向技術產品設計師灌輸創造產品的概念，亦即產品的設計除了要吸引人之外，也必須兼顧人性化。Google高層也向蘋果的經驗取經，致力於以更用心的人本途徑來設計公司的產品和服務。崔斯坦・哈瑞斯（Tristan Harris）在2016年之前一直都是Google的「產品哲學家」，他跟唐納・諾曼一樣，在就讀大學及研究所期間接觸到各種把人文精神融入技術創造的方法。哈瑞斯積極倡導設計倫理，而所謂的設計倫理是指設計產品時必須秉持顧及人類福祉的原則。現在，他正領軍推行全球性運動，要將「設計倫理」導入科技之中。

這個使命完全呼應了人文教育的初衷，因為培養合乎倫理的行為正是古希臘人文概念的核心。人憑藉著良好的溝通技巧和批判思考能力，透過哲學探討來達到受教的目標之後，就能明辨是非、參與公民生活。這樣的人有能力行使並捍衛民主出現後所賦予的自由，依自己的志向過生活，同時也學會尊重合乎公眾利益的指令。哈瑞斯在人文教育的感召之下，矢志將同樣的倫理精神融入技術的創新當中。

哈瑞斯跟金特利・安德伍德一樣，在史丹佛大學念人機互動，這是一門結合了電腦科學與語言、哲學和心理學教育的課程，目的是培養更卓越的洞察力，深入掌握如何開發機器的「智慧」以及如何才能充分發揮機器智慧，來配合人類的思維與感受。哈瑞斯也師承史丹佛大學教授暨心理學研究者 B‧J‧法格（B. J. Fogg），這位教授成立了該大學的說服科技實驗室（Persuasive Technology Laboratory，簡稱 PTL）。法格專門探討人類的習慣如何養成，率先深入研究如何運用科技改變人類的行為。PTL 就做過分析，探究人們愛玩 Facebook 背後的心理訴求與副作用，還有科技可以做何種設計來幫助人們採取肢體運動之類的正面習慣，以及戒掉抽菸這類壞習慣。2007 年，法格開了一門跟 Facebook 有關的課程，教學生如何利用「大量客觀性說服」技巧來影響 2500 萬人，後來又於 2008 年教授一門名為「Facebook 心理學」的課程。法格在和平創新實驗室（Peace Innovation Lab）的說服科技研究員，甚至探索了「新型態社交行為與見地如何產生促進全球和平的新方法」這樣的主題。另外，泰瑞‧維諾格拉德（Terry Winograd）教授也曾指導過哈瑞斯的學業，他就是教過 Google 創辦人賴瑞‧佩吉（Larry Page）和賽吉‧布林（Sergey Brin）的那位教授。

佩吉和布林很早就對網路能夠以更快、更好又更聰明的方式讓人們接觸到更多資訊這種非凡潛力著迷不已，而這種潛力在當時多半還未被開發，哈瑞斯跟他們兩位很像，他注意到線上讀者所使用的資訊服務有很大的改善空間而有感而發。他和佩吉及布林一樣採取了行動，於 2007 年中斷學業，成立了 Apture 這家公司。哈瑞斯開發了一種技術，可以讓讀者在瀏覽網路文字時只要隨便點一下任何文字，文章內就會跳出小方框，引導讀者前往瀏覽一系列從網路上蒐集而來的相關資訊。公司說故事的能力一舉提升，而且還提供使用者更優質的網路內容。Apture愈來愈壯大，每個月可以透過《經濟學人》、路透社（Reuters）和《金融時報》（*Financial Times*）之類的網站取得超過10億次頁面點閱數，於是Google在2011年據稱以1800萬美元的價格買下了該公司，當時哈瑞斯才27歲。後來Google延攬他擔任產品經理，他立刻開始在經手的設計作品裡注入倫理精神；換句話說，就是尊重人的需求，為Google數十億用戶提升福祉。

讓 Google 員工擺脫科技裝置的束縛，更懂得如何「善用時間」

哈瑞斯在Google的創舉之一就是灌輸員工「正念」這樣的觀念，讓他們了解專注於當下、全心全意體驗此刻生活的重要性，別總是被簡訊、電子郵件和電話干擾而分心。哈瑞斯為了推行他創立且主導的「善用時間」（Time Well Spent）運動的目標，而居中安排了Google頂尖的產品設計師與一行禪師（Thich Nhat Hanh）會面。一行禪師是出生於越南的佛教僧侶，也是首屈一指的正念實踐家。哈瑞斯認為，我們最愛的科技裝置使我們無法好好善用時間，減弱且干擾我們盡情發揮潛能的能力，讓我們無法進行有意義的互動，也無法培養人際關係和專注於創意思考。

哈瑞斯小時候很愛變魔術，魔術說穿了其實就是使出障眼法，這讓他對人很容易分心這件事頗為了解。在一年一度的 Wisdom 2.0 Summit 大會上，各種領域的專家齊聚一堂，討論科技如何促進人類福祉，而不是危害人類利益，他在場上談到「善用時間」運動，這是他為了反轉科技劫持人類注意力的現象而創立的活動。前卡內基美隆大學資訊科學教授赫柏特・賽蒙（Herbert Simon）提出了有名的「注意力經濟」概念，意思是說公司企業汲汲營營所追求的寶貴之物，就是人們的注意力。他提出警告說：「大量資訊會造成某種東西的匱乏⋯⋯會消耗資訊接收者的注意力。」他指出，資訊革命最諷刺的地方就是大量唾手可得的資訊導致注意力缺乏的現象。現在，哈瑞斯就是要大家意識到注意力被劫持會產生哪些副作用。他積極鼓勵開發各種可以保護人類時間的產品，使我們能夠更專心，擁有品質更好的經驗。

爭相吸引我們注意力的基本經濟誘因其實就是問題癥結點。製作手機app的人、創立網路新服務和設計電玩的人，主要就是靠鼓勵人們花更多時間在他們的產品上來賺錢的。「不管你製作的是冥想手機app還是資訊類網站，你都是在爭搶使用者的注意力，這表示只要能用巧思讓人們不斷花時間回來使用，你就贏了。整個產業都在推波助瀾，讓大家愈陷愈深，最後變成一場看誰先衝到人們腦幹的比賽，引誘我們忍不住投入更多時間。」哈瑞斯表示。倫理設計就是要探究這種「看誰先衝到人們腦幹的比賽」，找出哪些做法劫持了人們的時間，然後多鼓勵開發那些尊重我們時間的產品和服務。哈瑞斯有此一問：「科技究竟是增強了人類的潛能，還是讓我們樂極生悲？」電腦依然是賈伯斯所說的「人類心智的腳踏車＊」嗎？

我們若是被標註在 Facebook 的某張照片裡，就會收到電子郵件通知。各式各樣的公司不斷寄送這樣的通知給我們，讓我們真以為自己有可能錯過某些事情，比方說某個片刻、Tinder 約會網站的新配對、Snap 或推特的回覆，所以我們非得立刻查看不可。公司所鼓吹那些微妙的社群義務，像是「標註相片中的此人」或「替你的 LinkedIn 新人脈背書」之類的手法，也制約了我們。我們收到通知說 Facebook 訊息已經「收到」，然後又收到通知說訊息已「讀取」，回覆的壓力就這樣加諸在收件者身上。「你還沒收到我的訊息嗎？我一個小時前就傳給你了。」

這些設計功能牽動著我們的社會習俗，攫取我們片

＊　賈伯斯曾在一個訪談中將電腦比喻為人類心智的腳踏車，大大提升了人類的能力。

刻的注意力,讓我們無法專心其他的事情,或許更嚴重的是,讓我們沒辦法專心追求自己的目標,這便是科技劫持了我們。琳達‧史東(Linda Stone)是前蘋果員工,現在任職於MIT媒體實驗室社群運算諮詢委員會(Social Computing Advisory Board),她創造了「持續性局部關注」(continuous partial attention)這個名詞。這是一種既不即時但也不算延宕的「半同步」溝通模式,過程中不斷受到一些小干擾,使我們誤以為自己在那些淺薄的對話當中遊刃有餘,但其實我們對事情一直都只有一知半解。

每當我們輸入密碼把手機解鎖,以便查看Instagram的讚數或WhatsApp的新訊息時,我們就掉進了分心的狀態裡。也許看起來好像不多,但根據勤業眾信(Deloitte)顧問服務公司指出,每一位美國人平均每天檢查手機46次。智慧型手機用戶有1億8500萬人,這就表示每天都會有80億個分心片刻。這種大規模的現象,自然會對產品決策產生重大影響。

談到科技時代的多工,我們往往以為每個人都可以一次做兩件事或甚至十幾件事,還會吹噓說愈多愈好。就算真是如此,又有何價值?想想看你坐下來仔細檢查表單,然後暫停一下去檢查電子郵件。沒多久電話響了,你接起電話,速速傳了幾句話給你的另一半。你本來只要專心做一件事,後來一直中斷,又接起另一通電話……接著又一通。專家將這種行為稱為「迅速切換任務」（rapid tog-gling between tasks）。

　　葛洛莉亞・馬克（Gloria Mark）是加州大學爾灣分校資訊學系教授，她研究這種切換行為對員工生產力的影響，以及他們在精神上及情緒上的狀態。她把自己的研究稱為「干擾科學」（interruption science）。她發現，科技會重新改造我們適應周遭世界的方式。我們之所以允許自己受到更多干擾，是因為我們開始產生新行為，甚至是新價值觀，這都是我們受科技制約的結果。

　　馬克做了一項研究，她指派研究人員進駐美國一般公司行號，觀察員工被干擾或所謂「自我分心」的頻率，結果發現員工每三分鐘就會分心一次。另外她也強調，員工得花23分鐘的時間，才能重新專注在某件任務上。這項執行於2004年的研究指出當時的員工大約每三分鐘切換一次任務，相較之下，馬克發現現今的員工差不多每40秒就會切換任務。

　　當然，干擾不盡然全是壞事，有時甚至大有裨益。馬克發現只要干擾時間短，不讓人過於費神，通常不至於嚴重影響到眼前的工作流程。舉個例子來說，人如果是自己分心，並非被電腦桌面出現的各種通知所干擾，在這種情況下回覆電子郵件的效率通常較高。跟手邊任務有關的干擾其實有助於人提高效率，而且對工作會更加專心。

然而，這種干擾最大的代價就是壓力。下回你聽到多工者自吹自擂說可以同步做好幾件事情時，千萬別忘了默默升高的壓力就是多工的外顯成本。馬克在一項實驗中指定勞工做一般性的職場任務：只要回覆一堆電子郵件就好。有一組專心處理這份工作，不受到干擾，另一組則不斷被電話和即時訊息轟炸。接著兩組員工都接受了壓力的評估測試，結果頻頻受到干擾的員工在壓力、挫折及時間緊迫感方面都比專心的員工高很多。不過話說回來，那些受干擾的員工雖然壓力較大，卻比未分心那組更快完成工作。馬克從電子郵件來評估兩組回覆特定問題的能力，同時也評估回覆品質。結果她發現，一心多用的員工用字雖然較少，但回信品質並沒有太糟。馬克認為，人在預料到會受干擾的情況下，其實會刻意加快工作速度來彌補干擾造成的損失。當然這世上沒有一套完美無缺的工作方法，不過最重要的是有像馬克這樣的研究人員指引我們一條明路，讓我們知道科技用何種方法影響人類，也有助於崔斯坦・哈瑞斯這些設計倫理提倡者推行他們的理念。

你的口袋裡有一台吃角子老虎機

　　哈瑞斯在鑽研那些劫持人們注意力的機制時，也注意到一個現象，那就是技術創新者擅長利用變動獎勵（variable rewards）＊心理來引使用者上鉤，讓使用者一直忍不住想要檢查電子信箱或玩糖果傳奇（Candy Crush Saga）這類遊戲。斯金納（B. F. Skinner）是哈佛大學的行為心理學家，他在1950年代提出變換增強率會使受訪者在喜歡獎勵到手的感覺和得不到獎勵就更加渴望的心情之間來回擺盪。由於是隨機給予獎勵，變動比率下的排程獎勵都很容易讓人上癮。也因為使用者無從得知自己什麼時候會拿到下個獎勵，就會為了追求獎勵而變得更入迷。這就是迷上吃角子老虎機的背後原理。哈瑞斯提出一個問題：「美國有什麼是比電影、棒球和遊樂園加起來還賺錢的東西？」答案正是吃角子老虎機。娜塔夏・多歐・夏爾（Natasha Dow Shull）是紐約大學人類學家暨媒體、文化與傳播系教授，著有2012年出版的《設計上癮》（*Addiction by Design*），她從研究中發現，吃角子老虎機讓人們「身陷其中」的沉迷程度，為其他賭博形式的三到四倍。吃角子老虎機也稱為「單臂搶匪」（one-armed bandit），會讓你不斷掏出錢來，玩法是一次拉一下旁邊的把手，這種機器跟現今的「單指搶匪」，也就是智慧型手機沒有什麼不同。正如哈瑞斯在為德國《明鏡週刊》所寫的一篇文章中所提到的：「智慧型手機成癮是故意設計出來的。」

＊ 變動獎勵：意指隨機出現的獎賞。

「我口袋裡有一台吃角子老虎機。」哈瑞斯說。事實上，有吃角子老虎機的有幾十億人，並非只有他。「我每次檢查手機的時候，就像在玩吃角子老虎，看看會得到什麼。每次檢查電子信箱，也像在玩吃角子老虎，看看又會得到什麼。每次滑手機看新聞，也像在玩吃角子老虎，看看這一次又會得到什麼。」哈瑞斯認為，為了抵制這種操控手法，說不定真該設立一種類似LEED的倫理設計認證才對：LEED（Leadership in Energy and Environmental Design，即能源與環境先導設計）是一種頂級綠色建築的評分認證系統。他甚至還認真思考是否應該成立相當於食品暨藥物管理局（Food and Drug Administration，簡稱FDA）這樣的機構。是不是有這個必要幫人們制訂節制資訊消費的計畫，製作一款相當於食物金字塔的指南來說明知識的營養成分呢？哈瑞斯的想法更遠大，他建議：「想像一下數位版的『權利法案』，勾勒設計的標準，強制要求數十億人所使用的產品必須以人類目標為導向，來提供支援……。」他的主張燃起了希望，也許有朝一日我們會看到數位世代出現像《聯邦黨人文集》（*The Federalist Papers*）作者詹姆斯・麥迪遜（James Madison）、約翰・傑伊（John Jay）和亞歷山大・漢彌頓（Alexander Hamilton）一樣的人物，共同推敲出設計科技會牽涉到的權利義務，正如這三位聯邦黨人為了公民及政府的基本權利與責任所做的努力。或許這樣的理念明顯跟矽谷其他自由派人士不對盤，然而這就是彼此間應該開啟對話或辯論的原因。

哈瑞斯的見解看起來也許有著天真爛漫的烏托邦色彩，但把焦點放在幫助人們善用時間，確實大大有利於開發產品，又有機會賺大錢。「若能用不同方法來設計科技的話會如何……在意識到人們花了這麼多時間在使用科技的情況下。」哈瑞斯問。「如果你說『我想花半小時處理電子郵件』，你的團隊又負責做這個（電子郵件系統），大家按照你的需求幫忙處理郵件會怎麼樣呢？」哈瑞斯的技術專業使他在提出建議時，為其人文觀點奠定有力的後盾。他知道科技如何開發，也知道該怎麼運用不同的方式來開發科技。「蘋果和Google這類公司有責任用更好的設計，把偶發性變動獎勵轉換成較不容易上癮又多了可預測性的獎勵機制，藉此減輕科技的副作用，」這是2016年他在部落格平台Medium發表且廣為分享的文章〈科技如何劫持人們的心智〉（How Technology Hijacks People's Minds）的內容，「比方說，讓人們能夠設定白天或週間預計要查看那些有如吃角子老虎的手機app的時段，調整成按照指定的時間才接收相關的新訊息。」哈瑞斯主張產品設計師應當擔起責任，考量產品會對人類福祉產生哪些危害，以此凸顯現今科技設計者對人們生活握有重大影響力。他的想法領先群倫，推動了設計師有義務遵守倫理這樣的觀念。

保障人類的選擇自由

　　設計倫理的提倡者除了訴求保護人們的時間之外，也希望技術創新者和消費者能覺察到技術會限制我們的選擇自由。從 Stitch Fix 強大的演算法可以知道，偶爾限縮選擇對人們好處多多；但反過來說，我們也必須保持警覺，因為當選擇受到侷限時，也會阻礙我們依自身喜好來採取行動。在這個議題上，喬伊・艾德曼（Joe Edelman）是一位既有創意、主張又鏗鏘有力的人士，沙發客（Couchsurfing）平台的社群演算法就是這位工程師所打造的，後來才有 Airbnb 這樣的平台。艾德曼目前是德國柏林「宜居媒體中心」（Center for Livable Media）的科技行動主義者及哲學家。他的工作是檢驗技術如何設計得更加完善，幫助人們做出自己想做的決定，而不是受制於公司想誘導消費者所做的選擇。他於 2014 年發表了〈做選擇與介面之間的關係〉（Choicemaking and the Interface）這篇論文，文中他主張以完全不同的途徑來設計選單這種普遍存在於各種科技產品當中的功能。艾德曼認為選單的設計應該要讓使用者可以做出恰當的選擇，而不是圖方便而已。人花在查看螢幕的時間愈來愈多，因此選單在我們生活中所扮演的角色也愈來愈吃重。的確，一般人有很多重要決定都是從粗略瀏覽一堆選項而做成的。多多少少都會犯錯的人類工程師和設計人員創造了各種產品，選單自然不可能完全免除帶有個人色彩的觀點。不過艾德曼表示，選單無論如何起碼都應該免於偏見和操控才對。但他又更進一步指出，理想的選單應該要幫助使用者過更好的生活。換句話說，選單必須有助於我們依自己的價值觀來做選擇。

具體來說，艾德曼心目中的理想介面可以幫使用者避開他們事後會反悔的決定，尤其是那種只要花一點時間思考一下，就知道自己可以有更好的選擇的狀況。這種會讓人後悔的選擇他稱之為「千金難買早知道」（Durable I-Wish-I-Had-Known Regret，簡稱 DIR），並指出不良的螢幕選單往往會驅策使用者做出令人後悔莫及的選擇。「劣質的選單，」他寫道，「也許漏掉了一些資訊，包括時間成本和金錢成本、是否會出現預期的結果、是否會出現意料之外的結果、是否有更省錢或更好的選項可以換來類似結果，甚至是我們的期望本身是否會改變等等。換句話說，我們的科技產品似乎缺了一些東西，就好比香菸包裝上漏掉了吸菸有害健康的警語，每種食品都該標示 FDA 規定的營養成分表也沒了。你還是可以點上一根菸，仍然可以暢飲星巴克賣的 410 卡星冰樂，不必選 80 卡的黑咖啡，但至少你該知道所有的資訊，也就是說，選單上應該要有各種公開的選項才對。」

為了闡明論點，艾德曼提到《駭客任務》（The Matrix）這部可以說是科技宅男專屬的電影中經典的一幕：主角尼歐（Neo）有紅藥丸或藍藥丸可選擇，結果他就真的只考慮這兩個選項。「尼歐並沒有非分之想，比方說出去兜兜風，或晚點吃龍蝦大餐，要是口袋有點錢，說不定女朋友也可以一起來，」艾德曼說，「但尼歐沒有這樣想，他直接從別人給的選項做決定。」我們現在碰到的就是一模一樣的情況。倘若眼前有一系列選項可選，人往往會從這些選項中挑一個自己比較喜歡的，但未必是心裡真正愛的東西。我們只考慮這些局部的選擇，也就是最相關的選項，但未必是最理想的選擇。為了抵制這種現象，哈瑞斯每次想瀏覽應用程式時，一定會直接在手機上搜尋。這種「有意識的篩選」讓他保有自己的行事意向。他甚至在筆記型電腦的背面黏了一張便利貼，上面寫著：「別在不知不覺中打開。」

所謂瀏覽介面，說穿了就是看一連串選項，使用者與介面的互動其實很有限。我們在介面上移動時所選擇的那些選項，都是技術設計者判定可能與我們切身相關、我們會感興趣或對我們而言很重要的功能，但他們從何得知呢？如果試用版的測試結果顯示使用者有正面回饋，多版本測試則呈現消費者參與度提升，就表示介面萬無一失嗎？有許多問題是公司老闆、設計人員、開發人員和投資人都應該好好問一問的。選單的設計說不定會操縱使用者的潛意識，這恐怕是最值得關注的地方。

　　以紐約計程車計費表螢幕上支付司機小費的一般選單為例。紐約市計程車與禮車管理委員會（Taxi and Limousine Commission，簡稱TLC）針對超過15美元的路程，已預先設定好基本的小費金額，從觸控式螢幕選單的三個大按鈕可以看到列有20%、25%和30%這幾個選項。司機當然也可以輸入自訂小費金額，但乘客多半都是看了一眼那布滿油膩痕跡的螢幕後，在能少碰就少碰的心態下，輕點其中一個按鈕——而且多半是中間那一個——然後留下兩成五的小費。芝加哥大學的凱林・哈蓋格（Kareem Haggag）和哥倫比亞大學的喬瓦尼・帕奇（Giovanni Paci）這兩位學者分析了1300萬筆紐約計程車搭乘資料，想找出這些小費「預設值」對乘客行為產生哪些影響。結果他們發現，這些預設按鈕讓司機的小費增加了一成，也就是說，以計程車司機每年平均賺到6000美元的小費來說，單單這個功能就讓他們每年多了600美元的小費。對司機而言是好事一樁，但乘客真的想付這麼多小費嗎？

優化的技術工具便利了生活，
卻也影響了思考與行為方式

　　喬伊・艾德曼希望能解決這種難以捉摸的操控性，無論這種操控行為是有意還是無意。他希望介面的設計可以考量到個人喜好。為了闡述他的論點，他重新設計一個假想的iPhone鎖定螢幕，讓某位特定使用者的早晨最佳化，且只有這名使用者才能接觸到這款鎖定螢幕。他假想中的介面專為獨一無二的個人設計，是一款以特殊喜好為準的個人化介面。就把這位使用者稱作蘇珊好了，她必須先描述心目中的美好早晨是什麼樣子，才好利用鎖定螢幕最佳化她的早晨。倘若蘇珊希望起床之後，先呼吸一點新鮮空氣，做做瑜伽，寫寫日誌，然後再出門工作，那麼這些描述就是介面設計在進行最佳化作業後會得到的成果。

　　艾德曼的鎖定螢幕版本如下：一大清早不會出現標了時間的Facebook未讀對話通知，也沒有需要讀取的電子郵件，或是非看不可的娛樂性影片，因為這些東西都不屬於蘇珊理想中的早晨。鎖定螢幕只有提醒她辦公室第一場會議是幾點鐘，並讓她知道今天有沒有任何朋友把她記入日誌或是想跟她一起做瑜伽。螢幕底部會有個小工具，讓蘇珊從一堆形容詞當中挑選一個來描述她理想的一天，比方說冒險刺激或是平靜？接著螢幕只會將能幫助她達成這個目標的朋友和手機app顯示出來。只要設計者別自以為很懂使用者該如何過生活，或許就能保持開放的態度，讓使用者有更大的自由去選擇他們喜歡的生活方式。

唐納‧諾曼體認到，人類在生活中所使用的技術，哪怕只是非常微小的強制性功能，都會產生強大的後座力，影響我們的思考與行為方式。他寫道：「輔助人類的技術所含的本質，一定影響到人的社會判斷力、技能甚至是思維。更糟的是，這種影響力會四處滲透，而且似有若無，我們多半不會意識到自己的信念已經被技術專斷妄為的特質影響了多少……技術人員在創造技術工具時，往往並未充分顧慮到將對人類社會產生何種衝擊。除此之外，技術人員雖然具備高超的技術，但多半對社會議題一無所知，甚至可以說漠不關心。」

以電腦螢幕可以上下捲動的技術為例。捲動技術最初是先出現在電腦滑鼠的設計上，讓使用者可以邊讀頁面邊往下移動，不必抬起手指去指箭頭，確實很方便。後來蘋果設計師把此技術用在iPod的設計上，創造了「轉盤」，只要彈一下拇指，馬上就能瀏覽數千首歌曲。後來這種設計手法又廣泛應用在各種網站和應用程式的捲動功能上，讓我們總是忍不住想檢查電子郵件、Instagram的相片和Facebook動態消息。竟然會出現這種副作用，要不是有捲動功能讓我們可以這麼輕鬆地瀏覽這麼多相片和留言，也許我們根本不會這麼愛做這些事情。我們往往以為是自己決定要做這些事，但其實技術的設計就是專門為了減少阻力，有時候甚至是經過一番盤算，來「推促」我們特意去採取某種行動。

當然，透過設計的介入來推促行為，這並非新概念。2008年，哈佛法學院教授凱斯・桑思汀和芝加哥大學行為科學與經濟學教授理查・塞勒（Richard Thaler），合著《推力：決定你的健康、財富與快樂》（*Nudge: Improving Decisions About Health, Wealth, and Happiness*）這本暢銷書，便是以最受讚揚的諾貝爾經濟學獎得主暨普林斯頓心理學教授丹尼爾・康納曼（Daniel Kahneman）的研究為基礎。桑思汀和塞勒所說的「推力」，指的是操控行為的設計手法，換句話說就是從意識上來改造「選擇架構」，而選擇架構正是哈瑞斯和艾德曼所提倡的概念。

深入了解科技影響人類行為的各種方式，並促使大家意識到科技所產生的種種副作用，已然成為文科人的重要工作。從2010到2013年，Google聘請戴蒙・哈洛維茲（Damon Horowitz），也就是哥倫比亞大學現任哲學教授，擔任短期的公司內部哲學家，協助公司思考如何因應使用者隱私權的議題，就可以看到Google愈來愈重視文科人才有的寶貴洞察力。

哈洛維茲致力於整合理科人與文科人的專業知識與觀點，發揮橋梁的作用。他在哥倫比亞大學求學時，曾修過該校有名的「大著作」（Great Books）講座。雖然擁有哲學學位，但是社會諸多層面停滯不前的現象卻讓他感到挫折。人工智慧看來是顆萬靈丹，也代表一種新進展，於是他決定改弦易轍，到MIT媒體實驗室攻讀技術面的碩士學位；畢竟人文教育的經驗所築起的橋梁，有利於人遨遊於兩種方向。2011年，他在《高等教育紀事報》（*Chronicle of Higher Education*）發表一篇文章〈從技術專家到哲學家〉（From Technologist to Philosopher），探討身為程式設計人員的快感，或者也可以說是一種力量。哈洛維茲回憶說：「當你建構出一些小系統，可以靈巧的執行任務時，比方說辨識筆跡或是抓出新聞報導摘要等等，你會以為自己可以做出無所不能的系統。我從事高薪的科技業，做的是最尖端AI工作，又過著科技烏托邦的美好生活。但有個問題……其實我所做的只不過就是創造一大堆聰明的玩具，這些玩具當然無法取代人類的智慧。」這個轉捩點讓他重新回頭尋找他的人文領域根基，並繼續攻讀哲學博士，而他從研究所學到的新觀點，戲劇性地改變了他開發技術的途徑。

「我剛上研究所的時候，」他表示，「並不是很清楚人文學科是怎麼探究我感興趣的那些科目，」而且「只知道我這個技術人員的思維角度和語言有多麼狹隘……我得到的不只是一些好用的點子，可以幫助我打造更好的的AI

系統。我的學業開啟了我的眼界,讓我用全新的視野欣賞世界……我成了人文主義者,而多了人文情懷之後,我也連帶變成更出色的技術人員。」他運用這番新體悟,將更多人性元素注入搜尋引擎的技術當中,共同創立了「社群搜尋引擎」(social search engine)公司 Aardvark,這個問答平台可以讓用戶提出問題之後,馬上獲得其他對於該問題有特定興趣或具備專業知識的 Aardvark 會員提供的解答。比方說「芝加哥有哪些酒吧值得一去」這類的問題,Aardvark 就比 Google 好用,因為詢問者只要透過 Aardvark 與他人對答就能搜尋到結果,而且就內建在 Gmail 中。

Aardvark 的創新機制及背後團隊的表現令人讚嘆,讓 Google 於 2010 年出資 5000 萬美元將該公司買下。哈洛維茲非常鼓勵所有技術人員都回學校念人文學科,因為「當今人類所面對的科技問題,包括認同、溝通、隱私、規範等議題在內,若真想妥善處理的話,就必須具備人文觀點……攻讀人文學科的博士學位是一條穩固的途徑,可以幫助你成為產業中的佼佼者,」他指出,「技術領導力不再獨專於工程師,以往只有工程師才有能力領會電腦,如今這種情形已不復存在。現在整個產業的領導階層改吹「產品思維」風潮;換句話說,公司企業的領導人已經對部署技術的社會及文化背景脈絡有所掌握。」

很慶幸有哈洛維茲和其他技術創新之輩為科技界注入

了重要的人文洞見，努力設計出更具倫理性的機器。其中最令人振奮且大有進展的領域之一便是新興的「數位療法」，出現了很多可以幫助人們更健康快樂的程式與裝置。

改造預防醫學

　　2006年史恩‧達菲（Sean Duffy）從哥倫比亞大學畢業，當時的他認為這個世界非黑即白。他覺得自己只能鍾情於一個行業，也只會做一個行業，那個不作他想的行業就是健康醫療。達菲之所以對健康醫療情有獨鍾，是因為他想「回饋社會」，聽起來就是這麼老套。他念大學時上過哥倫比亞大學必修的「核心課程」，學生必須深入研究文學、當代文明、藝術、音樂和尖端科學。達菲因此接觸到神經科學，並為之著迷不已，後來決定把神經科學當做主修。達菲仍希望攻讀醫學學位，但畢業之後卻受到求知慾的驅使和矽谷的魅惑，他決定延後申請進入醫學院，順應矽谷誘人的召喚之聲，向Google投履歷，最後在該公司的人員分析（People Analytics）部門謀得一職。

　　達菲就這樣踏上了學習統整文科人與理科人不同觀點的旅程。他在人員分析團隊的工作經驗讓他學到人員管理技巧和組織心理學。不過身在技術創新領導中樞的他，也對軟體開發人員的思維有了更深刻的了解。他看到他們處理問題的方式，所以他會斟酌用字遣詞與他們做良好溝通。他也學到不少跟技術本身有關的知識。「我搞懂了工具可以達成什麼任務，即便我並不知道工具是怎麼打造出來的。」達菲回憶說。

當他對技術的能耐有了更深的體悟，也掌握到要領，知道如何將科技設計成可因應人的需求——這也是Google創造眾多產品的目的——他開始思考是否能夠將自己對科技的新領會以及對健康醫療終身不渝的志趣結合在一起。2009年他離開Google，到哈佛攻讀MD與MBA（醫學博士及工商管理碩士）雙學位。不過他尚未做好打造健康醫療技術的準備。他只在哈佛念了一年，就輟學到IDEO這家矽谷很有名的設計公司擔任健康設計專員。這是他第二次來到矽谷，當時有不少人為一家叫做Fitbit的新公司風靡。它推出戴在手腕上的計步器，能夠計算使用者走了多少步，被譽為可減少全球過重及肥胖人口的突破性產品開發。科技記者預測此創新產品會對人們健康帶來重大影響，但達菲卻不是那麼肯定。他發現光憑資料並不能真正讓人們有心向上、設法過著更健康的生活，幫助人們改變行為其實十分需要人的介入。

達菲開始跟IDEO的同事丹尼斯・波以爾（Dennis Boyle）一起探索數位健康產品的各種潛能。他們認為應該要跳脫腕動計這類產品，著眼於如何應付慢性病。糖尿病防治計畫（Diabetes Prevention Program，簡稱DPP）研究團隊發表了一份前期糖尿病病患生活型態介入治療的研究報告。該研究發現，8%的美國成人罹患第二型糖尿病，這種類型的糖尿病是可以預防的，但並非用過去的投藥做法，多半是以節食及運動這種著重改變行為的生活型態介入，來達成至少減重7%體重的目標，如此可使糖尿病發生率下降58%。達菲心想：要是能夠應用自己的背景經歷，包括神經科學方面的知識、在Google負責人員管理及了解員工行為等非技術層面的經驗、他在醫學方面的學業，以及他從IDEO學到的設計思維，開發一種獨特的做法專攻第二型糖尿病的話會產生什麼效果呢？在他內心深處，他是一個文科人，他也體認到只要找對理科人，一定能解決這個問題。問對問題的能力讓他有了比較利益，勝過那些只採取資料和技術導向途徑的人。

當時還任職於IDEO的達菲讀了很多有關介入與行為改變的臨床作業流程的參考資料，另一方面他也開始在舊金山整編了一組電腦工程師團隊。DPP的臨床試驗仰賴諮商師來輔導病患，與病患密切保持聯繫。這種介入方法有它的效果在，但可惜的是規模無法擴大。要針對數百萬有罹患糖尿病風險的美國人進行如此密集的諮商，那花費只能用天價來形容。不過，只要從技術層面來開發，不但可以擴大此種療法的規模，還可以將人的要素保留在其中。

然而，要設計出有效的行為介入，達菲必須對病患的想法和感受有更全面的了解。2011年，在他的技術團隊開始寫程式之前，當時才27歲的達菲就和共同創辦人飛到喬治亞州鄉間，跟那些被診斷出罹患前期糖尿病的病患相處。他在這些人眼中看到驚慌失措。「我們訪談的這些人，覺得自己被遺棄了。當他們發現自己屬於致命糖尿病的高危險群時，他們頂多就是拿到一本小冊子，然後有人告訴他們生活方式要改變，也要減重。」達菲回憶說。這些病患只能靠自己，沒有社會支援，也沒有任何後續的醫療輔助。醫師不管這種事，病人只能靠自己控制病情，儘管沒幾個知道該怎麼做，也沒有改變的決心。但諷刺的是，位於亞特蘭大的美國疾病控制與預防中心（Centers for Disease Control and Prevention）曾向全國發出公告，把糖尿病列為慢性病而不是傳染病，而且此疾病是「21世紀重大的公共衛生問題」。

　　達菲認為有必要構思一種做法，一方面可以維持同樣的行為介入方式、動機槓桿和互動計畫的心理元素，另一方面又可以透過數位化擴大規模。他必須把行為推力放入使用者的口袋，幫他們破除那些置他們於罹患第二型糖尿病風險之中的先決條件。於是他創立了Omada Health，將公司的任務定位為「數位療法」。簡單來說，就是巧妙地將參與者融入各種可使他們的生活方式產生正向改變的條件當中。這個技術與人文兼備的方案，以實證科學為根據，配合小團體模式的社會網絡、個人健康教練，以及可連網的體重計這類可以更新個人減重進度的追蹤工具。達菲決定替數百萬有糖尿病風險的病患改造他們的選單，與理科人攜手合作，將他所知可以釜底抽薪、改善人類生活的實務做法加以擴大。

　　達菲繼續募集了超過8000萬美元的創投資金，用來打造產品，經過五年的開發之後，Omada Health實現了他的願景。Omada的核心產品會考量病患的食物攝取量與運動習慣、社交與情感傾向，以及他們的改變意願，這些層面會從病患填寫的線上問卷來進行評估。Omada的軟體程式接著會推估病患的所在地、人格類型、人生階段，以及其他有助於將此病患歸類為某個小組別的因素，而各小組的成員都是經評估後屬於志同道合的人，可以相互加油打氣。另外，該程式也會指派教練給各小組。小組成員和教練一起鼓勵彼此朝目標前進，減掉7%的體重就是所有病患的重點目標之一，DPP認為這個比例可有效降低58%的第二型糖尿病發生率。在整個過程當中，每一位組員都知悉其他組員的進展，這會產生一種社群同儕壓力，但也會激發大家的同理心和動力。Omada的科學家發現，80%使用此程式的人成功減掉了7%的體重。「有了各種食材才能配出食譜，」達菲說，「我們的程式就跟交響樂團差不多。」

達菲及其團隊著手創立 Omada 時，醫療界專家指出，若是該公司發表確證資料證明該程式有效，那麼提供健康醫療的單位給予病患傳統醫療給付的日子或許就不遠了。2016 年春天，我來到達菲位在舊金山的辦公室，他笑著向我迎面大步走來，看得出來他有好消息等不及想跟我分享。「美國醫療保健及醫療補助計畫服務中心（Centers for Medicare and Medicaid）剛剛批准了數位療法的給付。我們是史上第一個納入平價醫療法案（Affordable Care Act）的全方位數位服務公司。」這一刻對達菲來說，就跟外科界的麻醉醫學露出曙光一樣令人振奮。在麻醉藥和強力鎮痛劑問世之前，外科醫生即使試圖有所作為也愛莫能助。並不是他們沒有能力這麼做，而是當時的風險及社會接受度造成種種侷限。麻醉藥出現之後，那些限制就放寬了，因為藥物可以降低痛苦指數及手術的門檻。同樣地，數位療法也可以擴大應用範圍，讓預防醫學更有成效。

　　其他創新人士現在也紛紛加入了打造數位療法的行列，當中的佼佼者同樣也是整合了人性元素和技術能力而創造一番事業。史蒂芬・強森（Steven Johnson）是《連線》雜誌特約編輯，著有一些跟科技未來可能性和科技如何影響人類生活有關的書籍，他在〈體認科技真實的潛能以改變行為〉（Recognizing the True Potential of Technology to Change Behavior）這篇文章中指出，「內燃機和燈泡幫助我們克服了人類原本很薄弱的行動能力和感知能力，數位科技也可以運用相同的原理，幫助我們克服人類天生就相當軟弱的理智、自制力、幹勁、自覺能力和作用力，這些全都是行為得以徹底改變的重要因素。」

✒ 大眾化的數位療法？

以下要介紹的兩位創新者則是結合了自身在技術方面的才華以及對心理療法的認識，提供效果強大、低成本又完全保有隱私的新療法，在改善心理健康方面有重大影響。

蘿妮・法蘭克（Roni Frank）和歐倫・法蘭克（Oren Frank）的使命是鼓舞飽受精神痛苦之人，這其中不乏有人選擇默默承受，不願意尋求治療，於是他們成立了Talkspace這個科技導向的治療平台，病人只要每星期固定支付32美元，就能透過簡訊、錄音檔和視訊，依自己的需求花時間跟治療師進行諮商。這對夫妻致力於將我們口袋裡那支容易令人上癮的裝置，轉變成任何有需要的人都可以使用的救命繩索，結果公司成立不到三年時間，就已經擁有1000位認證過的治療師為30多萬名用戶提供量身訂做的服務。

剛步入職場的蘿妮・法蘭克原本是一名軟體開發人員。她和丈夫歐倫曾去做過伴侶諮詢，那段經驗改變了她的人生。諮詢治療不只幫她解決情緒方面的難題，也讓她決心要成為治療師。她跨越文科與理科的分野，進入紐約精神分析研究院碩士班就讀。畢業之後，她馬上就決定將新獲得的心理學知識與先前的科技專業結合，創立Talk-space平台。她知道美國每年都有5000萬人被診斷出罹患心理健康方面的疾病，儘管飽受精神疾病之苦的人這麼多，卻只有三分之一的人會尋求治療。

一般人通常很排斥傳統療法，一部分是因為費用過高，但尋求治療有辱顏面的想法也是原因之一，雖然近幾十年來，這種觀念已有改善，但在很多圈子裡仍是病患之所以對治療裹足不前的原因。蘿妮深知心理治療可以更普及、更低調，用數位化方式就能取得。病人可以透過數位方式向經過認證又值得信賴的治療師諮商，假如是這樣的途徑，治療費用就可以大幅降低。傳統療程每小時可能要花費150美元，而Talkspace的諮詢費用每個月都在130美元以下。由於隱私也是罹患精神疾病的人不願尋求治療的另一個顧慮，因此蘿妮‧法蘭克希望她這個絕對低調的應用程式能鼓勵更多病人勇敢尋求幫助。

蘿妮在構思創業點子時，她的丈夫歐倫還在廣告界擔任技術人員，他也對一起成立新創公司解決這個問題感到振奮。夫妻倆就在紐約上西區一個小閣樓裡工作，設法改變療程的樣貌，提供病患一個踏入療程的機會。這種服務很低調，費用也相當低，他們希望那些極不願意尋求協助的人，比方說擔心驚動父母的青少年或是因為無法處理自己所經歷的創傷而覺得難為情的老兵，可以因此鼓起勇氣尋求他們所需的協助。大學兄弟會是一個很大的潛在市場，比方說 Alpha Tau Omega（簡稱ATO）這類的組織，他們與 Talkspace 合作，提供療程服務給140個分會約1萬名的大學生。「兄弟會那種背景環境，很難讓一個大男生勇敢把心裡的話說出來，」佛羅里達大學ATO分會會長奧斯汀・海恩斯（Austin Haines）表示，「說不定現在就有某個兄弟會成員因心理疾病而受苦。」

治療師就跟那些因為 Talkspace 打造了一套方便管理療程的病患管理工具而選擇加入的客戶一樣，十分熱愛 Talkspace 的做法，因為他們可以透過該平台跟各種新客戶交流，同時又是一個治療師聚集的社群，大家可以相互請益。把 Talkspace 推向成功的關鍵洞見並不是它的技術，而是它深入掌握了療法以及病患和心理學家的需求。超過50萬人試用過 Talkspace，而且有來自50州的1000位治療師在平台上工作。更重要的是，這逐漸讓各組織機構注意到，提供輕療程作為員工、學生或校友的福利有很大的好處。

一個涼爽的秋日裡，我去曼哈頓看了 Talkspace 委製的創新行銷設施，那是一種體驗行銷手法。我看到麥迪遜廣場公園那著名的熨斗大樓旁，有幾個膨起來的透明塑膠半球狀物體。這些都市圓頂小屋裡面放置了辦公家具，有桌子和大張扶手椅，還有沙發和一些植物，那是治療師的臨時辦公室，他們就坐鎮在這些透明小屋裡傳送訊息：「別覺得不好意思」，路過的行人隨時可以進去，跟治療師聊一聊。

公園裡還有另一種類似設施，Talkspace的行銷人員沿著公園邊緣的人行道排了一排哈哈鏡。有一面是凹鏡，會把你的五官扭曲成像珠子似的小點，還有一面是凸鏡，會放大照鏡人的五官。其他鏡面彎彎曲曲的，都是為了把人的臉和身體弄歪和變形。每個鏡子上方都有標語寫著「這是我在Instagram中的樣子」這類句子。這些鏡子旁邊還有一些告示牌，上面放著許多真正的Instagram相片，譬如一名男子在一棟燃燒的建築物前自拍的照片，上面的說明寫著「屋頂！屋頂！屋頂著火了！」告示牌訊息的上方模仿美國公共衛生署的警告標語寫著：「警告：過度使用社群媒體會造成對他人缺乏同理心」和「警告：社群媒體容易上癮，會導致心理戒斷症狀」。這些標語挑釁意味強，都是為了鼓勵路人思考一下自己對科技、身分地位和形象的依賴。標語讓大家深思，鏡子則讓大家反省。一旁的桌子邊豎立著正常的平面鏡，Talkspace的工作人員忙著發放公司資料給路人，這面鏡子不會製造任何變形效果，上方有個標語寫著：「這是你真實的模樣（你看起來非常棒！）。」

回頭看1992年，唐納・諾曼在其著作《方向燈是汽車的臉部表情》中指出，當時的拍攝技術害人們分心，使大家無法專心體驗日常生活，尤其是攝影裝置。「我無論到哪裡，」他寫道，「都會看到人們全身掛著各種錄影設備，真叫我訝異又肅然起敬……很久很久以前，大家都玩得很盡興，不受科技的妨礙，美好的回憶就保留在腦海裡。如今呢……我們要錄下每個活動，而錄影這個動作又變成了一個活動。幾天後，我們盯著那些卡帶、膠捲和錄影帶，回顧那些活動，好確認我們到底有沒有看見我們當時看到的東西。然後我們把錄下來的活動秀給別人看，這樣他們也可以體驗到我們當時在看的東西。即使他們才不在乎要不要體驗這些東西，謝了。」

　　有鑑於當前的經濟以攫取注意力為取向，再加上現今的科技奇蹟中處處可見變動獎勵機制，在在證明了有必要推動設計倫理觀念。這表示創新產品時，必須用更有意義、更有療效又能提升生活品質的方式，讓每一個人參與其中。文科人與理科人最至關緊要的挑戰莫過於此。別忘了，產品設計的精神猶如說故事，也是一種從類比世界到數位世界的轉換過程。以鑽研人性所取得的洞見來開發產品，同時具備文科人與理科人的觀點，便可以說出最扣人心弦的故事。

Chapter **06**
提升我們的
學習方式

對於學校是否有必要特別著重於傳授科學、技術、工程和數學（STEM）等領域的學科，引起風行一時的論辯，但是在這當中卻可以看到一個值得注意的諷刺現象，那就是有不少矽谷的技術專家都把他們的孩子送到教導「軟技能」的學校就讀。發展人文教育亟欲培育的嚴謹技能正是這些學校的特色，而在這些技能裡，又以求知若渴與自信心、創造力、優異的人際溝通能力、同理他人以及熱愛學習與解決問題最為重要。

2011年，《紐約時報》刊出〈一間不用電腦的矽谷學校〉（A Silicon Valley School That Doesn't Compute）這篇文章，闡述為何eBay首席技術長以及Google、蘋果、雅虎和惠普等公司的員工要將孩子送到加州洛斯奧圖斯的半島華德福學校（Waldorf School of the Peninsu）就讀。美國約有160所私立學校採取華德福教學法，半島華德福學校就是其中之一。華德福教學法也被稱為史代納教育（Steiner education），因為此教學法最初就是從魯道夫・史代納（Rudolf Steiner）的哲學衍生出來的。華德福教育源於1919年，當時位在德國斯圖加特的華德福-阿斯托利亞菸業公司（Waldorf-Astoria Cigarette Company）率先開設課程，專門教導員工的子女。其教學法著重的是身體活動及動手做的學習模式，包括學齡前以嬉戲玩耍為主，小學階段以建構社交技巧與藝術能力為主，中學階段則特別重視批判性思考以及培養孩子對他人的理解與同理能力。以半島華德福學校這樣一間位於矽谷核心地帶的學校來說，教室裡竟然連一個螢幕也沒有，確實叫人十分意外。

　　一如教育研究家麥可・洪恩（Michael Horn）的主張，那些把子女送到該校就讀的科技公司高管體認到「機器已經把很多東西（工作任務）都自動化了，在這種情況下，培養軟技能、了解人性因素以及掌握與技術配合的要領，就顯得格外重要，但我們的教育系統並沒有順應這種變化。」哈佛經濟學者大衛・戴明做了一個研究，強而有力的印證了人性因素在現今就業市場與未來世界的寶貴價值。他在2015年所發表的論文〈社交技巧在勞工市場益發重要〉（The Growing Importance of Social Skills in the Labor Market）中，揭示科學、技術和工程類的就業市場已經往外包路線發展，而成長最快的高技能工作則落在需要良好人際關係能力的職業上，像是律師業、護理業和商業管理。然而，正如洪恩所指出的，大家對STEM技能過分關注，反倒忽略了打造更出色的軟技能實為上策。美國實施K–12*國民義務教育共同核心課程（Common Core curriculum），特別著重教導和評估專業技能，導致非核心

---

* K–12：為美國的教育體制，即幼兒園（kindergarten）到高中（12th Grade）的教育階段。

課程的授課活動逐漸被壓縮。另外，以標準化測驗驗證教學功效的附加壓力，也導致軟技能的傳授遭到重重關卡，因為標準化測驗難以評估軟技能的真正價值。軟技能就這樣默默成了教育界的「黑暗物質」（dark matter），一如那些存在於宇宙之中的龐大物質，儘管天文學家無法估算，但他們知道這種物質就是形成整個太陽系本質的東西。

究竟該如何培養孩子的軟技能、創意自信、大膽嘗試的學習風格和廣泛的好奇心這些重要能力，同時又傳授他們必要的技術知識和其他STEM學科呢？該怎麼做才能兩者兼顧，一方面培育學生正確的技能，一方面又幫學生養成所謂的合格特質，也就是人格、領導力和自信等特質呢？我們如何落實文理均衡的教育，賦予學生最有利的機會，讓他們邁向成功呢？

好消息是最近教育界有諸多創新，紛紛出現了各式各樣大有可為的途徑與工具，且多半都是以技術工具結合了學習方式的人文洞見作為發展方向。教育性質的科技新創公司現在非常熱門，從2010年算起，創投資本家已經對因應K–12教育的公司投入了20億3000萬美元之多。簡而言之，這個領域已有長足進展，過去那種為了將科技導入教育當中所使用的落伍又沒效率的途徑，也逐漸被汰換掉了。

🖋 找出恰當的教學平衡點

從數十年前起，教育界就出現了用技術工具來輔助教學的做法，但成效不彰，遠距教學計畫就是一個例子。以電腦從遠端來傳授所有課程，一直引起不少爭議，有人批評說這種教學法不像在教室上課那樣有人際互動，會破壞教學品質。

明日電子教室（Electronic Classroom of Tomorrow，簡稱ECOT）體系的學生成績糟糕，就是個很好的例證。這間俄亥俄州哥倫布的公立網路特許學校，收了超過1萬7000位該州學生，號稱擁有全美國人數最多的畢業班。但根據最近調查顯示，這個人數照矽谷的說法，其實是所謂的「虛榮指標」（vanity metrics），也就是表面上看起來很亮眼，但實際上並非名副其實的成功指標。2016年，《紐約時報》一篇名為〈線上學校無益於學生卻嘉惠了關係企業〉（Online School Enriches Affiliated Companies If Not Its Students）的報導指出，根據ECOT聯邦數據顯示，每100位準畢業生就有80位輟學。

ECOT的服務對象主要是有特殊需求的學生，像是有醫療方面的問題或在校有嚴重行為問題紀錄。缺乏一對一的課堂督導，也沒有跟教師進行個人互動，這些因素似乎都使輟學情況更加惡化。另外，並不是只有這家線上學校才有輟學問題，其他只提供線上課程的學校在輟學率上也明顯高於全美平均值，而美國的高中畢業率平均為82%。美國承諾聯盟（America's Promise Alliance）是教育提倡機構所組織的聯盟，據該聯盟指出，線上學校的平均畢業率大概徘徊在四成左右，連實體高中畢業率的一半都搆不上。2014年，ECOT高年級畢業率不到39%，就連《紐約時報》也指出：「像電子教室這類公立線上高中已然成為製造輟學的新工廠。」

　　近年來線上自學工具蓬勃發展，有爆炸性增長，尤其是非營利機構可汗學院所提供的課程，以及俗稱MOOC的大量開放線上課程的出現，包括諸多常春藤名校在內的傳統大學以及Coursera和Udacity這類私人公司皆深耕此領域。可汗學院創辦人薩爾曼・可汗（Salman Khan）是在教表妹寫數學作業時，發現學生其實需要個別指導，才能補強學校的課業學習。他製作了數百支短片，把課程拆成十分簡單易懂的教學單元，如今可汗學院的教學影片庫已經擴充到囊括了所有學校課程，並且提供教師實作練習與工具。

　　就大學領域來說的話，現今眾多大學的教育課程都已經提供MOOC，其中有不少課程是頂尖的業界專業人士來授課。這些服務為大眾提供高品質的教學，讓大眾能免費或以便宜很多的費用來學習，這樣的用心確實值得嘉許。

不過，這種自主線上學習其實也有侷限，大多數 MOOC 課程的完成率非常低就是一個例子。這些都是很棒的工具，可以把傳統面對面的教育方式加以擴充，這點毋庸置疑，但不該將其視為取代面對面教學形式的最終手段。

科技在普及性、瞬間傳遞大量資訊的能力以及在新型態互動教學上的潛力等方面，擁有令人驚奇的力量，而汲汲於尋覓新途徑的教育創新者，不斷地探索該怎麼結合科技與重要的人性因素，亦即學生與教師和同儕的互動方式。埃絲特‧沃西基（Esther Wojcicki）就是其中一位開拓者，這位文科人是人稱「帕利」的帕羅奧圖高中的新聞學教授，數十年來她都在提倡所謂的「綜合式學習」教學法，她善用科技的力量來推行這條由她開闢出來的教學途徑。

力求創新，綜合式學習法再進化

每一位專家對綜合式學習的定義各有不同，不過基本上，綜合式學習主要是指在以自主學習和專題型為主的實作型教學中活用科技。創見研究所（Innosight Institute）於 2011 年 5 月的報告中，列出了 40 家支援 48 種綜合式學習模組的組織。有些組織規定以教師講課為主的課堂式學習需占多數，再配合少量的學生電腦自主式學習。另一種極端看法則是認定所有課程都必須從線上檢閱，學生在課堂時間進行專題時,教師就轉變成指導人或家教的角色,信步走在教室裡觀察學生、回答他們的問題並提供建議。有些學校會在教室利用科技來個人化學習進度,也就是說,學生能以自己的步調來瀏覽課程內容。有的學校則使用科技來增加除了上學日之外的課外研讀時間。整體說來,大家普遍認為學生會發現跟傳統的教師講課模式比起來,綜合式學習是一種讓他們比較樂於投入的教學法。

埃絲特・沃西基從1984年起就在帕羅奧圖公立高中任教,她是該校綜合式教學領域的先驅。她在帕羅奧圖高中非常有名,大家都叫她「沃基」(Woj),是許多歷屆學生最愛的老師。她的三個女兒也是矽谷備受矚目的人物:加州大學舊金山醫療中心小兒科教授珍妮特(Janet Wojcicki)、YouTube執行長蘇珊,以及基因測試公司創辦人,同時也是Google共同創辦人賽吉・布林的妻子安妮(Anne Wojcicki)。Google就是從沃基女兒家的車庫起家的,顯然她跟創新先鋒連成一氣。

沃基是加州大學柏克萊分校英文主修生,曾到法國索邦大學念法文,但她不是反技術那一派。事實上,她是率先將電腦帶進課堂上的人之一。1987年她初次看到麥金塔電腦時,興奮得不得了,馬上就申請授權和資金,購買一些麥金塔電腦供學生使用。她一直都在探索以科技提高教學的各種方法,不曾停下腳步。最近她協助領導Google教師學院（Google Teacher Academy），該活動提供免費研討會給世界各地的教師參加，向他們介紹各種可用於教學的技術工具以及最新研發的方法。她也跟其他作者一起合著 2015 年出版的《教育登月：在課堂上推動綜合式教學》（*Moonshots in Education: Launching Blended Learning in the Classroom*），針對此教學法的潛能，為教育人員提供了不少建議並激發他們許多靈感。有鑑於沃基開創性的影響力，羅德島設計學院於 2016 年頒發榮譽學位給她。我很幸運參與《Verde》雜誌的創辦團隊並認識了她，至今將近 20 年，當時我是她在帕羅奧圖高中的學生，協助創辦該特色雜誌並擔任編輯工作。

她的課真叫人難忘。從第一天開始，沃基就直接實行她的綜合式學習哲學，馬上要我們投票選出每個人要負責的工作，好讓《Verde》順利發行，因此我們當中有人當編輯，有人負責頁面設計，使用當時最先進的 Adobe Page-Maker 和 Photoshop 軟體。我們甚至還得賣廣告，向當時還在草創階段、叫做 Google 的新創公司收取 800 美元（真應該要求拿股票才對）的費用，用封底幫它們打廣告，當時這家公司還在用沃基女兒家的車庫做事。沃基後來告訴我們製作進度表之後，就放手祝我們好運了。她打趣地說，綜合式學習是最懶惰的教學法了，因為做老師的可以把所有事情都交給學生去做。

但事實上，在綜合式學習的過程中，學生和小組進行專題時，老師會從旁仔細觀察，隨時看狀況提供意見及引導，沃基就是用這種方式指導我們的。不過這種教學方式最關鍵的地方，在於教師拋開了傳統課堂上那種緊握講課大權的風格。學生因此不再受制於全面掌控型的課堂階層關係，反而變得更獨立，有助於學習自我管理以及與同學良好互動、輔助他人、向他人請求協助，並攜手合作完成專題，這些都是極為重要的能力，同時也是以後步入職場後跟同事相處所需的技巧。

2009年，沃基和她的團隊著手爭取加州州政府的職業技術教育（Career Technical Education）補助金，以便打造新媒體藝術中心（New Media Arts Center），以高中水準來說，該中心是一處生氣勃勃、最尖端新穎的空間，以自主學習為主的學生就在這裡製作現場直播的電視與電台節目、內容豐富的報紙和多種雜誌。2014年該中心的開幕剪綵活動，邀請了備受矚目的公眾人物參加，其中包括Google創辦人佩吉和布林、《赫芬頓郵報》（*The Huffington Post*）創辦人阿里安娜・赫芬頓（Arianna Huffington），以及演員詹姆斯・法蘭柯（James Franco），他是該學程的校友，曾在建築物周邊畫壁畫。我在參觀藝術中心時，所見所聞讓我聯想到彭博電視（Bloomberg TV）超級忙碌的紐約總部，中心繁忙的景象可與之媲美。光線充足的大廳放置了許多懶骨頭沙發，但沒有學生懶洋洋地躺在那兒。他們全都在各忙各的：有些正在製作中心的每日新聞廣播，有些在隔音間監控現場的視訊報導串流。

中庭的設計可以容納演講之類的一般公眾活動，而那天舞台上的主角是新創公司創辦人，據悉他當時已經拿到Benchmark Capital的資金，而Benchmark Capital也正是投資Stitch Fix和Uber的創投公司。這位創辦人正在向Android開發人員俱樂部（Android Developers Club）簡報他公司的技術架構。此中心不只是模仿先進新聞場所的氛圍而已，除了化妝室裡有潦草又擦不掉的筆跡，寫著《紐約時報》的名言之外，還看得到用退役的蘋果電腦所組成的長椅，就是我在學校擔任編輯時用過的那種電腦。這裡是真正的數位中樞，也是人際交流與社群聚會之地。一如《Verde》的編輯傑克·布羅克（Jack Brock）所說的：「矽谷有不少人投資STEM領域……帕利投資的卻是藝術。」此言不假，繼新媒體藝術中心之後的新單位，就是造價2900萬美元的表演藝術中心（Center for the Performing Arts）。

沃基一邊吃午餐，一邊說明綜合式學習如何培養學生的創意自信以及解決複雜問題的能力。邊做邊學的哲學不但使學生在做專題時吃盡了苦頭，同時也讓他們嚐到失敗的滋味，學生從中學習到失敗乃不可避免，以及成功的關鍵就在於不屈不撓的精神這番道理。另外，學生也因此知道學習和成就感這回事並不是把知識背起來，然後考試時把背過的東西寫出來就好。這種教學法鼓勵學生發揮創意，找出自己的解決方案，並非等著別人提供答案。

過去幾年來，有幾個研究證實了學生在綜合式學習工具及技巧的輔助下成績非常亮眼。2010年，史丹佛國際研究院（SRI International）替美國教育部進行一項針對綜合式學習的「線上學習證據本位實務評估」（Evaluation of Evidence-Based Practices in Online Learning）研究。此研究著眼於1996年到2008年的綜合式學習成果，結果發現綜合式學習環境下的學生，其表現普遍優於班上完全採用面對面教學的同學，也優於百分之百採用線上教學的同學。簡而言之，綜合式教學環境下的學生比純粹用文科途徑或理科途徑的學生表現更出色。

2015年9月，由常青教育集團（Evergreen Education Group）和克氏創新學會（Clayton Christensen Institute for Disruptive Innovation）所發表的一系列個案研究也顯示，某些採取綜合學習模式的學區在學業表現上大有斬獲。在紐約中城區，採綜合式學習的課堂上，學生輪流上數學、閱讀和其他科目，有時則用電腦操作，其餘時間由教師或以小組方式授課。這些學生在州考成績上，閱讀分數高出18%，數學則高出7%。華盛頓州斯波坎的學區，2007年的畢業率為60%，到了2014年則攀升到83%，這都是在多種課程中全面注入綜合式學習法所得到的成果。

2016年4月，MIT線上教育政策倡議（Online Education Policy Initiative）發表一份名為〈線上教育：高等教育改革的催化劑〉（Online Education: A Catalyst for Higher Education Reforms）的報告，檢驗線上教育與高等教育的銜接契合之處。該單位成立於2013年，目標是針對MIT的綜合式學習——包含幾乎都是採行線上課程的大一新鮮人和高年級生在內——提出反思，而該工作小組建議，學校應將焦點放在人和流程上，而不是技術上。該報告特別提到「線上學習並不會取代教師，就像飛機的線傳飛控系統（fly-by-wire system）不會取代飛行員是同樣的道理。不過，就像線傳飛控系統可以讓飛行員更有效率地操控航空器一樣，教師可以透過動態的數位架構，對大量學生進行因材施教，達成整個班級的學習目標。藉由科技的輔助，教師可以重新將心力放在線上工具無法顧及的教學層面，包括指導及培養學生反省與創意思考的能力。

當前有一波波創新者致力於提升綜合式學習的實務做法。埃絲特・沃西基協助安排Google所贊助的登月計畫高峰會（Moonshot Summit），藉此拋磚引玉，激發大家分享各種構想和成果；高峰會開發了大批熱血之士，他們紛紛在會上針對各種教育手機app和其他種類的工具途徑提出建言。值得探討的人事物實在太多，本章只能蜻蜓點水，不過我一定要分享幾個例子，向大家介紹這些創新者令人為之振奮的表現。

用密室脫逃遊戲刺激學生主導學習

詹姆斯・桑德斯（James Sanders）的人生中有過好幾次靈光乍現的經驗，最近一次是他在加拿大艾德蒙頓玩密室逃脫遊戲時出現的。逃脫遊戲的玩法就是參與者必須破解一連串線索和推理題目，才能在規定的時間內從某個實體房間逃出來，很像情境式的問題解決狀況。這種遊戲跟「妙探尋兇」（Clue）桌遊很類似，只不過密室逃脫是實境版遊戲。對電玩迷來說，密室逃脫就好比角色扮演遊戲。對戲劇迷來說，密室逃脫又有點像沉浸式劇場（im-mersive theater），類似《無眠夜》（*Sleep No More*）那樣的表演場景：《無眠夜》是一齣由倫敦Punchdrunk劇團改編自莎士比亞劇作《馬克白》（*Macbeth*）的戲劇作品，在曼哈頓一棟多樓層大廈以實境方式演出。當時詹姆斯・桑德斯和一群高中老師和學生到加拿大參加Google教育高峰會（Google Education Summit），他們覺得玩一場密室逃脫遊不失為消磨夜晚的好辦法。不過桑德斯很意外，這群學生竟然願意耗上一整晚，就為了玩一個需要集中腦力進行批判思考的遊戲。他看到學生攜手合作、全心投入，又十分熱衷的模樣，當時他就知道這樣的精神一定可以在課堂上發揮神奇的力量。

桑德斯是典型的人文科系畢業生，他在西華盛頓大學念社會研究與社會史，大學期間對教育發展出濃厚興趣，逐漸跨入了改造學校教育條件之路，包括替大學尋覓善用技術工具的方法，以便發揮更大的教育功效。畢業之後，他在「為美國而教」（Teach for America）組織得到一個夢寐以求的職務，後來在南洛杉磯從事教職，最後在羅耀拉瑪麗蒙特大學拿到教育學碩士，於加州卡森卡內基中學擔任六年級的英語和社會學科老師。

桑德斯發現他的學生對新的學習工具並沒有太多接觸，不過他不氣餒。2009年，桑德斯決定把整個教室線上化，成為美國第一位走無紙化路線的老師，請學生改用Google Chromebooks電腦上課。這位率先用科技來教學的老師，能夠直接向Google取得裝置。學生很喜歡他的做法，Google也深感佩服，乾脆請他擔任兼職外包人員，負責提供建議，指導他們如何制訂Chromebook的行銷策略。

桑德斯決定加入視訊串流服務YouTube，擔任該公司教育創新專案經理之後，更進一步投入科技導向的教育，打造了YouTube for Teachers和YouTube for Education。「我加入的時候，」他回憶說，「YouTube是個有貓咪影片但找不到教育影片的平台。」雖然他熱愛YouTube的工作，但是2012年年中，他碰到埃絲特‧沃西基，兩人想到了一個科技取向的教育工具「數位徽章」（digital badges），也就是可自訂的數位化榮譽，讓教師用來獎勵在某科目表現特別優異的學生。數位徽章的功能類似女童軍或男童軍的徽章，不但是一個幫學生的學業成就建立數位里程碑的方法，也可以藉此將線上遊戲的機制導入實體教室當中。數位徽章既是技術工具，也是改變行為的產品，不過說到底還是使用了線上遊戲的機制。遊戲機制基本上就是一些可以激勵使用者積極參與的工具，比方說闖關或贏點數這類的做法。沃西基和桑德斯一起創辦了名為ClassBadges的公司，為教師提供免費的數位徽章。兩年後，他們把公司賣給教育平台EdStart。

真可謂馬到成功，不過桑德斯並沒有在教育創新之路上停下腳步。成功把公司賣給EdStart之後，他決定擔任KIPP灣區學院（KIPP Bay Area Schools）的駐點創業家，與薩爾曼‧可汗合作，設計一套將可汗學院教學影片融入課堂教學的做法。這個任務結束之後，桑德斯又向前邁進，成為白宮的總統創新小組研究員，協助發展ConnectED計畫，以到2018年全美99%的學校都有Wi-Fi網路連線能力為目標。

他最近的創舉是推出Breakout EDU工具組，學生必須用這套工具組想出打開箱子的方法，可藉此讓學生投入批判性思考活動，這就是那天晚上在艾德蒙頓玩密室逃脫遊戲時靈光乍現的成果。他最初是想借用逃脫密室這個點子，把學生鎖在教室裡面來達到教學目的，不過他想起當時他組成的團隊著手研究這個構想時，「我們很快就發現把孩子鎖在教室裡是不合法的。」後來他有了新點子，改為給學生一些線索和一套工具，讓他們可以用來找出把箱子上的鎖頭打開的方法。為了完成這個任務，學生會碰到各式各樣的益智題目，迫使他們彼此間必須攜手合作。

2015年夏天，桑德斯來到塔吉特（Target）量販店購買大塑膠箱，又在網路上花了好幾百元美元購買各種不同款式的鎖頭。他連續三個月每週末都在做實驗，用各種不同的品項組出難度各異的東西，最後終於研發出一套工具，內容物有：上了鎖的小箱子、六個鎖頭、紫外線燈、隱形墨水筆、殺菌燈、USB隨身碟和兩張「提示卡」。

北加州格瑞弗里中學有一位教師，設計了一款跟詩有關的Breakout遊戲，學生化身成1936年5月人在哈林區的美國詩人藍斯頓・休斯（Langston Hughes）。學生收到一封緊急電報，電報上說《君子》雜誌（Esquire）想要刊登休斯的詩作〈讓美國再次重振雄風〉（Let America Be America Again），但不會支付稿費。因此學生必須打電話給出版商，設法補救這個狀況，但雜誌在45分鐘之後就要印刷了。學生必須答對一些跟藍斯頓・休斯及其詩作有關的益智題目，來破解密碼，打開鎖頭，然後才能從上鎖的箱子裡拿到《君子》雜誌的電話。若是失敗了，即便寫出了這輩子最偉大的詩作之一，還是拿不到稿費。第一個上鎖的 Breakout 箱子是木頭做的，一點也不科技，不過學習風格是綜合型的，因為學生必須解決真正的難題，集結團隊的力量，使用網路尋找答案。

Breakout EDU 這家公司才成立一年時間，就闖出了每個月賣出數千套產品的佳績，老師紛紛發明各種新遊戲，其中有98%是公司網站上的主打商品，而且該網站竟然出自於教師之手，並非 Breakout EDU 的員工所設計的。雖然所有遊戲都必須用同一套基本工具才能解開，但組合方式有無限的可能。遊戲種類應有盡有，有專為幼兒園水準的讀寫能力所設計，也有以大學先修課程的物理和環境科學為內容的遊戲。在一款專為電腦編程所設計的遊戲當中，學生只要輸入正確的程式碼，就能看到行動條碼（Quick Response Code，簡稱 QR Code），他們可以用來巡覽至隱藏網站，然後在該網站解開一些邏輯推理遊戲之後，就可以幫助他們打開真正的鎖。

米契爾・瑞斯尼克（Mitchel Resnick）是學習研發教授，也是 MIT 媒體實驗室的終身幼兒園研究團隊（Lifelong Kindergarten group）主持人，他認為這些技術導向的新工具可媲美「福祿貝爾恩物」（Froebel's gifts）。福祿貝爾恩物這個名詞取自幼兒園之父，也就是德國教育家弗得利希·福祿貝爾（Friedrich Froebel）之名。福祿貝爾設計了幾種玩具，其中包括了一套木質積木、木球和繫著繩子的毛線球，讓幼兒園的小朋友可以從玩玩具中學習。桑德斯的 Breakout EDU 工具就像玩具一樣，有助於年齡較大的兒童合作學習，增加他們解決問題的成就感。這些工具促使兒童在解謎過程中從容地承受失敗和挫折，而遊戲手法又可激發他們動腦，發揮創意，想出解決之道，而不只是找答案而已。儘管解題失敗有可能引起孩子的挫折感，不過這在遊戲當中只是贏得勝利之前會碰到的一點挑戰而已。

鼓勵學生自學

有一位研究人員開拓了線上教育平台的潛能，對於如何有效啟發兒童熱愛學習，他不但有深刻的人文覺察，也以此為切入點為線上教育平台投入不少心力，這個人就是英國新堡大學教育科技學教授蘇加塔·米特拉（Sugata Mitra）。他在印度新德里貧民窟進行的非正統實驗撼動了全世界，並因此成為電影《貧民百萬富翁》（*Slumdog Millionaire*）的靈感來源之一。1999 年，米特拉在他新德里辦公室大樓的外牆上鑿了一個洞，放入一台電腦。小朋友聚集在這台電腦旁邊，過了幾個小時，他們就靠自學學會了如何上網，完全沒有任何大人的指導。沒多久，他們又學會看影片，自學了夠用的英語，並因此學會發送電子郵件，使用搜尋功能來讀文章。

米特拉繼續進行這一系列他稱之為「牆中洞」的實驗，小朋友在實驗中自己用電腦學會了數學和科學。米特拉撇開以教師充當指導人的綜合式學習，致力於開發各種教師不涉入的學習方式。對他來說，網際網路和同儕就是學習的重要元素，他的目標是顛覆學校的教學方式，因為在網路時代，強迫學生死記一大堆事實是落伍做法，這是他想強調的重點。甚至連瑞斯尼克在內的學者也都贊同米特拉的主張，假如題目有十分明確的答案，教師自然沒有存在的必要。與其教孩子各種事實，還不如傳授他們創意思考與良好溝通的技巧；對米特拉來說，數位時代最重要的能力莫過於問問題、批判性思考和善用工具解決問題。

2013年，米特拉獲頒TED大獎，他用100萬美元獎金將自己的理念付諸實踐。他把這筆錢拿來打造學習實驗室，透過他稱之為「自組式學習環境」（Self-Organized Learning Environments，簡稱SOLE）的概念，讓孩子與資訊連結，同時又建置了線上平台來連結與支援這種環境。他把這個系統稱為「雲端學校」，並在2013年12月於英國金斯伍德某間傳統高中內，設立他的第一間雲端學校實驗室。

米特拉的做法是這樣的：先提供兒童一個很複雜的問題，目的是激發深入的對話，接著兒童可以仔細研究這個題目一段時間。這些開放式題目可不是稍微查一查就能找到答案，而是例如「假設所有昆蟲都消失了，地球會怎麼樣？」這種題目。之所以丟給學生不好論斷或是有很多切入點的題目，主要是為了教導他們，這個世界並不是非黑即白；換句話說，學習重點不在於背誦既有事實，而是必須學會努力解決碰到的難題。透過這類題目，學生不但可以學到調查研究的方法，也會學到如何從容面對模擬兩可的處境。

　　其次是從中探索各種類型的來源，了解如何摸索正確資訊。既有來源立場公正嗎？是否有不夠嚴謹、不夠正確或不夠負責的來源？的確，這些層面都是我們翻開報紙或打開電視時，每一個人都該好好想一想的問題。

　　接著學生會分成幾個小組，各組配有一台電腦，可隨意使用任何用得上的工具，比方說 Google、維基百科（Wikipedia）、YouTube 或其他任何想得到的工具，設法回答手上的題目。他們可以去看看其他組別怎麼做，甚至不妨跟其他小組交流答案。在這種學習模式下，團隊合作不是作弊行為，而是交換意見和解決問題的有效做法。競爭精神也可以促進學習。

　　此模式也可以改造為將教師的角色納入，不過教師切莫主動介入其中，而是等待學生向老師尋求協助。教師負責擔任「傾聽長」（listener-in-chief）這樣的角色，多聆聽學生的需求，而非著重在傳授學生知識。孩子喜歡把他們學到的東西秀給大人看，或講給大人聽，而每一個做父母的也會跟著受教。教師或者是米特拉在應用自己的教學模式時所納入的其他成人角色，則肩負著加強孩子成就感的重要功能。有鑑於此，米特拉採行了他稱之為「老祖母的辦法」，請75位左右的成人擔任精神導師和共鳴者，讓遠方學校的孩子可以跟他們互動學習，而且全程都透過Skype。

為了日後能適應職場生活，或甚至為了能應付現在還不存在以致於無從訓練起的職業，兒童得學習各種技能，但米特拉認為，學生只要學會如何解決問題就能應萬變。他指出：「習得知識，是逐漸落伍的做法。」把開放式題目丟給學生，就能教導他們如何在模稜兩可的情況中摸索方法、如何解構癥結點，以及如何運用各種工具達成不同目標。這種途徑也可以刺激學生發揮追根究柢的精神，而學習求知的過程就跟所學到的特定知識同等重要。

米特拉開發的途徑或許看起來很極端，事實上，他建議教育界應該完全放手讓學生自己想辦法學習的言論，也引發了抨擊。波蘭華沙大學應用語言學教授麥克・派拉多瓦斯基（Michał Paradowski）就在他的文章〈是雲端教室還是海市蜃樓？〉（Classrooms in the Cloud or Castles in the Air）中批評這種學習模式不明智，他主張「我們至少應該告訴學生一些可能的路徑，幫他們開啟幾扇門，他們才能跳脫眼前的問題。」不過米特拉有TED大獎的加持，他的實驗成為大家關注的焦點，有一些老師則就近測試米特拉的實驗做法，但並未讓教育人員全面退出。以這樣的思維來看，教師的功能應該是提出好問題，幫助學生學習如何善用技術工具來尋找答案，因此目標在於把文科與理科做最理想的搭配，教導人們問更好的問題，也幫助人們學習如何促使機器提供更好的答案。

位於俄亥俄州克里夫蘭州立大學的校園國際學校（Campus International School）教師朵拉‧貝泰（Dora Bechtel）採用了米特拉的方法，她把SOLE用在她教導的二年級學生身上。她跟米特拉一樣先向學生提出沒有是非對錯的「複雜問題」。比方說在一個跟城市有關的課程單元中，她根據「為什麼城市會改變？」這個題目設計了SOLE。設計SOLE時不只是擬定一個廣泛、有意義但答案並不簡單的題目而已，老師也必須對一些界限或可能性有批判性思考。她本來擔心她出的城市題目會讓學業成績低落的學生有挫敗感，但是她把學生分成兩人一組之後，各組別竟然透過視訊影片來學習深奧的觀念，碰到實在讀不出來的文字內容時，會去下載手機app，讓程式讀給他們聽。有個小二生提出了「如果我們的耳朵長成方形，可以聽到聲音嗎？」這樣的題目，他們班就根據聽覺如何運作設計了SOLE，從醫學及生物學深入研究人類耳朵如何發揮功能的原理。諸如此類的題目都成了促使學生使用數位工具探索知識的動機。

俄亥俄州克里夫蘭的MC2 STEM高中也採取SOLE。九年級的統整專題名為「火箭與機器人」，學生的任務就是把火箭和機器人其中一樣打造出來，並回答以下題目：「因為人有能力創造科技就應該這麼做嗎？」除了卓有成效地運用了科技激發孩子投入議題的探討之外，也將它們的人文學科精神以及日後在職場上需要用到的軟技能發揮到極致。

教師扮演指導人的角色

黛安・塔維納（Diane Tavenner）是高峰公立特許學校體系（Summit Public Schools，簡稱SPS）的創辦人兼執行長，這是一個位在矽谷的非營利性機構。2003年，塔維納在加州紅木城成立高峰預備特許高中（Summit Preparatory Charter High School），被《美國新聞與世界報導》（*U.S. News and World Report*）譽為「未來學校」。雖然紅木城位於矽谷中心，卻是個以工人階級為主的城市。高峰體系背後的宗旨就是讓該區所有公立學校的孩子，無論資質、無論貧富，全都集中在同一個空間，在具包容性的環境中，將他們培育成全方位的畢業生，然後把他們送進大學。高峰的學生當中幾乎有一半是西語裔，42%的學生來自低收入家庭。學校成立十年之後，96%的畢業生都得到四年制大學的入學許可。

高峰體系採用綜合式學習法，培養學生的四大能力：認知技巧、專業知識、實際經驗，以及成功的好習慣。該校主張，這四大能力最為重要，有助於學生在上了大學之後以及在未來的人生中有傑出表現。學校也積極養成學生的軟技能，譬如自我覺察、自我管理、社會認知、人際溝通技巧和負責任的行為。思考技巧方面的培育，則著重於提升決策能力。塔維納表示：「看看我們的經濟，重點根本不是那些固化知識，而在於更高層次的思考技巧，以及不斷學習與成長的能力。」

高峰跟那些重視死記硬背的訓練以求提高分數的學校做法不同，它們提供影片、研討會、實作學習等教學方式。這不表示學生就沒有學習事實和數字，而是指教師沒有浪費時間和關注力這兩樣最寶貴的資源來授課。學生有精神導師可以輔導他們，而每一位學生，無論是否有創意，每年都要參加四次像是藝術、瑜珈、電影和音樂這類科目的學習「探險隊」，每次為期兩週，無非就是讓他們擁有跟富裕家庭出身的學生不相上下的體驗。

在教學上，高峰十分仰賴科技，這點十分創新。塔維納希望提供學生深度個人化的教育形式，讓老師可以因材施教，幫助學生以自己的步調學習，鑽研切身相關的主題，以便達成他們的長期目標。因此，塔維納及其團隊建置了所謂的「個人化學習平台」，這是一個以「共同核心課程標準」（Common Core）為主的課程計畫，學生登入之後就可以看到該學年所有的專題和學習目標。學生從進度條（progress bar）就可以知道自己目前在各班是照著進度走，還是超前或落後。只要有進步，就會轉化為具體的學習動機，同時也作為提醒，讓他們知道自己該學哪些東西。高峰體系讓學生以自身步調主導自己的學習，等於是教導學生時間管理的技巧，這是他們升上大學和日後出社會後需要用到的能力。學生也要學會獨立，這是大學生活以及逐漸朝自主式「零工經濟」（gig economy）＊發展的社會所不可或缺的重要能力。

學期一開始，學生就會看到這學年要學習的學科內容知識標準清單，點閱各個觀念時，工具就會開啟一份含有診斷性評量在內的主題目錄，以便學生查看自己對該主題的掌握程度，以及還需要學習哪些層面。這些主題目錄也

＊ 零工經濟：是指透過網路平台的媒合來購買或供應勞務工作。

包含了影片和網站、實作教材和期末評量之類的資源，會在教師的指導下使用。學生也可以投票贊成或否決不實用的資源，對課程提出回饋意見。另外，目錄裡的學科內容也很容易置換。學生每週大約花16個小時使用電腦上所有傳統知識領域的課程。電腦的使用有一半是在學校進行，其餘則是在家做功課時使用。高峰的老師沒有課表，他們用的是「主題目錄」，而且到了2015年，高峰體系的主題目錄會超過700種。主題目錄讓學生可以依自己的步調學習，又可以讓老師用來觀察學生的學習狀況。

教師變成指導者的身分，而不是講師。他們在教室裡的工作就是陪伴學生，即時督導學生當天的進度，學生若是卡在某個學習狀況時，就特別給予協助。此舉等於是鼓勵學生在出現無法自行解決的問題時，要開口尋求協助，而這正是他們在上了大學及步入職場之後，讓自己成長茁壯的重要技能。高峰之所以採用這種途徑，不是為了取代教室和教師，而是希望在教室中活用科技，重新改造教師的角色。

2014年，Facebook創辦人馬克‧祖克柏及妻子普莉希拉‧陳（Priscilla Chan）在參訪過高峰校園之後，給予高峰大力支援。這對夫妻很喜歡高峰，他們詢問塔維納是否需要協助。由於塔維納的團隊缺乏程式設計的專業，祖克柏便提供一組工程師協助學校團隊針對他們建置的技術系統排解一些小問題，目標是改良高峰的個人化學習工具，好讓全美的學校都能免費使用。目前該校已經提供一些免費工具，協助全美100多家公立學校建置自己的主題目錄。

雖然並非每一個學生都循著「統一個人化」（就稱這是矛盾修飾法吧）的模式順利畢業，不過重點在於許多剛進入高峰體系的新生分數雖低於平均值，但高峰的表現卻持續優於該區其他學校。2016年春天，高峰的新生有93%的畢業率，而畢業生當中又有99%升上四年制大學就讀。高峰畢業生進入大學後，他們的大學畢業率是全國平均值的兩倍。雖然他們的課程規模還很小，只有2500位左右的學生參與，但是這種重視互動的自主式綜合學習方式十分創新，未來必大有可為。

✒ 提高家長的參與度

瑞秋・洛基特（Rachel Lockett）出身於人文領域，她體認到自己可以扮演重要角色，努力開發更好的通訊技術供學校和家長使用，為改善教育盡一份心力。她加入新創公司Remind，這家公司所建置的平台，很像以美國K–12教育為主的Slack，旨在提供教師、學生和家長更加簡便的責任制通訊機制。

洛基特決定到 Remind 工作時，並沒有技術方面的經驗。但是她受過出色的人文教育訓練，有能力找到發揮才華的方法。她拿到史丹佛人類生物學學士學位之後，便到位於巴爾的摩的安妮凱西基金會（Annie Casey Foundation）工作，負責協尋兒童寄養家庭及改善少年司法。這份工作引起她對教育的興趣，因為她發現，對許多兒童來說，學校是第一個能為他們的生活提供希望的地方。孩子就算是在寄養家庭系統中長大，但只要能夠念好學校，他們就有機會克服成長過程中所遇到的各種困境。她決心朝教育領域發展，在那裡發光發熱。

　　洛基特先搬到波斯頓，加入高效慈善事業中心（Center for Effective Philanthropy），接觸到數以百計受益於蓋茲基金會（Gates Foundation）的學校和教育人員，從這裡踏上她的教育界旅程。她製作問卷調查工具，努力思考哪些東西可以發揮教育功效，哪些無用武之地。這個經驗啟發了她，使她後來加入教職的行列。簡單來說，她想親身實踐。

　　她回到加州，透過阿斯派爾特許學校體系（Aspire Charter Schools）的一個實習計畫，參加教學培訓，她就這樣在舊金山東灣區阿斯派爾學校教了三年的書。住在舊金山期間，她沐浴在矽谷的創新活力之中，有感而發的思考該如何利用科技來改善教育。她喜歡 Remind 的一點就是該公司解決了學校最傷腦筋的問題之一。「家長與教師是社會最重要的兩大貢獻者,」她表示,「但往往也是負荷最重的人。我們可以利用科技讓家長、教師、學生和校方能夠用更快速、更簡便、更安全的機制來溝通。」洛基特清楚知道身為老師的自己擁有比較利益,可協助開發技術來改善教育,目前她擔任使用者經驗部門的主管。

　　Remind的辦公環境,想必讓初來乍到的她倍感溫馨。我到那裡拜訪時,看到巨大的紙飛機從橫跨天花板的拱形木樑垂掛下來。玄關處的地板上有跳房子遊戲的格子,櫃檯則全都由木製12吋長的直尺構成。我先在一處沙發上坐了一會兒,那沙發上堆了幾個字母和數字圖案的抱枕,接著起身前往會議室。會議室有一面黑色的牆,我看不出牆上的紋理,不過等我坐下來就近一看,才發現整面牆是用2號鉛筆一支一支頭尾相接,彼此緊靠,排出木紋、橡皮擦和石墨的精緻馬賽克圖案。它們把辦公室塑造成教室的模樣,不過卻是一間有通透感又讓人放鬆的開放空間。

　　傳統上來說,學校都是透過群發電子郵件和語音自動電話,也就是預先錄製好、放在語音電話系統上的聲音內容,與家長和學生溝通。但是在這個多數人的家裡都沒有家用電話的年代,許多人根本不會檢查語音信箱,電郵地址又過時了,Remind決定大刀闊斧,翻轉做法。它的構想是以個人選擇的方式，直接聯繫到本人。

　　洛基特解釋說：「假如你教數學課，只要叫學生把「@math」打成81010這樣的簡碼，或叫他們下載手機app，班上每個學生就會出現在你的群組通訊程式中，你可以直接跟他們聯繫。」她加入後擔任社群管理員，跟教師和行政人員傳達教育圈的事情。為公司效勞的那段時光，她的功力已經成長到有能力執行所有關於使用者經驗的研究，推動產品的開發。公司的生意日益興隆，它向矽谷重量級投資人募得將近6100萬美元的資金，超過3500萬的教師、家長和學生都在使用Remind。

讓學校、家長、學生三方溝通無礙，
Remind用簡單又便宜的方式提升教育成效

　　學術研究指出，家長與學校的互動對兒童表現有深刻影響，Remind可以說落實了這些洞見。這方面的研究發現得力於不少研究人員的貢獻，哥倫比亞大學教育學院教授彼得・褒曼（Peter Bergman）就是其中之一。他與洛杉磯某一間位於貧窮社區的學校合作，測試小型介入做法對學生表現會產生何種影響。經由隨機選出242位六至十一年級的學生之後，這些學生的家長會收到有關孩子在校課業進展的額外資訊。學生的家人每個月大概有幾次機會，會從電子郵件、簡訊或電話得知有關孩子成績和作業沒交等資訊。這些資訊都交代得非常詳細，其中包括班級名稱、指派的作業、習題和漏掉沒做的功課頁數等等。

可想而知，有了這種素質提高的溝通管道之後，家長對孩子教育的參與度提高了許多。收到額外資訊後會聯繫學校討論孩子進展的家長，竟然比沒有收到額外資訊的家長多出83%。親師座談的出席率也增加53%。學生方面的反應則是，他們對課業更駕輕就熟，作業完成率多出25%，缺課率少了28%，呈現不良讀書習慣的可能性也少了24%。這些很簡單的介入方式對家長跟教師及自家孩子之間的互動產生重大影響。

學生開始變得更用功，成績也跟著進步。家長若是對自家高中生孩子的學業表現有全盤了解，則該高中生的在校平均成績（簡稱GPA）會比父母只了解一般資訊的高中生多出0.19個標準差，數學考試分數則多出0.21個標準差。相比之下，就讀於備受讚譽的麻州KIPP林恩特許學校的新生，數學考試分數進步了0.35個標準差，英文則進步0.12個標準差。

相當基本的簡訊介入法的效果十分明確，至少在試行的高中來說是如此。光靠這些小規模的介入並不能達到修正現行教育系統的目標，但算得上是相當平價的做法。褒曼估計，在這個實驗中，將一名兒童的GPA或數學分數提高0.1個標準差，大概要花156元美元，這是在教師凡事都

———————

以人工方式來做的情況下，若能將過程中某些環節自動化的話，可減少更多成本。

2014年一項由史丹佛大學教育研究員班‧約克（Ben York）和蘇珊娜‧勒布（Susanna Loeb）所做的研究，證實了褒曼的發現。他們檢驗了彼得‧褒曼用在高中生家長身上的那種簡訊介入方式，是否能鼓勵家有學齡前幼兒的家長協助孩子發展讀寫能力。

研究一再證明，家境富裕與低收入家庭的兒童在語言表現上有明顯的落差，這些落差在兒童還很小時就開始顯現出來。事實上在四歲之前，較富裕的孩子聽過的字彙量就比起較貧窮的孩子多出了3000萬字。有助於彌補這種落差的最佳做法就是請父母多多閱讀給孩子聽，跟孩子講話時咬字要清晰，指出有押韻的字等都是不錯的方式。不過，要家長持續做這些事是要花一點心思的。最常見的介入做法就是定期家訪，然而這種方式成本太高，無法擴大規模；或者是舉辦數小時長的工作坊，連珠砲似地講一大串育兒教養的建議，然後讓這些家長自行消化，並指望他們懂得在恰當時機運用這些資訊。

但是約克和勒布不採用這些方式，他們反而決定使用簡單的技術，也就是透過簡訊適時傳送建議給家長。他們追蹤440個家庭，其中大多為低收入戶，家裡有即將念幼兒園的小朋友準備進入舊金山公立學校就讀。這些家庭中有一半會在一個星期收到三次簡訊，告知家長一些可以幫助發展兒童讀寫能力的活動。以下是週間可能會傳送給家長的簡訊內容範本：「背景知識：兒童必須了解字彙由字母組成，只要擁有認字母的能力，閱讀就不成問題。」「祕訣：從雜誌、招牌中或到某家店，指出您家孩子名字的第一個字母，然後請孩子自己試試看。把這種活動當做遊戲，看誰能找到最多！」「成長：繼續指出字母。你正在為孩子滿四歲後要踏入的幼兒園生活做準備！現在請一邊指字母一邊問：這個字母怎麼發音？」另一半的家庭則是作為比較之用的控制組，他們每兩週會收到一次簡訊，只提供有關疫苗或就讀幼兒園等事宜的基本資訊。

收到詳細簡訊的家長指出，他們更有可能去做訊息中指定的讀寫活動，也更有可能跟孩子的老師聯繫，討論孩子的學業問題。而真正的亮點在此：從學生學期末的讀寫測驗可以看出，有收到訊息的家長，他們的孩子在進度上會超前同儕兩到三個月。另外，這種介入做法很便宜，每個孩子不到一美元。相比之下，家庭訪問計畫可能得花費將近1萬美元，而且會耗掉很多時間。

研究證實，簡單好用對教師、學生和家長來說非常重要，而Remind製作的正是這種科技溝通管道。此通訊平台可以用來進行一對一或一對多溝通，溝通內容又可追蹤且無法刪除。老師或學生都能使用手機傳送一般的簡訊，也可以刪除，Remind則有別於此，該平台的頻道有安全保障，大家必須秉持專業與負責的態度加入此平台。

　　Remind的公告功能也可以用個人偏好的形式來傳達訊息，假如某位家長或學生的母語不是英語，甚至可以利用Google翻譯來翻譯訊息。這個通訊機制把那些可能遭到孤立的家長和學生也拉了進來。

　　「我最近跟一位六年級英文老師談話，」瑞秋·洛基特告訴我，「他每隔一天就會用Remind跟那些學習有困難的學生的家長聊一聊。我問他對這件事有什麼感覺，因為這顯然增加了他的工作量，他卻說『不，這反而舒緩了教學工作中最艱難的部分——明知道學生學得很辛苦，卻不知道如何幫助他們，或是該怎麼跟他的家人溝通，好輔導他們進步。』」Remind活用了技術，幫助建立連結，經營更緊密的關係。

更有效率地連結學校與家長，隱私也能不受侵擾

　　保羅-安德魯·懷特（Paul-Andre White），學生都只叫他「P. A.」，是加州喜瑞都里歐小學的校長，也是Remind的超級粉絲。里歐是一間很早就應用科技的學校。P. A.被問到對Remind的看法時，他興奮又讚不絕口的說：「真的很棒！」他露出笑容。「它對我們學校的文化產生了很大的影響，太神奇了。家長都覺得跟學校和自家孩子

緊密連結。即使事不關自家孩子，他們還是想知道孩子學校所發生的事情。假如我的孩子還在念幼兒園，但我收到跟五年級班上有關的訊息，想到我的孩子總有一天會升到五年級，看到他們現在做的那些創新之舉、他們正在學習的東西和他們正在學習的思考方式，就覺得是很棒的事情。這個平台真的讓整個社區都動起來了。」

在Remind出現之前，尋找連結家長的做法一直是教學層面中令人頭痛的挑戰。「你只能叫幼稚園小朋友幫忙轉達給家長。」P. A.回憶說。現在，700位家長就在他口袋裡，他隨時可以傳訊息給大家。「我用Remind播送重要訊息，比方說提醒家長今天是提早放學的日子，或播送教室裡發生的精彩花絮。我們學校的老師用它來提醒學生別忘了寫功課，或是告訴家長『您的孩子今天在學校學了這個，考考他們這個問題吧。』我兒子現在就是小一生，我知道該怎麼做。『你今天有什麼開心的事呀？』『今天學了些什麼？』若是孩子回答『我不知道』，你就可以對他說『嘿，我聽說你今天學了跟蜥蜴有關的事，你還記得幾個有關蜥蜴知識呢？』這是一個讓小朋友投入，在家幫他們加強的好辦法。」

重點是，以五歲大左右的幼兒園小朋友來看，P. A.發現他聯繫的家長有很多年紀都不到30歲。簡訊加網路通訊就是這些家長的日常，而Remind建立專用通訊頻道的做法則證明了該公司在推促行為方面確實很有能耐。

有一天學校停電了整整三小時。「家長沒辦法打電話給我們，因為所有電話都是IP網路電話系統，連網路也掛了。我的手機沒問題，所以我就發了Remind，九成家長在數分鐘內就知悉學校一切安好，停電的問題很快就會解決。」洛杉磯聯合學區（LA Unified School District）遇到炸彈威脅，關閉了該區所有的學校。里歐小學也在洛杉磯市，不過是在另一個區域。「我很早就到校，學校電話響個不停。我一弄清楚關閉的並非我們這區的學校，立刻就發了Remind。我把Remind發出去之後，電話聲馬上就停了，小朋友也紛紛到校上課。那天我們學校的出勤率是全區最高。」

P. A.將這款工具當成廣播機制，不過他們學校的老師主要還是利用聊天功能與家長一對一聯絡。「既然有聊天功能，我們就不會向家長要電話號碼，他們也不會有我們的號碼。你可以設定購買時數，這樣就有個底限。訊息不能刪除，也不能竄改，這種機制也讓教師有受到保護的感覺。」P. A.表示。目前他正協助將Remind推行到他所在區域的其他28所學校。他上頭的教育局長設定了一個與該區所有校長通訊的專用頻道、一個所有教職員的專用頻道，再設定了整個社區可相互通訊的專用頻道。「這比推特或Facebook有效率多了，」P. A.指出，「由於那些平台屬於公開性質，所以使用那些平台總讓我覺得彆扭。我們的機制可以保護兒童的隱私。」

P. A.說得好：「科技就是一種提升人類所作所為的工具。科技要怎麼應用並不重要，它主要就是為了讓事情變得更好。」當他辦理校務選舉，徵求家長自願代表學校處理預算問題時，他本來以為會跟往常一樣煩人。「以前只是求大家了解一下事情，就把我搞得像拔牙一樣痛苦。不過就在我發出 Remind，通知大家「任何有意考慮的家長請把名字加入 Google 文件中」之後，就有 15 位自告奮勇的家長要爭取那六個職務，最後我必須辦選舉來決定人選。以前我從來沒機會做這種事。」

這麼多教育層面在活用科技之後有了全新面貌，然而對少數創新者來說，這種型態的技術導入只不過是隔靴搔癢，不算真正重大的科技開發。綜觀形形色色的教育創新之舉，可以明顯看到這些的確不是某些技術人員所擁護的純技術取向途徑，而是人機共生促成了最富成效又最人性化的解決之道。

文科與理科的優點合而為一

就各種綜合學習途徑來說，包括埃絲特‧沃西基的新聞學課堂、詹姆斯‧桑德斯的Breakout EDU遊戲、蘇加塔‧米特拉自組式學習環境到黛安‧塔維納的主題目錄途徑，老師的角色都轉變成指導人。

在高峰體系中，教師負責監督可以即時顯示學生進度的儀表板，了解哪位同學卡關了，哪位需要更多協助。老師其實跟學生處於同一個空間，學生則善用技術來使用每日的主題目錄。此途徑的目標並不是要用全科技來取代學校，造就一個沒有圍牆的學校，也不是為了走線上教育路線，而是把科技的優點融入教室，重新改造教師的角色。

生物學家凱莉‧哈根（Kelly Hogan）是北卡羅來納大學教堂山分校（University of North Carolina at Chapel Hill，簡稱UNC）文理學院教學創新（Instructional Innovation）主任，她發現在課堂上主動學習可以提高平均考試分數達3%，第一代大學生＊及非裔美國籍學生的考試成績則提高6%。2014年，她在《CBE——生命科學教育》（*CBE —— Life Sciences Education*）期刊發表她的研究：〈探索高課程架構如何運作又為誰而運作？〉（Getting Under the Hood: How

---

＊　第一代大學生：指父母並未曾受過大學教育的大學生。

and for Whom Does Increasing Course Structure Work?）。在該研究中，她利用自己在UNC所開的生物學概論這門課，觀察400名學生在「低課程架構」或「高課程架構」班上的學業表現。低課程架構是指走大講堂講課的傳統路線，高課程架構則需事先預習功課，並參與課堂活動，譬如透過筆記型電腦或行動電話使用教室回饋軟體。

　　哈根推論，若是指派線上作業讓學生在上課前先完成的話，她就能做更多以小組為主的課堂活動。由於這些小組式的活動需要學生更主動參與，也因此老師講課的比例會減少，或者也可以說會少了許多全面掌控型的教學作為。此舉有助於學生跳脫閱讀，對那些在課堂上一向比較少開口或不太表現出預習狀況的學生來說，會產生重大影響。整體來說，她的學生在「架構適中」、老師以輔導為主的課程中表現最為優異。

　　透過科技在介入後增加簡短型的投入，以利記憶的鞏固，這些「結構適中」的環境極可能有助於學生更有效率地學習。傑佛瑞・卡皮克（Jeffrey Karpicke）是普度大學心理學家，專門研究人類學習與記憶。透過研究他發現，練習資訊提取是一種極其必要的學習方式；所謂的資訊提取，就是指回想長期記憶中的某個資訊。

　　卡皮克在2011年發表於《科學》雜誌的研究〈提取練習的學習成效高於概念構圖為主的精緻化學習〉（Retrieval

Practice Produces More Learning Than Elaborative Studying with Concept Mapping）中，將大學生隨機分成四組，每組指派幾段科學文章給他們記憶，此實驗的目的在於比較不同學習方法的成效。一組學生盡可能地反覆多讀幾遍文章，一組分幾次集中閱讀，另外一組學生甚至煞費苦心地畫了文章概念圖。

最後一組學生則採取「提取練習測驗」，他們把自己記得的文章內容都寫下來，格式隨意不拘。一星期後，四個小組都做了文章記憶測驗，結果做提取練習的小組測驗分數優於其他三組。他發現，「提取不只是把儲存在腦袋裡的知識讀出來而已，重新建構知識這個動作本身就能提升學習效率。」

卡皮克認為，當我們練習擷取資訊時，就是在創造一連串線索提示，以便大腦之後可以使用。這就好比我們在腦海中留下麵包屑，好讓我們能夠尋原路回去。比起使用其他技巧的學生對自己記憶文章的能力過度有自信，使用提取技巧的學生雖自覺有點準備不足，但表現卻最為優異，這是比較諷刺的地方。不過從中可以清楚看到，練習提取資訊對於學習表現有重大影響。

科技若是用來協助學生依自己的步調進行自主學習，並善用教師的指導能力，以有利於記憶鞏固和資訊提取的介入做法來引導學生，那麼科技就會變成一種潛力無窮的資產。科技本身並非萬靈丹，無法解決教育界面臨的各種問題，但若是把這些途徑綜合起來，也就是集結文科和理科的優勢，便有機會改善我們的教育。

Chapter 07

打造更美好
的世界

加博·艾若拉（Gabo Arora）在紐約大學讀的是哲學與電影，雖然他並不是反科技烏托邦的人，但他確實擔心那些隨時都在開啟狀態的裝置會對人類造成重大影響。他一到晚上就把Wi-Fi路由器關掉，從網路的砲火中抽離。「我覺得網路在傷害我的大腦。」他一邊說，一邊又因為自己所從事的行業而露出自嘲的笑容。他是虛擬實境（virtual reality，簡稱VR）電影導演，使用最尖端又吸睛的技術來拍片。「我兒子五歲，現在就讀華德福學校，完全不知iPad為何物，我引以為豪，」艾若拉表示，「但另一方面，我也不覺得努力去挖掘科技對人類的益處有何矛盾之處。」在探索VR的潛能方面，艾若拉堪稱是領袖級人物。

艾若拉是聯合國虛擬實境（United Nations Virtual Reality）計畫的系列電影創作者，而且頻頻獲獎。他執導了六部得過獎項的VR電影，曾在日舞影展（Sundance Film Festival）和坎城影展（Cannes Film Festival）放映過。這些電影他也請那些來瑞士達沃斯參加年度盛事世界經濟論壇（World Economic Forum）的企業及政治領導人物觀賞過，也在聯合國大會（United Nations General Assembly）上播放過。影片內容主要是述說人類近年來遭逢的一些重大挑戰，包括敘利亞難民危機、賴比瑞亞的伊波拉病毒、2015年尼泊爾大地震災情，亞馬遜雨林遭到濫伐、剛果民主共和國的女權問題等等。艾若拉的VR電影生涯是在認識VR先驅導演克里斯・米爾克（Chris Milk）之後才開始的。米爾克經營一家叫做Within的製片廠，目前與艾若拉合作拍攝一些電影。這兩位在U2搖滾樂團主辦的派對上相識；米爾克曾為U2拍過音樂錄影帶，艾若拉則與樂團主唱波諾（Bono）一起投入過消弭貧窮的運動。米爾克協助艾若拉利用VR技術，製造沉浸式體驗，讓觀眾彷彿實際走訪了平常無法前往的那些水深火熱之區，被當地的種種景象和聲音所包圍。

他向觀眾引見逃到約旦的敘利亞難民、賴比瑞亞的伊波拉病毒倖存者，以及巴勒斯坦那些失去兒女的母親。戴上VR頭盔欣賞電影《錫德拉灣上的雲》（*Clouds Over Sidra*），就能讓你置身在約旦扎阿特里難民營的教室裡。當你轉身環顧四周的場景時，你或許會突然與一位正從筆記型電腦螢幕前抬起頭來的孩子四目交接。這種體驗確實撼動人心。你就好像身處於電影《慈悲為懷》（*Waves of Grace*）的場景當中，來到賴比瑞亞被戰火蹂躪的首都蒙羅維亞，站在某飯店廢墟的屋頂上，你一邊望著遠方的日落，讓微風輕拂你的臉，一邊聆聽某個女子歡唱高歌的嗓音，她身旁的男子用橄欖油罐做成的吉他為她伴奏，對於這兩位倖存者的韌性，你感到由衷的佩服。

艾若拉除了深入鑽探人類面臨的問題之外，激發大眾向承受這些苦難的人們發揮同理心也是他的使命。他的正職工作是聯合國秘書長的資深顧問，負責針對聯合國應當設法解決的議題提出建言。他本來沒想過自己有朝一日會踏入人道援助的工作，不過他就跟前幾章介紹過的諸多人文學科畢業生一樣，從大學教育中培養了獨到的見解、各種技能和社會關懷，促成他在職場上有傑出的表現。他漸漸開展出全新的路徑，找到有益於社會的新科技應用方式，儘管這些應用方式看在某些科技分析師眼裡，就算不至於嗤之以鼻，也會讓他們坐立難安。舉例來說，《紐約時報》「媒體分析」（Media Equation）長期專欄作家大衛・卡爾（David Carr）就撰文評論微軟所開發的新款 VR 頭盔，他表示：「我們原有的那種不受羈絆的真切現實，似乎快要滅絕了……難道人們眼前的事實還不夠真實，非得再多加擴充或改良不可嗎？」

　　艾若拉看到 911 紐約世貿中心恐怖攻擊事件的慘況，就決心踏入人道工作。他本來想從劇情片導演做起，在好萊塢闖蕩一番事業，可惜鎩羽而歸，之後返回故鄉紐約市皇后區。911 事件之後，他說他「想協助改造美國的外交政策和美國形象。」他也說：「要不是發生了 911 事件，我是不可能到聯合國工作的。」他成功拍出感動人心的電影，這些電影也變成聯合國救濟計畫用來募集資金的強效工具。聯合國主掌的聯合國兒童基金會（United Nations

Children's Fund，簡稱UNICEF）在全球40個國家放映艾若拉的電影，對象為一般公眾和有希望豪捐款項的大戶，有了這些電影，就不必大費唇舌去遊說大家捐款了。根據UNICEF的資料，在VR的加持之下，捐款傾向增加兩倍，從12人中有一人會捐款，提高到六人中就有一人會捐款，募款工作得益於VR的協助，效率提高為兩倍。

艾若拉首次向聯合國高層推銷虛擬實境電影時，他們多半報以訕笑的態度。他們認為，VR頭盔的使用限制很多，沒有人會想看這種電影。但是艾若拉堅守他的信念，他覺得VR一定會成為主流，同時他也深信自己拍的電影可以創下先例，證明電影科技不只是用來遁入夢幻世界或拿來找刺激，作為模擬特技跳傘或雲霄飛車之類的體驗，而是可以運用在意義非凡的地方。

雖說是911恐攻事件激發艾若拉投入人道工作，不過他也表示，大學時期所受的哲學訓練，逐漸在他心中形塑了一個信念，使他相信自己在電影方面的才華或許可以、也應該用來促進社會利益。「我深受存在主義者的影響。」他表示，除此之外他也特別崇拜尚-保羅・沙特（Jean-Paul Sartre）和阿貝爾・卡繆（Albert Camus）。「這有點自相矛盾，雖然你會以為你從他們那邊學到了『生命沒有意義，最好什麼都別做』的思想，但是對沙特和卡繆來說，人唯有透過自己的意志和自身的行動，才能謀求某種內心的自由。沙特對政治十分熱衷，跟卡繆一樣。」艾若拉指出，卡繆問他的老師用什麼方法改變世界最好，老師們都叫他去寫小說，結果他的小說廣受好評。艾若拉也深信，藝術的力量可以影響想法，改變生活。他說：「我做的事情並不是VR，而是說故事。小說是一種強大的同理機器，現今的VR則擁有把遠端臨場（telepresence）技術轉換成說故事的能力。」這使VR可以製造出更寫實的情境效果。他是一位藝術家，也是一位哲學家，執著於提升人類生活品質的人文責任，並率先以VR技術來實現這個目標。

VR是把雙面刃：
讓人們更有同理心，還是更加疏離？

　　VR以及機器學習和自然語言處理，都是近幾年突飛猛進的技術。VR的概念起碼可以回溯到1985年，當時傑容·藍尼爾（Jaron Lanier）在VPL Research公司率先開發此技術。但VR在當時並未展翅高飛，過了30多個年頭之後，才製造出具有商業利益的頭戴裝置，科技業的巨擘競相要成為VR市場的龍頭。微軟開發了一款名為HoloLens的頭盔，這款頭盔可以在各種表面上投射出全像投影，比方說客廳牆面。Facebook創辦人馬克·祖克柏也深感於VR前景看俏，以20億美元買下設備製造商Oculus，這家製造商是從Kickstarter群眾募資平台起家的。Google也對VR新創公司Magic Leap投入大量資金，並推出Daydream VR頭盔突襲硬體製作市場。

眾兵家如此熱衷之際，VR卻飽受抨擊，因為正如大衛・卡爾所提出的反思，專家擔心VR會引發人們投入更多時間使用科技，而不是跟家人朋友交流。部分人士對於VR未來會如何影響人類的生活，看法十分極端。作家莫妮卡・金（Monica Kim）就在她為《大西洋月刊》（*The Atlantic*）所寫的文章〈遁入虛擬實境的好處與壞處〉（The Good and the Bad of Escaping to Virtual Reality）中強調，在未來主義者雷・庫茲威爾（Ray Kurzweil）的想像中，「到了2030年代，虛擬實境會發展到栩栩如生、令人嘆為觀止的地步，屆時人類多半會泡在虛擬環境中……我們全都會成為虛擬人類。」儘管這種推論未必會發生，但有些人的預測和顧慮卻需要嚴肅以對。

1992年，未來主義者唐納・諾曼在他的著作《方向燈是汽車的臉部表情》中把VR描寫成一個叫做EFF（Event Fanatic of the Future）的未來人，他「透過電視鏡頭看真實的世界……電視護目鏡牢牢綁在他頭上，電子裝置牢牢綁在他手腕上，鏡頭和麥克風掛在他頭上……去EFF班上上課的教授就可憐了。」他以這段發人深省的評論作為總結：「說不定教授會被電腦做出來的電視影像取代，變成人工影像教人工頭腦。」就在最近，MIT科學與科技的社會研究學教授雪莉·特克（Sherry Turkle）對 VR 提出了諸多顧慮。她是 MIT 科技和自我創新計畫的主任，過去30年來都在觀察科技如何影響人類的社會生活品質。她寫了《在一起孤獨：科技拉近了彼此距離，卻讓我們害怕親密交流？》（*Alone Together: Why We Expect More from Technology and Less from Each Other*）和《重新與人對話：迎接數位時代的人際考驗，修補親密關係的對話療法》（*Reclaiming Conversation: The Power of Talk in a Digital Age*）這兩本書，希望能促使大眾意識到，耽溺於上網很有可能使人喪失人際之間的實際互動能力。她警告說，數位化的溝通方式讓我們得以粉飾自身的缺點，方便時才投入，並打造出全新的自己；然而諷刺的是，即便人們花了這麼多時間在網路上連結彼此，實際上人與人之間的距離卻變得愈來愈遙遠。她質疑：「我們使用的社群媒體是不是正在吞噬我們面對面溝通的能力？」

　　加博·艾若拉以及跟他一起合作拍片的導演克里斯·米爾克認為，VR 是「一種可以發揮同理心的終極機器」，因為透過 VR「我們得以與他人有更多連結，最後讓我們變得更有人道精神」，這些是米爾克在2015年的 TED 演講中提到的內容。不過，特克對這樣的觀點並不苟同。2016，特克在舊金山一場演講裡提到：「虛擬化的現實世界，讓我們誤以為可以擺脫那些意外事件，不必經歷困境，也省去了面對彼此缺點的麻煩……我們會因此……認為不需要對話、不需要親臨現場，也能同理他人。」

特克直接點名艾若拉的電影《錫德拉灣上的雲》，以及米爾克的 TED 演講：米爾克在演講中播放了西裝筆挺的男士們端坐在瑞士達沃斯一間開著空調的室內，臉上戴著 VR 頭盔觀賞影片的場景。她指出，「這些男士對寒冷、疲憊和餓肚子其實無感，他們並沒有親眼見到任何難民。」她解釋說自己很喜歡這部電影，但是她也必須提出警告，當「科技的走向從有總比沒有好，進化為再更好一點，最後演變成科技就是王道的境界」時，我們就再也不能體會到面對面互動所產生的特殊獎賞了。

對於 VR 的價值，從這些截然不同的觀點可以看到，技術創新之所以如此複雜，是因為這一切都是為了提升人類的生活品質，而不是讓我們愈過愈糟。新興的技術擁有改變我們生活的力量，可是這股力量有如雙面刃，一方面可以用來為世界做很多好事，但另一方面也可能產生重大傷害，或者就像特克針對 VR 所提出的警告一樣會改變我們的行為，而且是我們如果及早察覺到的話，就會選擇不涉入的改變。有些新技術的應用方式所產生的效果，無論是正面或負面，都比其他應用途徑更為明顯。舉例來說，自動駕駛技術可以讓馬路更安全，使我們在長程路途中不至於感到無聊沉悶，也能夠行駛在最便捷的點對點輸運路線，這樣大家或許就不再那麼需要成本昂貴、對政府金庫形成重大負擔的公共運輸機制了。然而顯而易見的是，若車輛的設計沒有考慮到人類行為的複雜性，反而容易製造混亂。

VR 使情況變得更混亂。加博・艾若拉確實用科技做了很多好事，在此同時，雪莉・特克也應該因為提出警告，讓世人關注科技的侷限與可能產生的復仇效應而受到讚揚。不過有一點是無可爭辯的：受過人文學科訓練的艾若拉和特克，都在各自的使命上運用了創造力、以人為本的精神和批判性思考，這個世界需要的正是更多這樣的能力，才能將科技的好處發揮得淋漓盡致。

科技是一把雙面刃這個觀念，恐怕沒有人比那些致力於捍衛國家安全的人更了解。在國安這個領域，只要文科人與理科人攜手合作，一定能讓世界變得更美好。

攜手保障世界安全

科技雖然裹著一層簡單的介面，但骨子裡卻愈顯複雜，就跟當今的世界一樣。戰爭場面不再侷限於空中、地面和海上，如今就連網際空間也會發生戰爭。

自稱「伊斯蘭國」（ISIS）的非實體組織，毫不留情地展露出非國家行為者攻擊傳統民族國家時所產生的不對稱風險。人文與科技的結合，有時候未必是善的力量。ISIS

將新科技工具融入由來已久的心理戰策略，把用來吸引人們抱著尖端裝置不放、誘惑美食家來杯咖啡的精準定位與說服技巧如法炮製，拿來行銷它們那一套邪惡的觀念。

科技不斷翻新，但不幸的是，威脅也不遑多讓。隨著物聯網的發展，任何可以連線的裝置都很容易受到駭客的攻擊，從家用調溫器和醫療裝置到自動駕駛車，更麻煩的還有那些監控重要基礎設施的電腦系統，比方說電網這一類的設施。愈來愈多裝置連結成網絡，也會隨之出現更多益發精密的安全攻擊。

就拿2010年引起大眾關切的Stuxnet電腦病毒為例。Stuxnet是一種網路武器，據說是以色列和美國聯合打造的，目標是攻擊伊朗的核子離心機，但這種病毒若是被敵人拿去改造，美國的基礎設施就會變成攻擊目標，到時候工廠、機場、管線和電廠都會受到電腦病毒的破壞。電腦病毒有別於一次性傳統武器，能夠在網路世界裡不斷地循環使用及重複利用。

用新科技的力量對付逐步升級的威脅是必要之舉，這需要理科人與文科人攜手合作才有辦法做到，因為文科人同時具備了人文和社會科學的技能與觀點。文科人的技能和觀點可以在許多方面發揮效果，比方說針對政治聯盟的本質，戰鬥與恐怖主義的心理特點以及社會網絡的本質認知（包括網路及現實世界）提出獨到見解，還可以分享他們在團隊動力上的專業，實地提升團隊合作的效率。另外，人文社會科學的訓練也有助於培養嚴謹的道德規範，能意識到衝突中的文化因素。

2016年哈佛大學校長德魯・福斯特（Drew Faust）在西點軍校畢業典禮演講中，提到人文學科的關鍵性角色正是培育兼具效率與同理心的領導人。她指出，人文學科所培養的探究精神，「教我們即使面對重重危險、情緒緊繃或陷入混亂的陌生感，也要仔細觀察眼前的事物……有助於養成一些重要技能，使我們能夠慢下來，包括審慎思考的習慣和批判性眼光，幫助我們解讀和判斷人類遇到的難題，還有專注的能力，這在現今充斥著資訊、騷亂與變化的環境中，是一個別具意義的技巧。人文學科教我們很多事情，其中很重要的就是同理心，亦即如何以從他人的經驗來觀察我們自己。」我為了身體力行，便在某個冰冷的十月天造訪了西點軍校。西點軍校的華盛頓大樓是4400名軍校生每日集合的場所和用餐地點，在這裡我碰到一個四年級生，他提醒我陸軍有別於海軍和空軍注重「軍人的配備」，是以「為軍人配備各種技能」為訴求。

軍人除了遵守合法命令之外，也需具備道德判斷能力

從美國陸軍退役中將艾江山（Karl Eikenberry）的睿

智，可以看到這種精神。艾江山是2009年至2011年美國駐阿富汗大使，致力於協助該國重建受到嚴重摧殘的文化，推動「赫拉特堡壘」（Citadel of Herat）重建計畫這類的專案。從西元前330年以來，赫拉特就是知名國防重鎮，好幾個帝國都以此地為軍事大本營。艾江山主張，藉由重建歷史遺跡，可以「向歷經數十年衝突與混亂、身心靈飽受摧殘的阿富汗人民證明，他們曾經擁有豐富的文化以及輝煌的年代」，現在當地就成立了「赫拉特國家博物館」（The National Museum of Herat）。

艾江山的團隊裡有一位傑出人才，那就是考古學家蘿拉・泰迪斯可（Laura Tedesco），她是美國國務院的「紀念碑之女」（Monument Woman），負責挖掘阿富汗的古文物，保存阿富汗兼容並蓄的國家歷史。當年國務院請她為國效力時，這位育有兩個孩子的40歲母親拋下了一切，奮不顧身地搬到阿富汗住了一年四個月。艾江山表示，在如何作戰與重建千瘡百孔的國土過程中，她的努力彰顯的正是「人文學科的內在價值」。

伊莉莎白・塞米特（Elizabeth Samet）教授是另一位篤信此理念的人士，她在西點軍校教授通俗文學將近20年。自1997年起，已經有1100名入學的新生上過她的課。她指出，傳統文學課程可以訓練軍人「遵守合法命令，絕不放棄道德判斷能力」。塞米特教過一位西點軍校的學生，該生不但拿到藝術、哲學與文學學位，後來還成為陸軍上尉，服役於伊拉克和阿富汗，這位學生叫做艾蜜莉·米勒（Emily Miller）。她是少數幾位擁有好身手，能夠跟著第75遊騎兵團（Seventy-Fifth Ranger Regiment）──也就是以塔利班和蓋達高層領導人為目標的特種部隊──進行夜間突襲的女性之一。契努克（Chinook）運輸直升機將該部隊送到敵後出任務時，米勒的工作就是確保該區婦孺的安全。她領導由19位女性組成的聯合特種作戰特遣隊（Joint Special Operations Task Force），任務目標是與阿富汗的女性居民建立良好密切的關係。「每到晚上我們就會外出執行夜間突襲任務，」她回憶說，「我們的工作就是跟婦女和小朋友相處，所以我們學到了不少阿富汗的歷史與文化。」她因為在阿富汗前線衝鋒陷陣、用心耕耘，而獲頒銅星勳章和近戰突擊徽章。

　　米勒十分同情阿富汗人民的處境，她在結束外派後與別人共同創辦了魯米香料（Rumi Spice）。這間公司透過Kickstarter群眾募資平台起家，專門向她在阿富汗深入敵後進行夜間突襲行動時所認識的那些女性，收購世界上最昂貴的香料──番紅花，然後再出口到其他國家。魯米香料現在設於芝加哥南區名為The Plant的都市立體農場內，不但為全美各地最出色的一些餐廳供應番紅花，也讓那些阿富汗女性得以維持家計、衣食無缺。

社會科學可以針對衝突的複雜性及其成因，還有科技在撲朔迷離的戰爭中的種種侷限，導入迫切需要的觀點。比方說使用無人駕駛飛行載具（也就是俗稱的無人機）追捕恐怖分子會產生的後座力，就需要以此種觀點切入。這些高科技精密武器可以精準鎖定許多恐怖分子領導人，也能夠避免讓士兵成為無辜犧牲者或出現非預期後果。科技武器乍看之下是穩當的途徑，能把戰場對峙狀態中不可靠的人為判斷因素抽離，保護士兵免於與敵軍直接接觸，但文科人高超的本領其實才是現今和將來的作戰策略當中絕對少不了的要素。羅德島州紐波特的美國海軍戰爭學院依舊十分重視「實戰演習」的原因就在於此。我到這間創立於1884年的學院協助海軍培養頂尖作戰人員的品格時，單位主管向我表示，它們的課程既可以說永恆不變，卻又能夠與時俱進，除了傳授古希臘歷史學者修昔底德（Thucydides）和軍事思想家卡爾・馮・克勞塞維茨（Carl von Clausewitz）的傳世典籍之外，也兼顧了不斷衍生新挑戰的網路戰。其軍事訓練的重頭戲，就是反覆進行為期數天的實戰演習，因為戰場上的情勢總是錯綜複雜，若沒有人的決策，現有科技也無用武之地。

　　好消息是，公共與私人組織都發揮了創新的力量，善用人機結合的各種優勢，使人們的生活環境更安全。文科人與理科人搭檔的新夥伴關係，開闢了有效的途徑，可盡早找出威脅，對其做嚴密監控，並部署一連串精密的新工具來化解威脅。像美軍把文科人與理科人集結起來，讓他們攜手合作、運用矽谷技術創新者所開發的方法，就是一個值得探討的創舉。

將精實創業的戰術用在國防上

美國國防部一直致力於吸引矽谷的技術人員為軍隊效力。不過在2015年，美國國防部長艾胥頓・卡特顛覆既有模式，成立了國防創新實驗室（Defense Innovation Unit Experimental，簡稱DIUx），決定把軍隊矽谷化。這個國防安全科技化的行動衍生出一些附帶成果，其中包括史丹佛大學開設了名為「國防駭客」（Hacking 4 Defense，簡稱H4D）的課程，該課程由美國陸軍上校喬・費爾特（Joe Felter）和皮特・紐威爾（Pete Newell）主掌，他們兩位深切體認到，加諸在當今軍人與決策人士身上的莫大挑戰，唯有攜手合作、消弭人文與技術之間的隔閡，才能加以解決。

費爾特從美國陸軍特種部隊退休後，擔任過設在西點軍校的打擊恐怖主義中心（Combating Terrorism Center）主任，目前是史丹佛大學戰鬥實證研究計畫（Empirical Studies of Conflict Project）主持人。擁有政治科學博士學位的費爾特，應用此背景致力於開發更有效的途徑，打擊恐怖分子的威脅。紐威爾擔任軍職32年，因領導戰鬥營攻進伊拉克法魯賈有功而獲頒銀星勳章。他率先為陸軍創立了創新團隊「快速裝備部隊」（Rapid Equipping Force），將軍事人員與諸多領域的學者整合在一起，為各種新難題尋求解決之道。費爾特和紐威爾兩人與連續創業家史蒂夫・布蘭克（Steve Blank）合作開設H4D課程，並擔任該課程的講師。

布蘭克創新了「發掘顧客」的方法，以產品原型向顧客取得回饋意見，再根據這些意見不斷地反覆改良，最後製作出更符合個人需求的新產品。此種做法的核心重點在於深入掌握顧客所面對的最大問題。布蘭克的學生艾瑞克・萊斯用此方法創造了知名的精實創業法，後來還寫成著作《精實創業》，使這種創業手法聲名大噪。

H4D課程運用了精實創業法的相同原理，專門針對軍隊團體及情報界提交至該課程網站上的實際問題，尋求解決之道。學生必須先設身處地、換位思考，不管是參加訓練營在泥濘中匍匐前進，亦或是身著潛水衣體驗海軍海豹部隊必須潛入水中的需求，還是參訪空軍基地，深入了解爆裂物處理單位對防爆裝的需求，逐步掌握軍人面臨哪些挑戰。所有學系的學生都可以修習這門課，目的就是為了促進創意合作。

只要研究過貼在該課程網站上的問題，就會明白一定要有文科人針對如何有效開發及部署技術提出洞見，才能解決這些問題。舉例來說，美國空軍第15行動支援中隊（Fifteenth Operations Support Squadron）就拋出一項挑戰，那就是「建立有機的團隊或網絡架構，以提升中隊的溝通能力、適應力、彈性與特殊技巧」。這個問題可進一步解讀成：「我們需要一個架構，好讓每一位隊員都看得到他們在組織中扮演何種重要角色，並且讓他們能夠與中隊裡的其他隊員溝通無礙……這個挑戰著重的是組織變革。科技可以作為輔助，但不該是主要焦點。」

還有一項挑戰是由美國陸軍網路司令部（U.S. Army Cyber Command）所提出，它們想「判斷該怎麼使用最近興起的資料探勘技術、機器學習及資料科學功能，來掌握、瓦解和反擊敵人對社群媒體的掌控」。此課題強調的是「既有工具無法讓使用者洞悉敵人在社群媒體內容中布下的弦外之音……監控社群媒體串流的既有工具和方法，可以提供量化的評估指標（譬如數量、關聯性、搜尋），不過因為無法從傳送實際含義的網站中擷取內容，因此不夠實用。」

這門課程引起廣大的關注，因此2016年秋天，它們開辦了有75名學員之多的師資培訓班。2017年，喬治亞理工學院、匹茲堡大學、南加州大學和喬治城大學等其他13所學校，也開設各自的國防駭客課程，探討國防及情報界所提出的各種問題。2016年，布蘭克和費爾特也協助開設「外交駭客」（Hacking 4 Diplomacy）課程，主要目標是替美國國務院打造技術解決方案。他們兩位和前白宮國家安全委員會（White House National Security Council）發展與民主計畫主任暨政治科學家傑瑞米·溫斯坦（Jeremy Weinstein）一起執教，這門課讓學生有機會可以打造工具，以便打擊ISIS這類暴力極端分子。他們的解決方案多半是以機器學習演算法結合一些從線上資源所擷取的資料，再用人文觀點切入，分析敵人的文化及心態。

解決世界上最棘手的問題

從當今高效能科技的發展來看，最大的諷刺莫過於世界上還是有許多人因不少最基本、由來已久的問題所苦，除了政治與軍事衝突造成的災禍之外，還包括了飢荒與疾病、缺乏教育、經濟發展停滯等難題。不過近幾年來，大批出身於人文領域、以改善世界為目標的有志之士，有感於新科技工具的強大潛力，他們與理科人攜手合作，共同打造了許多卓越超群的創新之舉。

在這些創新者當中，不少人於私人領域創業，比方說納特·莫里斯（Nate Morris），他在肯塔基州萊辛頓創立了價值數10億美元的Rubicon Global，該公司號稱是「垃圾處理界的Uber」，協助許多城市控管垃圾。莫里斯畢業於政府與公共政策學系。德州奧斯汀的艾文・貝爾（Evan Baehr）則是 Able Lending 的創辦人，他的目標是提供貸款給中小企業，結果募集到1億多美元的資金成功創立了公司。貝爾念的是國際事務、倫理學和法律學。有些創新者則在非營利性社會創業領域打天下，像凱西・傑拉德（Casey Gerald）就創立了「MBA橫跨美國」（MBAs Across America）計畫，把MBA的學生與全美中小企業串連在一起。主修政治科學和創業的傑拉德認為，大家都需要「全新的商業戰場手冊」，而且在面對現狀時，我們也應該以「謙遜的態度去質疑」。蕾拉・珍拿（Leila Janah）創辦了Sama，Sama 在梵文中意指「平等」，該公司的目標就是協助開發中國家的勞工媒合數位工作。珍拿在大學時念的是經濟發展。

　　還有一些創新者或許知名度不高，他們服務於歷史悠久的救濟機構，努力以新穎的科技途徑達成自己的使命。在人道救援的世界舞台上，這些重量級人物發揮他們的力量和經驗，尋求創新十足的解決之道，必能為這個世界帶來希望。我們不必捨近求遠，只要觀察聯合國這個一般被形容是既傲慢又無成效的官僚機構的改變，就可以了解轉型的潛能。儘管聯合國還有很多需要努力的地方，不過該機構已經有了一批先鋒創新者，致力於應用新科技工具來因應全球議題，加博・艾若拉就是其中之一。

　　另一位也在聯合國發揮影響力的文科人是馬西米里雅諾・柯斯塔（Massimiliano "Max" Costa），他畢業於都靈大學文學系，又在頗負盛名的義大利庫內奧音樂學院取得小提琴與音樂系的學位。他原本在北義大利一些管弦樂團演奏，逐步往專業小提琴手之路邁進，後來轉到政治領域，又進入科技界。「音樂家日日與天才為伍。你演奏巴哈和布拉姆斯，你跟他們一起魂牽夢縈。音樂讓我學到堅忍不拔的精神，我花了好幾千個小時練習小提琴，但是學過之後，就會想創造。」他回憶說。他銜命前往亞塞拜然巴庫，擔任能源政策專員，這後來促使他到哥倫比亞大學攻讀國際事務學位，之後又在波士頓顧問公司（Boston Consulting Group）謀得一份工作。目前他以德國柏林為根據地，效力於世界糧食計畫署（World Food Program，簡稱WFP），這是聯合國旗下的機構，致力於解決全球的飢餓問題。他協助推行由Share the Meal發起的「分享餐點」（Share the Meal）蘋果iOS手機app，讓全球民眾都能透過捐款讓有需要的人得到溫飽。這款手機app是柯斯塔與塞巴斯金・史提克（Sebastian Stricker）攜手合作的成果。史提克在義大利羅馬的WFP擔任商業創新顧問，是維也納大學國際關係學博士。

　　史提克想到一個用智慧型手機來打擊飢餓問題的點

子，他與WFP創新加速器（WFP Innovation Accelerator）的主導人伯納‧可瓦契（Bernhard Kowatsch）一起合作，結果他們發現，當今全球智慧型手機用戶與飢餓人數是1:5，每一位智慧型手機用戶只要捐50美分，就能徹底杜絕飢餓問題。因此史提克、柯斯塔和團隊便決定開發手機app，同時也跟一些出資人接觸，這些出資人專門投資草創初期的矽谷科技公司。不過這些出資人卻認為他們的點子缺點不少，建議他們應該改而著重於利用龐大的供應鏈和物流系統，重新分配未被充分利用的食物。他們並未因此卻步，也深信自己已經掌握了問題的核心，再加上他們有多年國際援助及食品安全的經驗，知道可以僱用能幹的工程師來製作他們心目中的手機app，不需要大筆資金的支援。

　　果真如此，他們的手機app推出後一個月，用戶就捐出了12萬美元的款項，為賴索托的學童支付超過1700萬份口糧。在本書撰寫之時，該手機app的下載次數多達50萬次，所募得的資金可用來提供5700萬份餐點。另外，他們相信科技可以發揮拋磚引玉的效果，此手機app只是開端而已，他們的目標是把「分享餐點」手機app整合到其他平台，擴大影響力。舉例來說，Square是一家支援iPad裝置的小型企業電子支付系統服務商，他們就與這類的公司合作，讓消費者可以在當地咖啡店購買餐飲時，順便捐出一份餐點。

　　還有另外兩位人文背景出身的聯合國人員，因為善用創新科技而成為重要開創者，他們是艾莉卡・科奇（Erica Kochi）和克里斯多夫・法比安（Christopher Fabian），兩人共同領導UNICEF創新小組（Innovation Unit）。他們利用技術來創新，與一組工程師合作，把油桶改造成堅固耐用、以太陽能發電的教育用電腦站，並設在烏干達的鄉村。這種裝置稱為「數位油桶」，被《時代》雜誌譽為「2011年最棒的發明」，史密森尼學會（Smithsonian）也在其統籌的紐約庫柏休伊特設計博物館（Cooper Hewitt Smithsonian Design Museum）中特別展出這款裝置。

　　科奇和法比安都不是技術領域出身的人。科奇在倫敦大學亞非學院念經濟學和日文，法比安畢業於埃及開羅美國大學哲學系，又到紐約新學院大學念媒體研究。他們兩位都踏入人道工作，非常稱職地在聯合國與科技界之間發揮橋梁的功能，一如科奇在2011年接受《富比士》雜誌訪談時所指出的，「將社會發展實務以及技術與設計學科串連起來」。他們還有另一個開創性創舉，就是設計了一個叫做RapidSMS的開放原始碼平台，讓各領域人員可以蒐集和統合資料，將每支行動電話都轉變成資料蒐集工具，再轉換成「最後一哩運送」（last-mile delivery）機制。比方說，尚比亞和馬拉威皆利用行動裝置發送愛滋病的檢驗結果，因此即使是居住在偏遠地帶的人，也可以馬上知道自己的檢查結果，然後再尋求治療。目前法比安正在研究如何運用區塊鏈（blockchain）公開帳本系統之類的新技術，為2億名出生在衝突地區的五歲以下兒童，以及缺乏任何形式之出生證明的兒童辦出生登記，他們往往因此而無法使用健保或接受教育。

各個組織成立創新單位時應該好好問一問，這就是創造改變最有成效的做法，還是說像史蒂夫・布蘭克的課程一樣，組織應當協助釐清社會所面臨的問題。不過，在解決那些由來已久、讓世上許多人仍飽受煎熬的問題上，這樣的創新方案仍然大有進步。事實上，為了解決大型社會問題以及發揮最大影響力，不但需要靠創新來針對特定問題找出特定解決之道，也必須促使政府成為主動又有效率的改革媒介。政府必須成為更敏捷的問題解決單位，對民眾的需求和權利更敏銳，也必須更加透明公開，才有利於推動改革。很幸運地，這就是另一個理科人與文科人攜手合作的團隊所抱持的使命，該團隊由政府重要人士及律師領導，他們有感於飽受戰火摧殘的阿富汗因缺乏透明度，而致力於推動美國政府透明化。

讓政府透明化

許多科技新創公司都是從車庫起家的,比方說沃基的女兒把她家車庫租給Google創辦人。不過扎卡里‧布克曼(Zachary Bookman)的故事比較另類:他住在阿富汗的貨櫃屋時,想到了OpenGov這個點子。OpenGov是一家軟體新創公司,專門設計工具來協助國家與地方政府更容易取得財務資料並進行更優質的分析,然後再將這些資訊全數公開供民眾了解。

布克曼在馬里蘭大學拿到政府與政治學系學士學位,接著又攻讀耶魯法學院法律博士學位,另外又在哈佛大學甘迺迪政府學院念了外交與治理。他在甘迺迪學院念書時,因課業需求與美國外交代表團到巴基斯坦,與部族首領和各省省長會面。後來他拿到傅爾布萊特獎學金(Fulbright scholarship),到墨西哥市聯邦公共資料近用機構(Federal Institute for Access to Information)工作,就治理議題培養更深入的專業知識。

他在該機構研究「政府公開資料的透明度與存取聯邦法」(Federal Law of Transparency and Access to Public Government Information)這項規定墨西哥政府運作透明化的新法律施行狀況。布克曼在一篇描述他於墨西哥所見所聞的法律評論文中,將這條2002年通過的法律形容為重大里程碑，是「擴大中的國際運動，不論是在國際層級或是主權國家內，使公民對治理其生活的主管機關運作有更深的認識，同時也進一步參與更多政府事務。」在此提供一點背景知識：墨西哥政府由俗稱PRI的革命制度黨（Institutional Revolutionary Party）緊握執政權多年，該政黨限制新聞媒體的資訊自由，並藉由腐敗的政治酬庸系統控制選舉。布克曼發現，雖然這項法律已經在透明度方面有了一些重大收穫，但許多政府官員卻走回頭路，妨礙該法律的實行，所以也未能在減少貪腐層面上有實質影響。他的結論是：「透明度社群還得繼續努力、再加把勁才能達成目標。」

布克曼自墨西哥返國之後，在美國聯邦第九巡迴上訴法院擔任法律助理，這份工作激發他對訴訟實務的興趣。後來他前往矽谷的溫床，在舊金山的 Keker & Van Nest 律師事務所擔任訴訟律師，代表那些有合約及商業機密糾紛的客戶，另外也接白領階級的犯罪案件。這份工作令人滿意，但無法讓他發揮他在治理議題上所培養的專業長才，他也發現自己渴望能再次領受到此前在巴基斯坦和墨西哥所經歷的衝擊。

他決定重新調整生涯跑道，以自己的志趣為目標，致力於提倡更完善的治理和高度透明化。他向美國陸軍將軍 H・R・麥馬斯特（H. R. McMaster）應徵聯合跨部門工作隊（Combined Joint Interagency Task Force）的 Shafafiyat（意指

「透明」）顧問職務，該單位隸屬於駐阿富汗喀布爾國際維和部隊（International Security Assistance Force）的反貪腐工作隊。他離開舊金山的舒適生活，搬到世界的另一頭。

布克曼馬上就見識到沒效率會如何拖垮整個組織，就連精於作戰後勤的美國陸軍也不例外。他花了好幾個月的時間才進駐完畢，這是因為他的工作合約是由美國中央司令部（CENTCOM）發出，該單位必須等國會預算通過，但預算批核卻因為政黨間的角力而一再拖延。布克曼好不容易抵達阿富汗，又碰到一連串混亂場面。大家似乎沒料到會有他這個人的出現，接待他的人手忙腳亂地設法找人送他去他該去的地方、幫他備妥適當的安全裝備。被指派協助他的士兵們茫然地問了一堆問題：「誰可以載布克曼？他有槍套可以裝他的槍嗎？他有槍腰帶嗎？他有萬用鉗可以把槍套接在槍腰帶掛扣上嗎？賣萬用鉗那家五金行的哨兵在哪？」

他照理說應該向駐阿富汗國際維和部隊營區報到，但大家似乎搞不清楚進入該區的程序，還有人問：我們應該用哪扇門？我們該怎麼進入這扇門，如果門鎖上了該怎麼辦？他的床位在哪？有他床位授權的備忘錄在哪？他房間的鑰匙在哪？要怎麼拿到床單？結果，他的床位完全是臨時張羅出來的，他們幫他在營區停車場儲物用貨櫃裡弄了張行軍床。

國家要怎麼在它觸及不到的地方落實司法？

　　布克曼的工作是針對重大貪腐問題對阿富汗當局施壓，並與軍隊合作，觀察這個有五分之四屬於鄉下地區的國家，在司法方面的執行狀況。儘管阿富汗面臨聯合政府的巨大壓力，必須採用正式但又屬於外來的司法體系，但是他卻觀察到，這個驕傲的民族不惜一切捍衛自己的生活方式。全阿富汗有80%的地方仍由當地長老採一致共識的簡易做法來執行司法，他見識到阿富汗政府的腐敗現象，也看到政府未善盡保護人民基本權利之責，這照理說是新政府應該落實的工作。他也發現，無論聯合政府在何處對在地人推行外來模式，該處就會執行影子司法。他在2012年為《紐約時報》撰寫的一篇文章中指出：「阿富汗人的堅定不移之所以難制服的原因自不待言：這個國家要怎麼在它觸及不到的地方落實司法？」

　　他踏上契努克直升機，飛越崎嶇的山峰和棕色河流，到遙遠的村落觀察聯合政府強制推行的司法系統如何施行，不過他沒辦法看透究竟什麼最適合阿富汗人。他發現阿富汗政府所有系統都有重大的透明度問題，這促使他反思自己國家或許也應該探究這方面的問題才對。

　　布克曼在阿富汗的經驗，讓他決心想出創新方案，藉由透明化讓政府更勇於當責。就在他思考各種途徑時，當時還住在阿富汗的他，聯繫了有技術專業背景的朋友，在朋友的協助下，他了解到技術工具可以讓資料變得更清晰易懂。基本上，他希望政府將資料向大眾開誠布公。他一回到美國，就馬上聯絡帕羅奧圖市長辦公室，詢問他是否可以帶領他組成的團隊做個實驗，設計一款視覺化程式，來呈現該市的預算資料走向，好讓政府更容易分析，也更容易向大眾傳達議題，像是預算赤字會造成的衝擊或清楚交代納稅人的錢究竟花在哪裡等等。

　　他將帕羅奧圖視為矽谷實際的首府，所以自然以為該市的資料與技術必定井然有序。布克曼想起帕羅奧圖的市府官員一邊樂得把他們申請的資料交出來，一邊卻問：「我們該怎麼把預算資料交給你們？」布克曼這才發現，政府需要的不只是更理想的資料圖像化途徑，它們也需要基本工具將資料從系統中提取出來。預算辦公室使用一套有30年歷史的會計系統，年代之久遠，竟然比網際網路還老。布克曼回憶道：「我們暗自想，哇，這個問題一定可以解決的啦，所以我們就成立了OpenGov。」

　　當時是2012年。現在的OpenGov是一款雲端軟體服務，除了供政府用來管理財政之外，同時也讓大眾輕而易舉就能接觸到政府的支出與預算議題。目前州政府和地方政府加起來有超過1000個單位使用OpenGov來提升透明度，包括聖塔菲、邁阿密、匹茲堡、華盛頓DC和明尼亞波利斯這些大城市在內。該服務已經進化成有各種工具可用來將資料圖像化，這當然也是此服務原本的立意，另外還能夠讓工作流程更有效率、更容易規劃。市府官員可藉由此服務編列更理想的預算，使主管機關能為自己的預算決策向民眾負完全責任，如此便能達成市府官員輕鬆做好自己工作的重要目標。這是一個美好的願景，布克曼說，「我們希望簽下國內每一個政府機關。」

　　布克曼的使命得到一名資深政府財務專員查理・法蘭西斯（Charlie Francis）的大力支持，從他的案例可以清楚看到，對於樂於擁抱新工具的人來說，當今的技術創新場域仍然充滿無限的可能。法蘭西斯現年67歲，隨時可以退休，但他選擇加入OpenGov團隊，而且他的工作讓他感受到前所未有的振奮。他的生涯故事充分透露出，對於更好的資料蒐集、資料分析以及提升透明度的需求其實迫在眉睫。

成效卓著的OpenGov

　　法蘭西斯一聽說有OpenGov這樣的軟體，就馬上採取行動，成為最早採用該技術的人士之一。他深知政府部門迫切需要更有效的資料分析和報告，儘管從他踏入職場以後，就陸陸續續出現了各式各樣的運算工具。事實上，1971年法蘭西斯在丹佛市府財政局謀得第一份工作時，他的單位連個計算機都沒有。那時的計算機實在太貴了，他只好用膠帶把六張帳簿紙拼接在一起攤在野餐桌上，列出丹佛市重建局（Denver Urban Renewal Authority）35個帳戶的數字之後，以人工方式算出列和欄的總計數字。他花了三天時間才算完。數年後有了德州儀器（Texas Instruments）這家公司，它一推出250美元的計算機，法蘭西斯就拜託老闆一定要買一台計算機。老闆答應了，而17頁長的德州儀器說明書，法蘭西斯全背下來了（有了計算機之後，他只花半天就把帳目算好，老闆為了獎勵他，立刻讓他放兩天半的假）。

　　法蘭西斯從此成了科技迷，任何有關計算方面的創新產品或技術他都熱烈歡迎。他離開丹佛到以海岸聞名的佛羅里達州擔任財務主管沒多久，市面上推出了第一批桌上型電腦。他服務的單位所購買的電腦安裝了一種叫做VisiCalc的程式，其實這個程式就是電子試算表軟體Lotus 1-2-3和Excel的前身。到此法蘭西斯發現，他再也不必使用帳簿紙和計算機。他利用這個機會把每一筆他找得到的市政財務資料輸入電腦。由於市府多年未做稽核，因此經常出現跳票情事，現在多虧他的努力，不到一年時間他就幫服務單位拿到政府財政官員部門（Government Finance Officers Administration，簡稱GFOA）所頒發的最高獎項，證明它在財務報告上有著傑出表現。「我簡直就是該市的寵兒。」他笑著說。

1983年，Lotus 1-2-3這款可以將資料轉換成圖形的程式問世了，法蘭西斯知道該程式一定可以讓他更方便將市府財務資訊視覺化，沒想到好處不只如此，他還幫市府省了很多錢。法蘭西斯把該市十年來五個海灘停車計費器的每週收益數字輸入程式當中，然後製作圖形追蹤每年的收入趨勢，結果他從折線圖中發現，五個停車場的計費器每年當中都會有一週的收入大幅下降，而且都是同一週。他絞盡腦汁想找出造成收入急遽下滑的原因。「後來有一天晚上，我在看《福爾摩斯》（*Sherlock Holmes*），」法蘭西斯回憶說，「劇裡福爾摩斯說：『華生，如果你排除了所有可能性，那麼不可能的事一定就是真的。』第二天我就去找了我認識的一位警長，跟他說：『克里夫，明年這個星期，我們去那個停車場守株待兔，來場監視行動吧。』」法蘭西斯的直覺很準。「那個星期的第一天晚上，一群搶劫計費器的壞蛋現身了。他們有一名在計費器公司上班的同夥當內應，給了他們一把萬能鑰匙，所以他們有辦法偷走計費器裡的錢，這樣夏天度假時就不愁沒錢花了。」

幾年過後，法蘭西斯到舊金山北邊的海邊天堂蘇沙利多擔任行政服務暨財務主管。「我到蘇沙利多擔任新財務主管沒多久，就爆發2008年金融危機，」他回憶道，「各城鎮紛紛推出勞資協約，放無薪假、減薪和刪減福利。」

許多城鎮的同僚都建議削減開支，所以他老闆也要求他這麼做。但他詳查過數據資料之後，發現蘇沙利多有撐過這場經濟衰退的資源，不需要緊縮開支。他建議該鎮與其採取這種激烈的手段，不如施行刺激經濟計畫。法蘭西斯想方設法，希望能說服抱持懷疑態度的上級，但卻苦於無法匯出各種不同系統的資料，好讓非專業人員一看就懂。

他在市府財政圈打滾這麼多年，依然沒有好用的工具可以讓他理出清晰的資料，好讓他能向市府官員提出報告，社會大眾那就更不用說了。他忘不了2009年自己初次接觸到OpenGov軟體時那激動的心情。「我一看到示範介紹，就愛上它了。」當時，扎卡里·布克曼（沒錯，就是前面提過的那個人）親自向政府官員講解軟體的示範介紹，法蘭西斯拿出個人信用卡打算購買服務時，布克曼告訴他：「查理，簽約就好，我們相信蘇沙利多一定會付款給我們。」蘇沙利多果然簽了約，法蘭西斯把市府的財務資料變得美輪美奐，全都是公開透明的資料和報告。

2012年，查理與OpenGov合作，彙整蘇沙利多所有的公開資料，轉成可按圖索驥的視覺畫面。他後來又將包含了23年預算數據的市府資料編列成八份報告，以利其他官員和社會大眾瀏覽最早從2002年開始的走向，並向前展望到2026年的趨勢。「讓大眾知道我們正在做正確的事，」他回憶說，「有助於取得他們的信任。」舉個例子來說，他注意到消防局的開支預算增加，會造成未來數年財政困難，他就可以說服代表消防人員的工會協商新的聘僱合約，也可以向社會大眾說明為何需要新方案。他也可以為了支援城市基礎建設改良計畫，設法取得更多資金。雖然大眾多半支持以少量增稅來支應這類建設的資金，但仍有少數人持反對立場。「我用 OpenGov 清楚呈現出所收稅款的運用方式，我們不會把稅金用來支付退休金或業務費用，所有稅金都會全數用來投入基礎建設項目。」他表示。最後，增稅的公投就以 63% 的贊成票通過。「Open-Gov 完全激發了我對地方政府和財政的熱情，」法蘭西斯說，「我 65 歲那一年本來有點倦怠，結果這個軟體的出現徹底改變了我。」

2015 年，法蘭西斯應扎卡里・布克曼之邀，提出辭呈後搬到往南一小時車程外的紅木城，加入 OpenGov 的陣容，擔任主管暨領域專家。他目前主要就是負責激發市府主管和地方官員對 OpenGov 的熱情，就像他當年一樣。他主持工作坊，跑遍美國各地，協助那些像他一樣的財務主管了解資料的作用。「這是一場革命，」他表示，「我想向那些跟我一樣在二戰後出生、快要退休的老『嬰兒潮』世代大肆宣傳。地方政府的工作沒有什麼獎勵，懲戒倒是少不了。為了讓這種革命性工具廣為接受，我們必須說服很多人成為專業使用者。我在德州一個叫做伯尼特的小鎮遇到一位女士，她年紀跟我一樣大，OpenGov也讓她感到振奮，就像我一樣。」法蘭西斯身為產品專員，用他40年周旋於地方政府的經驗，探究機關的辦事流程，與理科人合作打造可以讓數以萬計的政府員工更順心的產品，並改善北美洲各地機關的透明度。

簡而言之，無論是年輕人或是職場上的資深前輩，有的是機會可以用新科技工具來促進社會利益，這是毋庸置疑的。不過，也確實有很多人憂心，科技的新發展會衝擊到人類的生活，比方說有些技術可能會帶來重大傷害，甚至於有些技術雖然是以提升人類生活品質為出發點，卻造成許多無法預見的不良後果。唯有積極推動創意合作模式，譬如史丹佛大學H4D課程和UNICEF創新中心的開創性措施，才能確保科技的力量用在對的地方，達到保障人類的安全、解決社會問題及減輕全球重大問題的目標。任何人只要有意願和創意自信，就能充分利用既有的神奇科技工具，一展長才，讓這個世界變得更美好。不過政府、各組織和各個城市的領導人，要思考的不只是如何培養更多理科人，還必須仔細琢磨該怎麼讓理科人和文科人攜手合作，共同解決那些由來已久的重大問題。

Chapter **08**
未來職場

矽谷是眾所周知的創新樞紐，但有些新技術工具卻越過了千山萬水，應用於遙遠的澳洲內陸之中。

伯斯位於澳洲西南岸，是全世界幾個最孤立的都市之一，周圍是占地數 10 萬平方英里、極乾燥的澳洲內陸沙漠，天空總是飄滿白色雲朵，綿延到四面八方、龜裂成塊狀的紅土地平線上。印度太平洋號是連接伯斯和澳洲東岸城市雪梨的鐵道列車，名副其實地串連了兩大洋。從西部的伯斯往西延伸 5000 英里那片人煙罕至的水域，最後會連到非洲東南邊的海岸線。

一提到加州聖地牙哥，腦海中就會浮現微風輕拂的寧靜感和優美的天際線，而遠在千里之外的伯斯就像加州海岸邊的城市，其周遭地區皆因貴金屬致富，逐漸發展成欣欣向榮的大都會，包括 BIS Industries 和力拓（Rio Tinto）在內的採礦公司，都在伯斯壯大事業版圖。

100 年來，數千名年輕男女為了那個將大把鈔票賺進口袋的美夢，從澳洲各地來到這裡加入開採鐵礦和金礦的行列，他們每年的平均收入超過 16 萬美元。不過近十年來，礦業公司已經採行機器自動化，提升礦場經營的安全和效率，採礦業已逐漸成為最自動化的產業之一。澳洲各地的大型露天礦場引進瑞典製的富豪牌（Volvo）自動駕駛卡車投入採礦工作。另一家瑞典汽車公司 Scania，則率先開發出使用 GPS 和 LIDAR（light detection and arranging）

光學雷達感測器的卡車，利用高光學效率來操作，減少燃油的消耗量。這種卡車據說可以節省15%到20%的耗能。力拓集團（Rio Tinto）這家採礦公司就指出，它自家的自動化流程幫公司提高了12%的效率，不只在汽油成本上節省了數百萬美元，也大大減少了橡膠使用量。

這些礦業公司在使用自動卡車之前，是靠人力駕駛CAT 797這類的車輛。CAT 797是一種鮮黃色、有4000馬力的卡車，可承載400噸或80萬磅重的東西。每一輛CAT 797卡車要價約550萬美元，光是一條輪胎就要價4萬美元以上。輪胎就要花上有如天價一般的費用，可想而知這種輪胎一定非常巨大又極為強韌。每輛卡車需要六條普利斯通59/80R63 XDR規格的輪胎，立起來的高度約13呎，重量將近1萬2000磅。一條輪胎的輪框由重達2000磅、足以製造兩部小型汽車的鋼鐵製成，輪胎上裹著那一層橡膠，可以拿來生產600條標準型汽車輪胎。

那麼力拓是怎麼省下輪胎橡膠成本的呢？司機駕駛卡車行駛在環形斜坡上時，速度有時快有時慢，常常不必要地踩煞車，造成輪胎替換率變高。事實上，力拓和其他公司轉朝自動駕駛卡車的方向發展的原因之一，就是為了延長那些昂貴輪胎的壽命。

遙遠的澳洲東北角有一個人口稀少又乾燥的不毛之地叫做為皮爾巴拉，力拓從2008年起就在此率先使用自動採礦車隊及鑽挖系統。其操作的無人駕駛卡車超過60輛，這些卡車從2012年算起已經跑了3900萬公里，把開採出來的鐵礦載運到AutoHaul系統上，這是全世界第一個全無人駕駛的重運量長途運輸火車系統。力拓把這些稱之為「未來之礦」（Mine of the Future）。它有400人的操作小組，從遠在數百哩之外的伯斯負責經營，總共管理15座礦山、11個鐵礦礦場、四個港口碼頭和一條長1600公里的鐵路。這一切都仰仗資料視覺化軟體來解讀無人駕駛車輛上和裝設於礦山的感測器所收到的龐大輸入資料，再呈現出清晰易讀的畫面，讓礦坑控制人員、地質學家、鑽爆小組和其他監督人員進行分析，才有辦法從遠端操作。自動化技術使機器可以在危險的礦場自動執行工作，這樣一來人就不必親自在現場工作。

機器人會取代人類的工作嗎？

原本就有人對馬丁·福特（Martin Ford）在《被科技威脅的未來：人類沒有工作的那一天》（*Rise of the Robots: Technology and the Threat of a Jobless Future*）中提到大量失業潮的預測感到憂心，如今愈來愈多產業成功邁向自動化，更是加深了他們的疑慮。學術研究也曾提出這類警告。在一項經常被引用、由牛津大學經濟學家卡爾·佛瑞（Carl Frey）和麥可·奧斯本（Michael Osborne）所主持的「就業的未來：工作有多容易受到電腦化影響？」
（The Future of Employment: How Susceptible Are Jobs to
Computerization?）研究中，兩位作者指出，美國47%的工
作在未來10到20年間很容易被機器自動化取代。此外，
眾多職業消失後會如何替換成新型態工作讓人類來做，現
在還不明朗。

機器人取代人類工作的現象稱為「科技性失業」
（technological unemployment）。過去有好幾次出現了會
有大量勞工失業、且這些職業都沒有可替代之新工作的主
張，包括工業革命開端跟20世紀初期的經濟大蕭條。經
濟學家約翰‧梅納德‧凱因斯（John Maynard Keynes）強
調，大蕭條期間因科技進步而引發的失業潮，造成了「新
職業出現的速度遠不及裁減勞工的速度」現象。

不過這樣的論點已經遭到駁斥，因為從歷史事實可
以知道，前一波科技創新雖然造成大量失業，但最終還是
出現了數以千計、有別於過去的新型態工作，彌補了那些
流失的工作。工業革命時期，絕大多數的農務工作都消失
了，取而代之的是工廠裡的工作；也就是說，1900年在農
場上工作的美國勞工還有50%左右，如今只剩下2%。接著
是20世紀中期到後期這段時間，美國和其他已開發國家有
許多製造業的新型態工作，不是因為紛紛將機器人技術導
入工廠車間而自動化，就是外包給海外開發程度較低的國

家做。但相對地，服務產業出現了許多新的職業。

　　馬丁・福特承認這一點，不過他認為，目前的這波科技創新所引發的工作替代現象，會比過去更為劇烈。換句話說，這一次跟以往大不相同。由於現在的機器不但可以把很多勞務型工作做得跟人類一樣好，甚至能夠勝任一些認知型工作，而且機器也愈來愈擅長模仿人類的智能，這樣一來就沒有機會產生新型態的職業。這就是他認為很多高階白領工作和勞務型工作日後一定會被機器搶走的原因。

　　本章接下來要探討一個違背一般人直覺的事實，那就是隨著科技不斷的演進，無論是現在或是將來，若想保住飯碗，最好的辦法就是開發我們的人文素養，尤其是人文學科所培養的軟技能。

軟技能的需求很高

　　本書第二章提到哈佛經濟學家大衛・戴明針對軟性社交技巧為何往往能培育出績效較高的工商團隊所做的研究。戴明率先研究軟技能在勞動市場的價值，他發現「成長最快速的認知型職業，比方說經理、教師、護理師、治療師、醫師、律師，甚至是經濟學家，全都需要重要的人際互動能力。」意思是說，做這些工作時必須將人文技巧發揮得淋漓盡致，而所謂的人文技巧就是指能夠洞察人性並以此做為人際互動的基石。戴明於2015年在美國國家經濟研究所（National Bureau of Economic Research，簡稱NBER）所做的工作報告「社交技巧在勞動市場的重要性亦趨重要」（The Growing Importance of Social Skills in the Labor Market）中指出，亟需社交技巧的工作在勞動市場的占有率自1980年起成長了約10%。諷刺的是，他也發現同一時期的STEM領域就業市場相對來說下降了3%。事實上，戴明曾主張「高技能工作的成長率之所以趨緩，是受到科學、技術、工程和數學（即STEM）類職業的影響」，他也認為在這些職業當中，「工程師」、「程式設計及技術支援人員」和「工程與科學技術員」是萎縮最快的職業。雖然STEM領域中的其他職業，像是電腦科學、數學和統計方面的工作逐步成長，但成長速度遠低於其他需要高超社交技巧的工作，此外，2015年《華爾街日報》針對900名主管所做的民調顯示，其中92%的主管指出軟技能「就跟技術能力一樣重要或甚至更重要」，又有89%的主管則說「很難或有點難」覓得具備這些必要軟技能的求職者。

軟技能人才行情看俏，STEM類職業卻逐漸流失，這種趨勢極有可能在未來數年加速發展，因為愈來愈容易操作的技術工具會更加平民化，開發中國家也培養了許多更

2000 至 2012 年認知型職業相對就業狀況變化表
（100 × 就業人數分布變化）

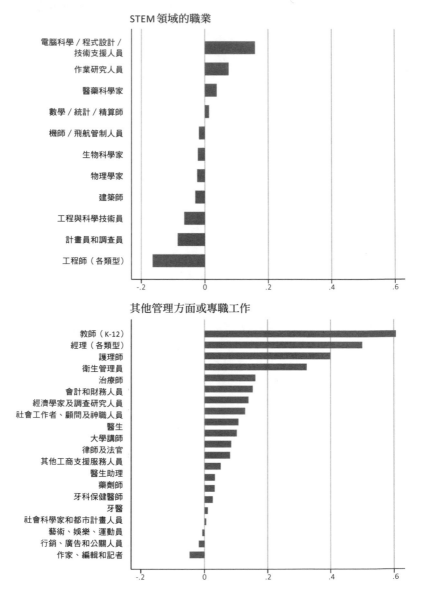

STEM 領域的職業

其他管理方面或專職工作

資料來源：2000 年人口普查及 2011 至 2013 年美國社區問卷調查（ACS）

專精的技術人員所致。就像過去這數十年來，全球化造成大量製造業工作外包，接著許多知識工作者的工作也被外包，現在美國勞工手中的技術類工作，未來勢必也會有不少轉移到國外。以第一章提過的 Andela 這家紐約公司為例，它在奈及利亞拉哥斯和肯亞奈洛比進行「技術領導計畫」（Technical Leadership Program），訓練了一批又一批的理科人。想加入該計畫的人非常多，以致於錄取率不到1%，CNN 報導就指出，這個計畫可以說「比哈佛還難進」。2016年，Andela 收到4萬人申請區區280個名額，當時已培育200位奈及利亞和肯亞的程式設計師。該計畫傳授高階程式設計技巧，並推出技術團隊僱用服務。沒錯，微軟和IBM這些科技業龍頭都曾用過這項服務。雖然 Andela 目前只略掀皮毛，尚未深入挖掘到龐大的海外技術人力，不過它已經成功吸引了馬克·祖克柏和 Google Ventures 為該公司投資2400萬美元的資金。

正如教育新聞記者瓦萊利·史特勞斯（Valerie Strauss）在《華盛頓郵報》的一篇報導中所指出的：「對人文學科的蔑視幾乎成了一場比賽。」前文也曾提過，看不起人文學科的馬克·安德森和維諾德·柯斯拉，都是這場比賽的選手。史特勞斯也表示，政治人物尤其愛批評，他們當然會嚷嚷選民愛聽的話。肯塔基州州長馬修·貝文（Matthew Bevin）甚至建議刪減該州法國文學主修生的州立大學獎助金。一度是總統熱門人選的前佛羅里達州州長傑布・布希（Jeb Bush）更直言，大學應該警告學生「那些念心理、念哲學的是很棒，有人文學科是很重要啦……但最好心裡有個底，你以後只能去福來雞（Chick-fil-A）賣炸雞。」佛羅里達州參議員馬可・盧比歐（Marco Rubio）誤以為焊接工賺的錢比哲學主修生多，「因為就業市場沒有空間給希臘哲學家。」

　　但是在這片批評聲浪中卻可以看到，人文學科及其培養的獨特能力，不但機器仿效不來，而且還逐漸在當今就業市場站穩腳步，未來也會繼續屹立不搖，這真是最大的諷刺。跟大衛・戴明一起研究合作的哈佛勞動經濟學家勞倫斯・卡茲（Lawrence Katz）一針見血地指出：「我其實覺得真正扎實的人文教育，在未來會彰顯出更多價值。」他認為一個人成功與否取決於他「在處理無法編寫成演算法的工作時所發揮的能力，也就是他如何處理無模式可循的問題和全新的狀況」。

軟技能被取代的可能性被過分誇大

　　也許有人會反駁說，戴明的研究用的是1980到2012年之間的資料，最新的機器學習技術才正要開始蓬勃發展。近年來機器頻頻繳出令人嘆為觀止的功績，譬如Google的人工智慧公司DeepMind創造的程式擊敗了世界圍棋冠軍，而科技現在就發展到這種境界，未來更是不遑多讓，這難道不足以印證馬丁・福特所主張的，很多亟需人文軟技能的工作其實很快就會被機器取代嗎？

2016年夏天，《麥肯錫季刊》（*McKinsey Quarterly*）刊出800項職業的分析結果，深入探討此議題。研究人員評估在這些職業所囊括的2000多種任務中，哪些容易受到機器自動化的衝擊。結果發現，「自動化在未來十年會消滅的工作少之又少，但幾乎每種職業或多或少都會受到一些影響，端視這些工作執行何種任務而定。」麥肯錫提出了重大的論據，縱使機器會取代職業中的許多任務，但很多職業並不會被完全取代，或至少在可預見的未來不會全都被機器拿走，但該主張並沒有在科技性失業的論戰中引起應有的關注。事實上，機器只會接管任務中最制式、最煩人的環節，進而提升工作的品質。當然就某些類別的職業來說，短期內被自動化的可行性會高於過去數十年來的變化率。麥肯錫估計，只有5%的工作會全面自動化，跟牛津大學指出美國47%的工作處於「機器自動化高風險」的研究結果相去甚遠。它發現，美國60%的工作當中會有三成左右的活動或任務會改變，但所謂的改變是指環境變動，而適應力就成了勞工的強項。

想要深入了解機器在可預見的未來會取代人類的哪

些工作，人類又能保住哪種類型的職業，以及人文學科培養的軟技能依然能賦予人類競爭優勢的原因，就一定要從MIT經濟學家戴倫‧艾塞默魯（Daron Acemoglu）和大衛‧奧圖（David Autor）的研究分析看起。這兩位學者針對新技術衝擊勞動市場造成哪些職業落入被機器取代的風險，做了一番徹底的研究。他們參照簡單的架構來做評估，每一項工作皆可歸類為認知型或勞務型，以及重複性或非重複性工作。他們認為只要是重複性任務，無論該任務屬於認知型或勞務型，都很適合自動化，而非重複性工作相對來說則沒有自動化風險，至少會有一段緩衝時間。

艾塞默魯和奧圖把重複性工作定義為很容易理解、有一連串特定的指令，可以寫成電腦程式由機器來執行。他們指出，「要讓電腦自動執行的任務，必須定義地非常清楚明確（換言之就是可寫成指令碼），以便缺乏彈性和判斷力的機器可以按照程式設計人員設定的步驟成功執行任務。因此，電腦和電腦所控制的設備在執行可讓程式設計人員寫成指令碼的任務時，會很有效率又極為可靠，但在非指令碼以外的任務環節上就無用武之地了。」非重複性任務則是指無法拆解成一連串指令的工作，這種任務需要的不只是高階技巧，由於任務環節可能是勞務性質，也有可能是極為抽象的工作，因此也需要創意和獨創思考以及貨真價實的問題解決能力、洞察力、說服力和創造力。

重複性任務是許多職業的基石，尤其是中等技能工作，這包括了很多勞務型和認知型任務在內。麥肯錫估計，78%以上的重複性實體工作，比方說在生產線上做焊接、包裝物品或準備食品等任務，已經可以用機器來完成，另外在特定類別的工作當中，90%此類任務最終都會自動化。有一家叫做Momentum Machines的公司發明了全自動漢堡機，每分鐘可以製作六個漢堡。已經自動化的還包括了飯店的入住手續和餐飲設施，據麥肯錫的分析指出，73%的餐飲服務和住宿類工作，嚴格來說都可以自動化了。就零售領域而言，據估可以自動化的零售活動多達53%，其中包括庫存管理、物流和包裝宅配商品。

　　當然，何時能自動化或未來何時會自動化只能從技術可行性來判斷。換句話說，勞工和技術都不能完全取代對方。自動化的時機點取決於投資技術所花的成本，也會受到替代技術之勞動成本的左右。另外，取代也跟周遭環境的條件和準則有很大的關聯。舉例來說，中國勞工相對便宜，因此工廠的機器與工人的比例是每1萬名製造業勞工配36個機器人，德國、日本和韓國工廠的機器人比例相對較高，分別為292、314和478，這是因為勞動成本高出很多的緣故。不過，把自動化技術導入職場的成本勢必愈來愈低，最終一定會跨入以機器取代勞工的經濟模式，這是不可避免的。

艾塞默魯和奧圖強調，反過來說，不管是勞務型還是認知型工作，非重複性工作都依然是人類的天下。雖然大部分的認知型工作需要教育程度較高的人，而許多勞務型工作需要的教育程度則較低，不過艾塞默魯和和奧圖確認為，所有非重複性工作有一個共通點，那就是這些工作機器都做不來。

看狀況做事很重要

　　雖然戴倫・艾塞默魯和大衛・奧圖用來識別哪些職業極有可能被機器取代的架構是很強大，但是他們卻沒有探討到人在執行工作時其實會遇到各式各樣的情況。一份職業所涵蓋的不只是所需執行的種種任務而已，工作環境也包括在內。

　　談到這一點，就要回頭看看第二章提到的安德烈亞・塞納奇斯，他在海外的藍嶺號指揮鑑上監控大量跟南海海面上各種船隻移動有關的資料。他經手的狀況非常複雜，必須運用自己的判斷力，決定向指揮官提出何種建議，除了要弄清楚資料所代表的含義之外，還必須納入很多其他因素，比方說那些對南海有領土主張的各國之間有著錯綜複雜又變幻莫測的關係，而且隨時都會產生新局勢，更別提各國又有自己的戰略利益了。他也得把人類行為的缺點考慮進去，因為那往往會導致我們做出實際上會違反自身戰略利益的行動。除此之外，他也必須留意各方與各種意外被錯誤解讀的可能性。中國海警艦隊或許並非故意闖入越南漁船的路徑之內，漁船可能只是錯估船艦的航行速度，以致於沒能即時離開。這就是為什麼這麼多訓練有素、專業背景雄厚的人在操作C4I監視器時，彼此不斷交談討論，才能即時做出評估。

研究人員大衛・史諾頓（David J. Snowden）和管理顧問瑪麗・布恩（Mary E. Boone）設計了一種成效卓著的方法，有助於考量每一種狀況的本質，以及如何判斷需要哪些技巧才能做好工作。他們提出了所謂的「庫尼文架構」（Cynefin Framework，詳見第295頁），雖說是專門針對高階商業主管的工作所設計，但也適用於一般工作。史諾頓和布恩主張，領導者在處理各種變化多端的狀況時，往往都會採行一體適用的管理途徑，但領導者其實應該根據多種因素來調整做法才對。史諾頓和布恩將這些因素做了清楚的描述，把哪些是機器可以自行處理的工作，以及哪些是在可預見的未來仍由人類掌控的工作劃分開來。

庫尼文是威爾斯語，是威爾斯人史諾頓選用的字彙。某些字彙可以清楚表達以其他語言來描述的話得說上一大串的概念，庫尼文就是其中之一。史諾頓把庫尼文這個字彙翻譯成「環境和經驗中有諸多因素以人無從理解的方式產生影響」。這個架構將各種管理方面的狀況細分成五大類：簡易、繁雜、錯綜複雜、混亂和失序。領導者必須先評估所處的狀況，然後根據這五類狀況加以歸類，以便判斷處理此狀況的最佳策略為何。每一個類別需要的途徑各有不同，比方說在簡易和繁雜的狀況中，很容易辨識出因果關係，因此領導者只要評估事實就可以決定該採取何種行動。但是在錯綜複雜和混亂的情境下，沒有明顯的因果關係可遵循，就必須從資料和行為雙管齊下，找出其中浮現的模式，才能判斷該採取何種行動方針。

第五類狀況是失序，在這種情境之下，就算是很簡單的狀況也難以控管，這多半是因為組織內部有各種相互衝突的因素，或是各方對最佳的行動方向看法分歧，導致無明確做法可以判定該優先採用哪種策略。也或許是有太多需要立刻解決的問題，卻沒有人注意到這些環節。

把庫尼文架構跟戴倫・艾塞默魯和大衛・奧圖對重複性與非重複性工作的區分方式加以彙整之後，就能得出更加精準的評估，了解為何這麼多種類的工作還是非常需要文科畢業生。簡易狀況中所執行的重複性勞務工作和重複性認知型工作，都可以拆解成一連串的最佳實務做法，所以會逐漸自動化。以物流工作為例，包裝及宅配商品或是組合棧板上的商品這類任務，可能已經被機器取代。德國的快遞公司DHL，20%的物流設施都已經自動化，目前正

庫尼文架構

簡易	因果關係清楚明顯，最佳管理途徑就是評估環境、加以歸類，並採取「最佳實務做法」，也就是照著教戰範例來做就對了。這種狀況屬於已知的已知範疇（known knowns）。
繁雜	可以辨識其中的因果關係，但需要專業分析或調查研究。最理想的管理途徑就是了解問題所在並進行分析，再採取行動。領導者的任務是盡可能向各種專家請益，探詢各方意見，然後再採取決定性行動。這種狀況不像簡易情況那樣有彙整好的最佳實務做法可用，不過可以從事實來判斷環境形勢。此狀況屬於「已知的未知」範疇（known unknowns）。
錯綜複雜	只有在事後回顧時才能看出其中的因果關係。複雜狀況不同於前兩種情境有正確解答可尋，複雜的背景沒有絕對正確的答案，因此領導者別急著在這種狀況下設法理出秩序，而是應該先讓其中的模式浮現出來，再利用此模式找到前進的最佳方法。此狀況屬於「未知的未知」範疇（unknown unknowns）。
混亂	由於各種變數瞬息萬變，因此無法判斷因果關係。既然無從判斷是何種原因造成此類狀況，那麼當務之急就是先設法止血，採取行動建立基本秩序，然後找出還是很混亂的地方，努力將狀況從混亂轉變成錯綜複雜，這樣一來就有工具可以找出資料中的模式。
失序	最好的管理途徑就是把狀況拆解成一個個獨立的環節，再將各環節歸類到其他四類背景，然後依各背景的管理途徑予以各個擊破。

與製造「巴克斯」（Baxter）機器人的廠商Rethink Robotics合作試行。如前所述，餐飲住宿業的機器人，在受到高度管控的電梯及飯店大廳等環境中，可以包辦客人入住手續及提供客房服務的工作。不過像健康醫療之類的其他產業，照護人員有三分之二的時間花在以人工方式蒐集健康醫療資訊，這些環節將來有可能逐漸透過被動感測器技術來完成。以上種種工作都包含許多可以彙整成規則的勞務型任務，而且是在相當簡易又可預測的環境中執行。

很多認知型任務也屬於重複性工作，在可預測的簡易環境中執行，這些認知型任務包含了不少以最佳實務做法執行的工作，也就是說員工必須用既定方式來反應。回覆客服問題就是一個例子，很多公司會提供員工預先寫好的腳本。這種認知型工作很容易被自動化，從客服「機器人」有愈來愈多的趨勢就可以證明。這種機器人其實就是電腦程式，可以透過自然語言處理辨識文句，或模仿人類說話的聲音，自動聽取顧客的問題（但恐怕也是挫折居多，因為科技還需要一段時間，才能跟人類一樣精熟）。另外，容易受到自動化衝擊的不只是低端認知型工作而已。根據麥肯錫的資料顯示，雖然在零售業來說，47%的銷售員活動可能會自動化，但是高達86%以上的稽核、記帳和會計工作日後都可以透過技術來完成。換句話說，擁有高階技巧的勞工被自動化取代的風險更高。以財富管理方面的職業來看，顧問會斟酌客戶對財務配置的偏好和風險承受度，以最佳實務原則來操作，但他們也很容易受到自動化的影響。已經有所謂的機器人顧問可以協助配置出最佳投資組合，這種現象刺激財務規劃員必須把自己的角色往軟性的關係管理及人際互動技巧的方向精進。

另一種極有可能逐漸自動化的認知型、同時也屬於勞務型的工作就是全車組裝。雖然組裝一整輛法拉利，而不只是執行某一項特定組裝作業，是難度很高又需要精湛手藝的認知型任務，但整個流程依循著嚴格的規則，而且是在簡單清楚、受到高度控管的環境中進行，比方說工廠的組裝空間。有鑑於此，目前已經有不少汽車組裝任務被自動化取代，未來就算沒辦法百分之百自動化，也不可避免會接管大部分的組裝工作。室內水耕栽培法或其他各種在結構化環境中的工作，都比畜牧業這類變化性較高的工作更容易被自動化取代。然而要留意的是，即使在這些高度結構化的環境中，機器人學的發展依然還處於初期階段。以亞馬遜為例，它有全世界最先進的倉儲系統之一，還動用了3萬台橘色 Kiva 小機器人到處搬運商品，但功能仍有限。據機器人學科學家安德烈亞斯‧柯勒（Andreas Koller）表示：「打造自動駕駛汽車比製作倉儲用機器人容易……倉庫變化多，結構化程度又不如高速公路。」換句話說，即便是這些受到高度控管的環境，對自動化來說依然是很大的挑戰。

　　若是以必須在錯綜複雜狀況下執行的工作來說，用機器取代人類會碰到的侷限更多。機器學習似乎讓我們以為，在複雜的背景之下所執行的重複性或非重複性工作，亦或是認知型或勞務型工作，都有可能被自動化取代。以自動駕駛汽車為例，這種汽車所執行的認知型和勞務型任務，在許多方面來說都屬於非重複性工作。可是那些自動駕駛汽車大多能應付自如的各種環境，實際上可能會比初次行駛時更為複雜。譬如高速公路跟市區相比，雖然行駛起來可預測性較高，但畢竟高速公路不像工廠那樣是個受控制的環境。自動化之所以能在礦場發揮功能，是因為礦場繁雜的環境雖然對人類來說很危險，但不至於到錯綜複雜。在自動駕駛汽車可以安全行駛在一般路面之前，還有一些問題必須徹底解決，這意味著，雖然Google的自動駕駛汽車可以在山景城跑上跑下，Uber的自動駕駛汽車可以在匹茲堡斯特萊普區暢行，但還是需要進行更多研發，自動駕駛汽車的部署也要分階段進行，確立安全門檻。有別於Google和特斯拉汽車採取極端的「連續自動化」，MIT電腦科學暨人工智慧實驗室（Computer Science and Artificial Intelligence Lab）主任丹妮艾拉‧魯斯（Daniela Rus）則提出「平行自動化」（parallel automation），又稱為「守護天使機制」（guardian angel system），監測駕駛人舉動，並藉助車上的感測器防範車禍並適時介入。有鑑於高速及高複雜環境下難以進行全自動駕駛，豐田汽車（Toyota）不使用自動駕駛技術，而是與MIT合作，率先開發這款駕駛人輔助「智慧」系統，看來大有可為。

正是因為在錯綜複雜、混亂甚至是失序的情況下，難以做到百分之百自動化，因此人類被全面取代的機會微乎其微。這些種類的狀況需要進行隨機應變、非常規且極為敏捷的解讀，後續也必須隨時看狀況進行分析和採取行動。雖然在這類狀況中，一定有重複性的勞務型和認知型任務會轉給機器來做，但這些環境也需要實地邊做邊學，得先實際動手做，才能學會那些無法預先寫成程式或教不來的事情。駕駛飛機就是一個很好的例子，這個工作有不少環節早就自動化了，但我們還是不能沒有機師。技術所構築的「鷹架」幾乎可以處理所有飛航上的最佳甚至是優良實務做法，但飛機仍需要人的投入，才能在各種錯綜複雜的狀況中補強這些實務做法。事實上，儘管現在已經有了高度自動化的航空學和玻璃駕駛艙航電系統，波音公司（Boeing）依然認為航空產業還是有用人的需求，因此每年聘用3萬850名機師，以因應未來20年所需，原因就在於，駕駛飛機這門學問可以從繁雜迅速變成錯綜複雜，有時甚至陷入混亂狀態，在這種狀況下，即便機師憑著判斷力和經驗也未必能做出恰當反應。

「薩利」機長（Chesley B. Sullenberger III）所駕駛的空中巴士 A320 從拉瓜迪亞機場起飛後不久，雙發動機就因為鳥擊而熄火，當時飛機位於布朗克斯上空 3000 英尺的高度，薩利憑藉豐富的飛行經驗，英勇地將飛機迫降在紐約哈德遜河上。薩利以前就是優秀卓越的飛行員，有好幾年駕駛重型超音速 F-4 幽靈式戰鬥機的經驗，他知道該怎麼在沒有動力的狀況下放慢下降速度。他在數秒之內判斷情勢，然後採取果斷的行動。不過諷刺的是，這場難度原本就很高的迫降奇蹟，卻因為飛機的自動飛航控制系統而變得更加棘手。薩利機長後來解釋說，該系統有一個功能，就是飛機處於低速飛行時，「不管機師多用力把操縱桿往後拉，飛行控制電腦都不會允許機師讓機翼失速，導致升力不足，這原本是為了防止災難所設計的。」但如果他想成功降落在哈德遜河上，就必須這麼做。他試圖將機鼻往下，降低在河面上的空速時，電腦不斷地否決，差點讓他無法做到。可想而知，要是飛機在大西洋上空遇到亂流，飛機上的乘客一定會祈禱坐在飛機最前頭的機長經驗老到，又能善用廣泛且全方位的專業知識，遠超出系統設計師的想像。

深度學習肯定不一樣？

機器學習又稱為深度學習，功能愈來愈強大，甚至已經出現了AI即將產生重大突破的預言。這表示機器會發展為擁有「通用人工智慧」（artificial general intelligence，簡稱AGI），也就是各方面的表現會很像真正的人類。對文科人在創新之路上的角色來說，這又象徵什麼意義呢？

機器究竟能不能取得AGI能力引發了唇槍舌戰，不過若真有這種可能，那也是很久以後的未來才會實現。想知道AGI機器離我們有多遙遠，不妨看看近來AI領域即便創下令人大開眼界的事蹟，但仍然有其侷限就可以知道。DeepMind是倫敦大學學院計算神經科學組（Computational Neuroscience Unit）所創立的公司，2014年被Google以5億美元收購，它開發了一個叫做AlphaGo的程式。Deep-Mind藉由整合機器學習、決策樹（decision trees）模式和演算法這幾樣所謂「人工智慧」的組成工具，讓具備人工智慧的AlphaGo下中國古老的遊戲圍棋，目標是以機器的身分打敗圍棋界的人類冠軍。

電腦已經稱霸多種棋賽，包括井字棋、西洋跳棋、大富翁、妙探尋兇和西洋棋，但AlphaGo的勝利所彰顯的意義，卻大大有別於其他種棋賽的功績，因為AlphaGo並非完全靠運算能力打遍天下無敵手。為了讓電腦在其他種類的棋賽中取勝，電腦的程式裡除了寫入遊戲規則之外，也具備了足夠的運算能力和處理速度，如此電腦才能計算所有可能的下一步棋，並評估人類對手的最佳下一步走法。機器之所以能在其他種類的棋賽中完勝人類，純粹是仰賴運算能力和記憶體，並不是因為擁有可比擬人類智慧的任何特質。在這些預先設計於程式當中的棋步裡，每一步走法都是「已知的已知」，因此電腦最大的功勞其實是把每場比賽拆解成簡易狀況，而不是從中吸取智慧。

然而馳騁圍棋界的DeepMind使用的卻是不同手法，這也是它吸引全世界目光的原因。南非企業家伊隆・馬斯克，也就是特斯拉汽車和SpaceX的創辦人，稱DeepMind的勝利使AI發展超前十年。還有人表示這為AGI帶來曙光。想了解這台電腦的勝利為何具有重大意義，必須先懂一點圍棋的規則。圍棋棋盤上各有19條橫線和直線，棋手把白色和黑色棋子下在這些直線和橫線的交叉點上。白子和黑子下在棋盤上後就不能再移動，假如棋子被對手的棋子包圍，那個這顆棋子就會被「吃掉」。大家之所以認為DeepMind打敗人類意義深遠，是因為對機器來說，圍棋可能的棋步和組合實在太多了，就算是特別強大的機器，也沒辦法看穿一切，評估所有可能的下一步走法。

AlphaGo的工程師把機器學習演算法寫入程式當中，用這個方法來教程式下圍棋，而不是把一拖拉庫的棋步預先建在程式裡。他們運用數千場過去比賽的資料來訓練Al-phaGo，然後再讓程式扮演人類對手、從中學習對奕模式。工程師甚至打造了跟AlphaGo很類似的深度學習機器，好讓AlphaGo能夠運用自己的智慧與其他機器對奕。這些做法都是為了讓AlphaGo盡可能接觸到所有可能的狀況。

由於可能的走法和組合多到無法全都預先設計在程式內，因此AlphaGo必須在不明確的狀況下做出合理的推斷，就像我們人類平常一樣。為了加快這個過程，程式設計師限縮了「搜尋深度」，不讓機器對可能的方案過於深入分析，以利電腦根據現有資訊決定最相關的走法，而不是設法找出最好的可能走法。換句話說，雖然聰明的程式設計師沒辦法減少棋賽的複雜性或他們所說的「維度」（dimensionality），以便彙整出「最佳實務做法」，但是他們可以賦予機器辨識模式的能力，然後再運用「優良實務做法」即可。

這當中的微妙差別值得仔細推敲。我們人類會盡可能把一連串可能性深思熟慮，然後再採取行動。我們會盡己所能進行評估和分析，但分析過後仍不確定該怎麼做的時候，我們就會憑直覺或信念行事，有時候甚至用瞎猜的。匈牙利裔英國哲學家麥可‧博藍尼（Michael Polanyi）認為，就是仰賴這種「內隱知識」（tacit knowledge）的能力，所以人類才會「知道的比能說出來的還多」。AlphaGo

的搜尋深度使機器的走法看起來像經過決策過程的結果，這一點跟人類直覺式思考的運作模式十分類似。其他走法似乎是原始思考的結果，而不是針對以前的走法做機械式評估。不過，AlphaGo究竟是真的暗中意識到自己的決定，或只是比人類更快算出機率而已？

另外，AlphaGo似乎也發展出獨特的棋風，就像人類圍棋棋手一樣。技巧高超的人類棋手在累積經驗之後，會特別偏好某些戰術。欣賞過南韓棋王李世乭（Lee Sedol）在首爾與AlphaGo對奕的觀眾指稱，這台機器有一連串令人驚豔的招數，十分優美流暢。但實際上，這些亮眼的走法只是依計算棋盤上的機率來行事的結果，那是人類棋手的計算能力無法企及的地方。AlphaGo的勝利有一個很諷刺的地方，那就是工程師替機器限縮了選擇性，好讓它的行動變得更像人類，而因此擊敗了人類；但話說回來，這台機器畢竟配備了驚人的即時運算能力。

AlphaGo的成就無疑為發展更聰明的人工智慧之路豎立了里程碑。然而，人類的「溼體」（wetware，用來指相對於電腦軟體和硬體的人類大腦）可以自行培養能力，AlphaGo這類的程式卻要透過能力很強的人做精密的設計，這一點必須特別留意，而兩者之間的差別是非常明顯的。AlphaGo基本上仍然是一個可以再製的人工智慧，雖然有創造力的機器智慧，日後也許有機會成為新型態的智慧體也說不定。

樊麾是三屆歐洲圍棋冠軍，與AlphaGo對奕五場比賽全盤皆輸，他稱AlphaGo致勝的那一棋「不是人類會下的棋步」。但必須再次重申，機器完全仰賴人類為它建立內部邏輯，從「控制室」監控它的運作，導引它從資料中學習，在此同時，人腦又自學到很多它所知道的事情。跟我們完成下圍棋這種獨特性高的任務所發揮的能力比起來，那種技術上的進步確實十分亮眼。

再看看另一種思維，這改編自一個古老的謎題：假如AlphaGo自己獨處，周遭沒有人看著它，那麼它還是獨立的智慧體嗎？以目前的證據來看，我認為AGI真正的突破性發展尚未來到。事實上，就連AlphaGo的創造人之一大衛·西爾維（David Silver）都表示，儘管這種技術可以用來為社會帶來很多意義深遠的貢獻，但仍要「數十年之後」才有可能達到AGI的境界。

機器無法憑直覺判斷、無法創造、無法感受

人類有各式各樣的能力，但AI還學不來。舉例來說，機器就沒辦法做到真正的創意發想。俄羅斯程式設計師想出了如何利用神經網絡，把新拍的照片轉換成梵

谷（Vincent Van Gogh）或畢卡索（Pablo Picasso）風格的藝術作品，開發出Prisma這款讓人激賞又很有趣的手機app，但這種作品其實沒有原創性。想探索藝術，不如跟著當代藝術歷史系的學生悠閒地走一趟匹茲堡的安迪沃荷美術館（Andy Warhol Museum），到蘇菲亞王后藝術中心（Madrid's Reina Sofía）站在畢卡索的畫作《格爾尼卡》（Guernica）前，或是用你的手指遊走在理查・塞拉（Richard Serra）那冰冷、曲線型的鋼鐵作品上。機器也沒辦法像人類一樣擁有豐富的情感，所以完全缺乏同理的能力。Google為了讓它們的AI引擎具備更流暢的感性語言與情境，灌入了2865本言情小說內容，但此舉真能讓機器富有同理心，能了解愛或渴望嗎？機器在讀珍・奧斯汀（Jane Austen）的小說時會露出會心一笑，會懂托爾斯泰（Tolstoy）的感傷嗎？這還只是神秘的人類意識現象當中的兩樣重要特質而已，但就算是當今最有智慧的機器也不可能有這些特質。

任何看過這部電影《模仿遊戲》（The Imitation Game）──講述電腦時代開創者艾倫・圖靈（Alan Turing）如何在二次世界大戰破解德軍的恩尼格瑪密碼（Enigma code）──的人，應該能夠想起語境和人類直覺對於他在機器方面的成功起了核心作用。40多年前，加州大學柏克萊分校哲學家休伯特・德雷福斯（Hubert Dreyfus）在他1972年的著作《電腦能力不及之事》（*What Computers Can't Do*）中指出了人工智慧在概念方面的侷限。之所以會有這種侷限是因為運算與意識之間的落差太大，也就是說，機器很擅長運算，卻不擁有意識。當時有很多高科技界的人士輕忽或嘲笑德雷福斯的論點，即便到了今日，爭論依然持續。2011年，哈佛哲學教授史恩・杜朗斯・凱利（Sean Dorrance Kelly）等人指出：「最可怕的地方……並不是證明機器可以變得比人類更強，而是我們人類忍不住以為自己比機器還糟。」AI領域的權威人士基本上都一致同意，即使出現了功能更強大的機器學習演算法，自然語言處理的能力愈來愈高，也模仿不了人類的智慧，而始終都還停留在「試管階段」。

Netscape創辦人馬克・安德森是身價非凡的創投資本家，雖然本書第一章提到他對人文學科學生的告誡，說他們「最後大概只能去賣鞋」，但2014年他卻在《金融時報》的報導中指出，他不認為機器人會搶走所有工作。「人們現今所做的各種工作當中，有很多並不是機器人和AI可以取代的，」他表示，「這種狀況仍會持續數十年……即使機器人和AI發展得更強大，還是有很多人類辦得到但機器人與AI的能力卻無法企及之事，比方說創意、創新、探索、藝術、科學、娛樂，以及關心他人等等的事情。我們還沒辦法讓機器做到這些。」

史丹佛大學人工智慧實驗室主任李飛飛（Fei-Fei Li）提倡跳脫以資料為取向的深度學習，主張智慧體應該納入人文情感與社會元素。「我們（人類）不是計算巨量資料的料，」她指出，「卻很擅長抽象思考，也是創意高手。」想要問對問題，就必須有多元化思考和好奇心，而這兩樣特質都是靠人文學科養成。另外，我們也需要各學科的有志之士，才能將各領域的專業應用在最新穎的工具上。換句話說，每個尖端先進的 AI 實驗室，都應該要有人類學家、社會學家和心理學家才對。

「請各位把《伊里亞德》（Iliad）*作為枕邊書，」2016年哈佛校長德魯·福斯特向西點軍校的畢業生提出建言，「代表人文學科邁向前方，發揮人文學科所承繼的人文經驗與人性洞察等傳統精神。好好體悟人文精神賦予各位的重要特質，彰顯人文精神在你生命中的存在，向他人發揚人文精神……讓自己成為這世上最強大的人文力量，為人類創造無限可能。」

科技的前景光芒萬丈，但需與人文領域並駕齊驅，文科人和理科人攜手合作，為追求人類共同目標而努力。

---

* 　《伊里亞德》：荷馬所創作的史詩，描述特洛伊戰爭。為重要的古希臘文學作品。

結語：雙向的夥伴關係

　　本書著眼的是人文科系畢業生如何在應用新科技力求突破性創舉的過程中發揮他們的才能。理科人是文科人的重要夥伴，他們跟文科人地位平等，有能力促成人文與科技兩大領域的連結過程，也必須這麼做。理科人不但是此過程的關鍵要素，日後勢必也會繼續以振奮人心的科技創新向前邁進，而那些創新甚至是大家現在還想像不到的東西。許多令人大開眼界的新產品和服務，仍然由理科人率先開發出來。南非創業家伊隆‧馬斯克大大拓展了電動車的應用範圍及太空旅行平民化的可能性；賴瑞‧佩吉和賽吉‧布林早就讓全世界的資訊變得唾手可得，現在正朝全球都能使用網際網路之類的新挑戰發展；Rethink Robotics

創辦人羅德尼‧布魯克斯（Rodney Brooks）開闢了新領域，用機器人輔助人類建造很多東西。

有些理科人則在自然語言處理領域開疆擴土，這種技術提升了人類用聲音指揮科技工具的能力，也就是說，視覺畫面已經不夠看，現在要用說的才是王道。以亞馬遜為例，它把Amazon Echo智慧語音喇叭裡驅動Alexa的聲控技術，提供給任何想用Alexa技術套件（Alexa Skills Kit）來開發Alexa聲控技能的創新者。此軟體套件免費提供，為了鼓勵更多人採用，公司甚至設立了1億美元的投資資金，支援創業家開發新構想。PullString是一家由皮克斯動畫工作室的幕後理科人所成立的公司，以《玩具總動員》（*Toy Story*）的胡迪（Woody）這款拉繩發條玩具來命名，它就是利用Alexa聲控技術輕而易舉地打造出聊天機器人，可以回覆用戶在企業溝通平台Slack或者是Facebook Messenger中詢問的問題，並進行簡單對話。甚至連Google的深度學習，也就是AlphaGo所使用的技術，正是採用Google的TensorFlow機器學習模型庫，而得以應用在意想不到的層面上。舉個例子來說，小池先生（Makoto Koike）是日本的汽車設計師，他利用TensorFlow機器學習技術減輕父母的負擔。他把有連網能力、約35美元的Google Raspberry Pi電腦主機板和Arduino硬體及現成鏡頭組裝在一起，打造出一台機器，幫他的瓜農父親依品質來分類小黃瓜，精準度達70%。小池先拍了好幾千張小黃瓜的照片並加以分類，然後利用這些照片作為訓練資料，訓練TensorFlow從小黃瓜的一些特點學會如何判斷品質，以及如何從日後的新照片中加以辨識。一般人往往有刻板印象，認為理科人是少有人文關懷、也對此毫無興趣的「技客」（geek），這種誤解就跟科技世界對人文學科的價值多所詆毀不相上下。事實上，理科人促成不少人文與科技的跨界合作，這證明了理科人也可以做好連結兩種領域的角色。

以PayJoy創辦人兼執行長道格・瑞吉特（Doug Ricket）為例，他是前Google軟體工程師，曾與畢業於安默斯特學院、主修歷史和移民研究的文科人馬克・赫南（Mark Heynen）合作創立公司。他們兩位是在Google地圖團隊工作時認識的，當時他們製作的是非洲地圖。瑞吉特離開Google之後，為了加強技術方面的專業，決定跳脫電腦領域，為d.light這家致力於替貧困社區導入太陽能設備的社會企業工作，在西非小國甘比亞的各個村莊奔走。

雖然瑞吉特當時還是香港地區的工程主任，不過他其實已經把自己當成人類學研究者，在非洲村莊與潛在客戶周旋了好幾個月，他也知道這些客戶沒有途徑可以累積信用。在沒有信用就不能貸款的情況下，要價不斐的太陽能板對那些村民來說根本遙不可及。他又進一步觀察到，這些村民當中有不少人會跟地方上的售貨亭購買預付型手機資費方案。他心想，為何不讓這些村民用這種方式來購買太陽能板呢？瑞吉特為 d.light 設計了一套軟體方案，使這些潛在顧客有辦法慢慢買下新太陽能板，一次只要付一點錢就好。

瑞吉特回到美國之後，決定如法炮製，應用這套簡單的模式，幫助約 4500 萬沒辦法申請信貸的美國人購買當今最便利的工具「智慧型手機」。瑞吉特請赫南擔任業務長，共同合作，於 2015 年推出 PayJoy，讓消費者以遠比市場上的其他方案更優惠的低利率分期購買手機。營運一年之後，PayJoy 向創業投資人募得 1800 多萬美元，而公司最終目標就是跳脫美國市場，放眼全球，讓任何想要購買智慧型手機的人都能心想事成。

之所以特意凸顯文科人的角色，並非表示機會之窗只為他們而開，而是指文科人與理科人搭檔的話會形成一套公式，產出最有變化性又最為成功的創新之舉，而這種創新也是解決許多棘手問題的最佳良方，從符合人道精神的途徑提升人類的生活。文科人若能培養科技素養，可大幅增進與理科人合作的能力，一如道格・瑞吉特這些理科人，正是因為習得了人文的觀點與探究方法，而努力促成創新並獲得甜美的果實。我們正大步邁向更尖端的科技未來，當務之急就是從我們的教育系統著手，把處於對立形勢的文科與理科領域連結起來，最早從幼兒的學習體驗，一路到大學和研究所教育，都應該反映出社會對於這兩種領域的人才其實缺一不可。

連結兩種文化

1959年，劍橋大橋有一場知名講座，主題叫做「兩種文化」，講者是英國政治家Ｃ・Ｐ・史諾。這位物理學家兼小說家，在談到科學與人文之間的分歧不斷擴大時，憂心地說「相互不了解……敵視和厭惡」已根深柢固。隨著20世紀的長足進步及電腦革命的展開，資訊科技也加入了硬科學那一派，使隔閡愈來愈深。也該是跨越隔閡，讓兩邊相互交流的時候了。Ｃ・Ｐ・史諾也在這場講座中說：「這兩種主題，兩種學科，兩種文化，或就現狀來形容的話，甚至可以說是兩個銀河系在相互碰撞的時候，一定會產生創造性的變化。」

這正是文科與理科合而為一所產生的火花。不計其數的創業家在創新產品和服務時，充分展現他們的氣魄，我們也應該秉持這種氣魄來革新教育，促進兩種領域知己知彼、惺惺相惜，消弭兩者的隔閡，如此才能達到創新突破的境界。這不但是確保新科技的潛能得以發揮的最佳途徑，而且又能夠幫助人們做好準備，以便因應未來的工作。

未來極有可能出現許多新型態的工作和特殊職業，比方說有了自動駕駛汽車之後，幫助自動駕駛汽車更安全的新工作便因應而生，Stitch Fix平台所創造的2500個時尚造型師的新工作也是如此。經濟學家約翰・梅納德・凱因斯沒料到經濟大蕭條之後竟然會有這麼多新工作誕生，我們也一樣，不可能精準預測未來會出現哪些新工作。有些分析師預測，新型態工作會很龐大。事實上，根據美國勞工部的預測報告，多達65%的學童未來會從事的工作現在還沒出現呢！

雖然無法預知那些會是什麼樣的工作，不過可以合理推測的是，就算不是絕大多數，也一定有不少工作需要科技素養。學習動機強的人靠既有資源就能精熟技術，比方說凱特琳・葛利森，她在推動革命性的健康醫療科技事業Eligible之前就是這麼做的。卡特莉娜・雷克也一樣，她用這個方法與資料科學家艾瑞克・柯爾森合作，創立了Stitch Fix。但如果能夠把學習技術工具及其基本的運作原理作為人文教育的標準課程，將其納入學習與辯證方法的課綱當中，想必能培植一批文科人大軍，與理科人攜手並進。

從史丹佛大學的符號系統主修科目，不難看出究竟消弭教育課程中的分歧可以獲得什麼益處。符號系統是由一群教授推動的課程，其中包括湯姆・瓦索（Tom Wasow），他於1987至1991年擔任史丹佛大學大學部教務長。「我花了很多時間思考大學教育的模樣。」他回憶說。瓦索本身的求學生涯就是理科與文科兼而有之，他先在里德學院拿到數學學位，後來又到MIT攻讀語言學博士學位。

瓦索跨足於語言和計算領域，貢獻他的真知灼見，是促成當今自然語言處理發展的先驅之一。他預料到理科人與文科人的技能若能整合，一定會產生莫大好處，而符號系統課程正是將運算與哲學、邏輯、語言和心理學方面的科目彙整在一起。這門主修課程不走STEM和人文相互對立的傳統遊戲規則，出身於該系的諸多知名創業家也一樣，包括LinkedIn創辦人里德・霍夫曼、Instagram共同創辦人麥克・克里格（Mike Krieger）、iPhone和iPad的軟體設計人史考特・福斯托（Scott Forestall），以及前Google主管和雅虎執行長梅莉莎・梅爾（Marissa Mayer），他們都不甩理科與文科對立那一套。Google有一位Android產品管理副理，他曾協助推動Chrome網頁瀏覽器，這位Google人擁有符號系統學位和心理學碩士學位，另外還有Facebook產品長克里斯・考克斯（Chris Cox），他也畢業於此課程。甚至連馬克・祖克柏都認同，該課程培養了「世上最有才華的人才」。總而言之，瓦索這位慧眼獨具、文理兼容的溫和學者，可以說掌握了科技世界的核心。

當然，其他學科領域早就已經相互連結。比方說心理學、語言學和神經科學合起來就成了認知科學。社會學和土木工程整合為都市政策學，運算和設計合起來就成了資料視覺化學科，而心理學和運算也融入可用性研究當中。這種文理兼備的主修科目多多益善，譬如哲學和工程可合併成「設計倫理」，人類學和資料科學合為「資料識讀」，社會學與統計學合為「人類分析」，文學與電腦科學合為「敘事科學」，法律和資料科學則合併為「預測規章」。這種把學科融合成新學門的做法，正如火如荼地展開。有一家學術機構就呼應了此訴求，那就是羅德島設計學院，即 Airbnb 幾位創辦人的母校，前面提過的埃絲特・沃西基也曾於 2016 年在這所學校的畢業典禮上發表演說。

羅德島設計學院所提倡的 STEAM 教育，綜合了精熟技術（STEM）與藝術設計（art and design，以 A 表示），是目前正夯的教育理念。麻州安多佛的公立學校系統把 STEAM 教育列為主要目標。就讀德州迪索托中學 iSTEAM3D 磁性學院（iSTEAM3D Magnet Academy）的學生，除了學習都市計畫的專業知識，也要用 Minecraft 遊戲設計城市，然後再透過 MakerBot Replicator 2 3D 印表機列印出有實體建築物和街道的立體城市。學生利用 Foldit 這款可以將蛋白酶折疊組合成各種形式的遊戲學習化學，並在過程中能集結眾人之力組出新的蛋白酶組合，進而讓科學家找到治療疾病的可能性。2013 年，時任羅德島設計學院校長的前田約翰（John Maeda）協助創立了獲得兩黨支持的美國國會STEAM小組（Congressional STEAM Caucus），以發展STEAM為國家首要目標。

大家無須再為STEM與人文教育之間的錯誤對立爭論不休。蒐集到更多資料之後，必須先仔細思考如何加以運用；打造各種裝置時，必須好好斟酌其設計；建構演算法時，必須弄清楚所憑藉的假定為何並制訂保護措施以免有所偏差；培養更多資料科學家的過程當中，也應當注重他們的資料識讀能力。文科人與理科人不該被視為兩派對立的人馬，兩者的重要性旗鼓相當。隨著新工具促進科技的普及化，機器的演進需要投入更多的人性。

「首先是花體力的工作，再來是重複性工作，接著說不定就輪到純腦力工作被取代了。」作家馮內果（Kurt Vonnegut）在他1952年的著作《自動鋼琴》（*Player Piano*）中如此形容自動機器。數十年來的科技變化讓人目眩神迷，如今我們對科技有了懼怕，但不該盲目地用樂觀的態度來掩飾這種心情。我們都指望著擁有不受時空限制的技能，以便能在瞬息萬變又無從預測起的環境中緊跟趨勢潮流，這種真金不怕火煉的技能，其實可以從群體內部發展出來，做法就是加強人文領域的探究精神，好好問一問我們是誰、我們有何需求、我們有何重要性，而不是刻意迴避這些問題。唯有人文與科技相互結合，才能馳騁於快速變遷的世界。

以科技為導向的未來一日千里，我們的教育、產品和各機構若都能人文與技術兼而有之，此理想的組合必然可以抓住無窮契機。

Acknowledgements

鳴謝

　　一本書之所以能順利出版，要歸功於隱身於幕後的有力人士與貢獻者，正如這個科技世界有許多文科人在幕後推動一樣。多虧艾蜜莉・魯斯（Emily Loose）的大力支持，否則這本書不可能誕生。她才華洋溢、眼光雪亮，連續好幾個月協助我精雕細琢內容。艾蜜莉，謝謝妳。另外也要謝謝雪伊・毛恩茲（Shay Maunz）和芭芭拉・李契（Barbara Richter）為我的書做了畫龍點睛的補充。夏藍・佛拉加-毛瑟（Sharam Fouladgar-Mercer），幸得你多方使力，我才有機會認識比爾・譚瑟（Bill Tancer），他非常親切地幫我引薦給「三叉戟媒體」（Trident Media）的經紀人梅爾・弗萊希曼（Mel Flashman）。梅爾，是你這三年來豐沛的活力和信念，讓這本書有機會誕生。

感謝瑞克・沃夫（Rick Wolff）和霍頓・米夫林・哈考特（Houghton Mifflin Harcourt）出版公司非凡的編輯同仁，謝謝他們對首次當作家的我大力鞭策，督促我按照進度寫作，最後才能用快到讓人想像不到的速度讓這本書開花結果。謝謝我全球各地的好朋友，讓我能在舊金山、匹茲堡、倫敦、柏林，還有在橫越美國西部的火車上，以及紐約西村和威廉斯堡各處的咖啡館裡，書寫本書大部分的內容。謝謝湯米・戴爾（Tommy Dyer）、普萊泰普・雷納德（Pratap Ranade）、山姆・塞萬提斯（Sam Cervantes）和佩塔・梅蒙可夫（Petar Maymounkov），謝謝你們的耐心與指導，跟我一起探討大數據、AI和機器學習的最新趨勢。

感謝每一位在本書裡出現的人士，謝謝你們願意花時間分享你們的故事和熱情，也要感謝那些沒有出現在書中的人士，構思點子並實現目標的過程並不容易但非常值得，謝謝你們的投入。寫作就像新創公司一樣，必須從一個字、一個段落和一頁文字不斷反覆修改，最後終於成為一本書。書會歷經琢磨和修改，不斷成長與變化，沒有圓滿的時候。書成了時空膠囊，並非完備之作。能深入了解各位，盡我所能呈現各位在創業時的勇氣和毅力，對我來說既是挑戰也是莫大的榮幸。

感謝我的精神導師理查德・加德納（Richard N. Gardner）大使，領我進入美國外交關係協會（Council on Foreign Relations），也謝謝比爾‧德萊普（Bill Draper），你的友誼與從不間斷的指引，我銘記在心。感謝強納森‧齊特林（Jonathan Zittrain）告訴我擁有多種志趣更勝於只有一技之長，也謝謝雪柔‧桑德伯格（Sheryl Sandberg），讓我知道我不一定非得在公私領域做出抉擇。感謝凱瑟琳‧貝爾（Katherine Barr）、艾倫‧摩根（Allen Morgan）、艾德‧齊莫曼（Ed Zimmerman）和威爾‧波特斯（Will Porteous），幫助我踏入創業投資這個領域，也謝謝阿巴斯‧古普塔（Abhas Gupta）把沙丘路這條創投街變得這麼好玩。

謝謝史考特‧索耶（Scott Sawyer）在我幾年前著手進行這個計畫時，伸出友誼之手，給我許多鼓勵，也謝謝克萊兒‧羅斯（Clare Ros）以及在我寫作時蜷伏在我腳邊的小皮皮（Pippy），你們的愛和支持自始自終都圍繞在我身邊。你們讓我非常享受這幾個月的寫作生活。

最後要特別感謝我的家人。我的寫作高手妹妹安娜，以及我的父母，克雷格和蘇珊，你們賦予我活力、好奇心和自信，讓我深信世界上真的任何事情都有可能，就像賈伯斯在我從史丹佛大學畢業的那一屆畢業典禮演說上所說的，只要夠渴求夠愚傻、急起直追的話。

書呆與阿宅

第一章：文科人在科技世界中的角色

- *$25 million in venture capital*: "Eligible," Crunchbase, August 2016, https://www.crunchbase.com/organization/eligible-api#/entity.

- *"take off like a rocket ship"*: Katelyn Gleason, interview by author, May 29, 2016.

- *one hundred most creative people*: "Most Creative People 2013," *Fast Company*, May 13, 2013, https://www.fastcompany.com/3009150/most-creative-people-2013/73-katelyn-gleason.

- *she was named one of Forbes's 30 Under 30*: "2015 Forbes 30 Under 30: Healthcare," *Forbes*, September 2015, http://www.forbes.com/pictures/eidg45hdkg/katelyn-gleason-29/#75b1c02369f1.

- *eligibility claims per month*: Eligible, accessed June 2016, https://eligible.com/.

- *Butterfield studied philosophy*: George Anders, "That 'Useless' Liberal Arts Degree Has Become Tech's Hottest Ticket," *Forbes*, August 17, 2015, accessed June 2016, http://www.forbes.com/sites/georgeanders/2015/07/29/liberal-arts-degree-tech/#263a3e6c5a75.

- *neoclassical social theory*: "Company Overview of Palantir Technologies Inc.," Alexander C. Karp, Bloomberg.com, http://www.bloomberg.com/research/stocks/private/person.asp?personId=45528685&privcapId=43580005.

- *bought for $390 million*: Neal Ungerleider, "RelateIQ, Salesforce's $390 Million 'Siri for Business,' Grows Up," *Fast Company*, September 15, 2015, https://www.fastcompany.com/3051088/elasticity/relateiq-salesforces-390-million-siri-for-business-grows-up.

- *literature at Harvard*: Eugene Kim, "Not Every Silicon Valley Leader Is an Engineer, Including These 9 Super Successful Liberal Arts Majors," Business Insider, August 1, 2015, http://www.businessinsider.com/9-silicon-valley-leaders-that-didnt-study-engineering-2015-7/#ben-silbermann-is-the-cofounder-of-pinterest-the-11-billion-photo-sharing-and-social-media-service-but-silbermann-studied-political-science-at-yale-and-went-on-to-work-in-online-advertising-before-coming-up-with-the-idea-for-pinterest-8.

- *"Stay hungry. Stay foolish"*: Stanford University, "Steve Jobs' 2005 Stanford Commencement Address," YouTube video, 2008, https://www.youtube.com/watch?v=UF8uR6Z6KLc.

- *"make our heart sing"*: Jonah Lehrer, "Steve Jobs: 'Technology Alone Is Not Enough,' " *The New Yorker*, October 7, 2011, http://www.newyorker.com/news/news-desk/steve-jobs-technology-alone-is-not-enough.

- *"Second Machine Age"*: Erik Brynjolfsson and Andrew McAfee, *The Second Machine Age: Work, Progress, and Prosperity in a Time of Brilliant Technologies* (New York: W. W. Norton, 2014).

- *caused a stir*: Vivek Wadhwa, "Engineering vs. Liberal Arts: Who's Right —— Bill or Steve?," TechCrunch, March 21, 2011, https://techcrunch.com/2011/03/21/engineering-vs-liberal-arts-who's-right —— bill-or-steve/.

- *well-paying jobs*: Steve Kolowich, "How to Train Your Draconian," Inside Higher Ed, March 1, 2011, https://www.insidehighered.com/news/2011/03/01/gates_tells_governors_they_might_determine_public_university_program_funding_based_on_job_creation.

- *"relevant to the future"*: Vinod Khosla, "Is Majoring in Liberal Arts a Mistake for Students?," *Medium* (blog), February 10, 2016, https://medium.com/@vkhosla/is-majoring-in-liberal-arts-a-mistake-for-students-fd-9d20c8532e#.85j9edu5q.

- *"working in shoe stores"*: Jay Yarow, "Marc Andreessen at the DealBook Conference," Business Insider, December 12, 2012, http://www.businessinsider.com/marc-andreessen-at-the-dealbook-conference-2012-12.

- *"Can Robots Be Lawyers?"*: Dana Remus and Frank S. Levy, "Can Robots Be Lawyers? Computers, Lawyers, and the Practice of Law," *SSRN Electronic Journal*, December 30, 2015, doi:10.2139/ssrn.2701092.

- *one hundred thousand African programmers*: Etelka Lehoczky, "This Startup Trains African Programmers for the Best Software Developer Jobs in the World," Inc.com, March 2016, http://www.inc.com/magazine/201603/etelka-lehoczky/andela-training-african-programmers-tech-workers.html.

- *$10,000 to train each fellow*: Allie Bidwell, "African Company Pays People to Learn Computer Science," *U.S. News and World Report*, May 14, 2015, http://www.usnews.com/news/stem-solutions/articles/2015/05/14/andela-an-african-company-paying-people-to-learn-computer-science.

- *fewer than one in ten*: Charles Kenny, "Why Factory Jobs Are Shrinking Everywhere," Bloomberg.com, April 28, 2014, http://www.bloomberg.com/news/articles/2014-04-28/why-factory-jobs-are-shrinking-everywhere.

- *first graders learn to code*: Klint Finley, "Estonia Reprograms First Graders as Web Coders," *Wired*, September 4, 2012, https://www.wired.com/2012/09/estonia-reprograms-first-graders-as-web-coders/.

- *"the teaching of philosophy"*: Charlotte Blease, "Philosophy Can Teach Children What Google Can't — and Ireland Knows It," *Guardian*, January 9, 2017, https://www.theguardian.com/commentisfree/2017/jan/09/philosophy-teach-children-schools-ireland.

- *player-ranking iPhone application*: Scott Hartley, "Startups for Retirees, Not Just Drop-Outs," *Medium* (blog), August 5, 2014, https://medium.com/@scotthartley/startups-for-retirees-not-just-drop-outs-6ee007b6584f#.ddnmb3iuv.

- *skills taught in the liberal arts*: Fareed Zakaria, *In Defense of a Liberal Edu-*

cation (New York: W. W. Norton, 2015).

- *"science can't capture"*: Stanford University, "Steve Jobs' 2005 Stanford Commencement Address."

- *crowd-sourced study platform*: Christina Farr, "Zuckerberg Admits: If I Wasn't the CEO of Facebook, I'd Be at Microsoft," VentureBeat, October 20, 2012, http://venturebeat.com/2012/10/20/zuck-startup-school/.

- *"money to create jobs"*: Nicholas Kristof, "Starving for Wisdom," *New York Times*, April 16, 2015, http://www.nytimes.com/2015/04/16/opinion/nicholas-kristof-starving-for-wisdom.html.

- *U.S. Department of Labor*: John O'Connor, "Explaining Florida Gov. Rick Scott's War on Anthropology (And Why Anthropologists May Win)," StateImpact NPR, October 20, 2011, https://stateimpact.npr.org/florida/2011/10/20/explaining-florida-gov-scott-war-on-anthropology-why-anthropologists-win/.

- *Melissa Cefkin: Brett Berk*, "How Nissan's Using Anthropology to Make Autonomous Cars Safe," The Drive, November 24, 2015, http://www.thedrive.com/tech/999/how-nissans-using-anthropology-to-make-autonomous-cars-safe.

- *accounting for all dangers*: Danny Yadron and Dan Tynan, "Tesla Driver Dies in First Fatal Crash While Using Autopilot Mode," *Guardian*, June 30, 2016, https://www.theguardian.com/technology/2016/jun/30/tesla-autopilot-death-self-driving-car-elon-musk.

- *a Harry Potter movie*: Mahita Gajanan, "Tesla Driver May Have Been Watching Harry Potter Before Fatal Crash," *Vanity Fair* —— Hive, July 2, 2016, http://www.vanityfair.com/news/2016/07/tesla-driver-may-have-been-watching-harry-potter-before-fatal-crash.

- *system of gestures*: Anjana Ahuja, "Hail the Algorithms That Decode Human Gestures," *Financial Times*, September 6, 2016, https://www.ft.com/content/6b23399a-743c-11e6-bf48-b372cdb1043a.

- *"beefing up their skillset"*: Andy Sharman, "Driverless Cars Pose Worrying Questions of Life and Death," *Financial Times*, January 20, 2016, https://www.ft.com/content/b1894960-a25a-11e5-8d70-42b68cfae6e4.

- *"trolley problem"*: J.-F. Bonnefon, A. Shariff, and I. Rahwan, "The Social Dilemma of Autonomous Vehicles," *Science* 352, no. 6293 (2016): 1573–76, doi:10.1126/science.aaf2654.

- *"Our Driverless Dilemma"*: J. D. Greene, "Our Driverless Dilemma," *Science* 352, no. 6293 (2016): 1514–15, accessed August 2016, doi:10.1126/science.aaf9534.

- *"Connected and Self-Driving Car Practice"*: "Elliot Katz —— Overview, People," DLA Piper Global Law Firm, https://www.dlapiper.com/en/us/people/k/katz-elliot/.

- *patterns in matching*: Fiona Ng, "Tinder Has an In-House Sociologist and Her Job Is to Figure Out What You Want," *Los Angeles Magazine*, May 25, 2016, http://www.lamag.com/longform/tinder-sociologist/.

- *"digital dualism"*: Nathan Jurgenson, "Digital Dualism Versus Augmented Reality," *Society Pages*, February 24, 2011, https://thesocietypages.org/cyborgology/2011/02/24/digital-dualism-versus-augmented-reality/.

- *it created scarcity*: Felix Gillette, "Flirty Frat App Goes Philosophical: Snapchat Has Its Own Sociologist," Bloomberg.com, October 03, 2013, https://www.bloomberg.com/news/articles/2013-10-03/flirty-frat-app-goes-philosophical-snapchat-has-its-own-sociologist.

- *Snap's online magazine called Real Life*: Jordan Novet, "Snapchat Is Starting Real Life, an Online Magazine About Technology," Venture-Beat, June 16, 2016, http://venturebeat.com/2016/06/16/snapchat-is-starting-real-life-an-online-magazine-about-technology/.

- *"surprise and delight"*: Anders, "That 'Useless' Liberal Arts Degree."

- *being taught to liberal arts majors*: Khosla, "Is Majoring in Liberal Arts a Mistake?"

- *"Croatian folk dance"*: Charles McGrath, "What Every Student Should Know," *New York Times*, January 8, 2006, http://www.nytimes.com/2006/01/08/education/edlife/what-every-student-should-know.html.

- *he explained in 2013*: Linsey Fryatt, "Zach Sims from Codecademy —— the 22-Year-Old CEO," *HEUREKA*, January 22, 2013, http://theheureka.com/zach-sims-codecademy.

- *"adaptable to changing circumstances"*: Elizabeth Segran, "Why Top Tech CEOs Want Employees with Liberal Arts Degrees," *Fast Company*, August 28, 2014, http://www.fastcompany.com/3034947/the-future-of-work/why-top-tech-ceos-want-employees-with-liberal-arts-degrees?utm_campaign=home.

- *"modes of thought"*: S. Georgia Nugent, "The Liberal Arts in Action: Past, Present, and Future," The Council of Independent Colleges, August 2015, http://www.cic.edu/meetings-and-events/Other-Events/Liberal-Arts-Symposium/Documents/Symposium-Essay.pdf, 28.

- *"that it wasn't true," he recalled*: Anders, "That 'Useless' Liberal Arts Degree."

- *"today's global economy"*: Hart Research Associates, "It Takes More Than a Major: Employer Priorities for College Learning and Student Success," *Liberal Education* 99, no. 2 (Spring 2013), https://www.aacu.org/publications-research/periodicals/it-takes-more-major-employer-priorities-college-learning-and.

- *"engineering majors by 10 percent"*: Alice Ma, "You Don't Need to Know How to Code to Make It in Silicon Valley," Official LinkedIn Blog, August 25, 2015, https://blog.linkedin.com/2015/08/25/you-dont-need-to-know-how-to-code-to-make-it-in-silicon-valley.

- *"zero to one"*: Peter A. Thiel and Blake Masters, *Zero to One: Notes on Startups, or How to Build the Future* (New York: Crown Business, 2014). 2

- *"some kind of social change"*: Sam Altman and Mark Zuckerberg, "Mark Zuckerberg: How to Build the Future," YouTube video, August 16, 2016, https://www.youtube.com/watch?v=Lb4IcGF5iTQ.

- *tech and nontech functions*: Michael E. Porter and James E. Heppelmann, "How Smart, Connected Products Are Transforming Companies," *Harvard Business Review*, October 2015, https://hbr.org/2015/10/how-smart-connected-products-are-transforming-companies.

第二章：為大數據加一點人味

- *Vietnamese exclusive economic zone (EEZ)*: Erica S. Downs, "Business and Politics in the South China Sea: Explaining HYSY 981's Foray into Disputed Waters," Brookings, June 24, 2014, https://www.brookings.edu/articles/business-and-politics-in-the-south-china-sea-explaining-hysy-981s-foray-into-disputed-waters/.

- *under his command*: Andreas Xenachis, telephone interview by author, May 25, 2016.

- *layers of defense*: Zack Cooper, email interview by author, September 21, 2016.

- *projected to go to Asia*: Shen Dingli, Elizabeth Economy, Richard Haass, Joshua Kurlantzick, Sheila A. Smith, and Simon Tay, "China's Maritime Disputes," A CFR InfoGuide Presentation, 2016, http://www.cfr.org/asia-and-pacific/chinas-maritime-disputes/p31345#!/?cid=otrmarketing_use-china_sea_InfoGuide.

- *designed for fighter jets*: Jane Perlez, "China Building Aircraft Runway in Disputed Spratly Islands," *New York Times*, April 16, 2015, http://www.nytimes.com/2015/04/17/world/asia/china-building-airstrip-in-disputed-spratly-islands-satellite-images-show.html.

- *can be claimed by many*: Mike Ives, "Vietnam Objects to Chinese Oil Rig in Disputed Waters," *New York Times*, January 20, 2016, http://www.nytimes.com/2016/01/21/world/asia/south-china-sea-vietnam-china.html.

- *under international law*: "A Freedom of Navigation Primer for the Spratly Islands," Asia Maritime Transparency Initiative (AMTI), 2015, https://amti.csis.org/fonops-primer/.

- *U.S. sonar array*: Andrew S. Erickson, "The Pentagon's 2016 China Military Report: What You Need to Know," National Interest, May 14, 2016, http://nationalinterest.org/feature/the-pentagons-2016-china-military-report-what-you-need-know-16209.

- *near the Philippines*: Alexander Neill, "The Submarines and Rivalries Underneath the South China Sea," BBC News, July 11, 2016, http://www.bbc.com/news/world-asia-36574590.

- *major international crisis*: David Pilling, "US v China: Is This the New Cold War?," *Financial Times*, June 10, 2015, https://www.ft.com/content/a301aa60-0dcf-11e5-aa7b-00144feabdc0.

- *security of the rig*: Ernest Z. Bower and Gregory B. Poling, "China-Vietnam Tensions High over Drilling Rig in Disputed Waters," Center for Strategic and International Studies, May 7, 2014, https://www.csis.org/analysis/china-vietnam-tensions-high-over-drilling-rig-disputed-waters.

- *"challenge Chinese coercion"*: Zack Cooper, email interview by author, September 21, 2016.

- *honing his analytical skills*: "Andreas Xenachis," Truman National Security Project, 2016, http://trumanproject.org/home/team-view/andreas-xenachis/.

- *prone to break down*: Tim Harford, "How to See into the Future," *Financial Times*, September 5, 2014, https://www.ft.com/content/3950604a-33bc-11e4-ba62-00144feabdc0.

- *in the South China Sea*: "Aggregative Contingent Estimation (ACE)," Office of the Director of National Intelligence (IARPA), https://www.iarpa.gov/index.php/research-programs/ace.

- *the next secretary-general of the United Nations*: Stephen J. Dubner and Philip Tetlock, "How to Be Less Terrible at Predicting the Future," *Freakonomics* (podcast), January 14, 2016, http://freakonomics.com/podcast/how-to-be-less-terrible-at-predicting-the-future-a-new-freakonomics-radio-podcast/.

- *results of the competition were astounding*: "The Good Judgment Project," *CHIPS*, January–March 2015, http://www.doncio.navy.mil/CHIPS/ArticleDetails.aspx?ID=5976.

- *"Humans are more important than hardware"*: "SOF Truths," U.S. Army Special Operations Command, http://www.soc.mil/USASOCHQ/SOFTruths.html.

- *ever read on prediction*: Cass R. Sunstein, "Prophets, Psychics and Phools: The Year in Behavioral Science," Bloomberg.com, December 14, 2015, https://www.bloomberg.com/view/articles/2015-12-14/prophets-psychics-

and-phools-the-year-in-behavioral-science.

- *on his desk*: David Brooks, "Forecasting Fox," *New York Times*, March 21, 2013, http://www.nytimes.com/2013/03/22/opinion/brooks-forecasting-fox.html.

- *human smarts and data*: Ibid.

- *need to be prepared*: Philip E. Tetlock and Paul J. H. Shoemaker, "Superforecasting: How to Upgrade Your Company's Judgment," *Harvard Business Review*, May 2016, https://hbr.org/2016/05/superforecasting-how-to-upgrade-your-companys-judgment.

- *electric vehicle adoption in China*: Michelle Eckert, "Help Wharton Forecast the Future of Electric Vehicles," Mack Institute for Innovation Management, April 21, 2016, https://mackinstitute.wharton.upenn.edu/2016/electric-vehicles-forecasting-challenge/.

- *"is becoming obsolete"*: Chris Anderson, "The End of Theory: The Data Deluge Makes the Scientific Method Obsolete," *Wired*, June 23, 2008, http://www.wired.com/2008/06/pb-theory/.

- *"we need smart questioners"*: Luciano Floridi, *The Fourth Revolution: How the Infosphere Is Reshaping Human Reality* (Oxford: Oxford University Press, 2014), 129–130.

- *called "the cloud"*: Gary Marcus and Ernest Davis, "Eight (No, Nine!) Problems with Big Data," *New York Times*, April 6, 2014, http://www.nytimes.com/2014/04/07/opinion/eight-no-nine-problems-with-big-data.html.

- *improve crop yields*: Dan Charles, "Should Farmers Give John Deere and Monsanto Their Data?," NPR, January 22, 2014, http://www.npr.org/sections/thesalt/2014/01/21/264577744/should-farmers-give-john-deere-and-monsanto-their-data.

- *human role in analyzing data*: Anderson, "The End of Theory."

- *match human ability*: Jeremy Bernstein, "A.I.," *The New Yorker*, December 14, 1981, http://www.newyorker.com/magazine/1981/12/14/a-i.

- *today's technology*: M. Mitchell Waldrop, "Computing's Johnny Appleseed," *MIT Technology Review*, January 1, 2000, https://www.technologyreview.com/s/400633/computings-johnny-appleseed/.

- *Anthony Goldbloom*: Anthony Goldbloom, telephone interview by author, April 4, 2016.

- *a midsize airline*: Tomio Geron, "GE Uses Crowdsourcing to Solve Air Travel Delays and Healthcare," *Forbes*, November 29, 2012, http://www.forbes.com/sites/tomiogeron/2012/11/29/ge-launches-crowdsourcing-quests-to-solve-air-travel-delays-and-healthcare/#14cd4dfe87b2.

- *85 percent of the time*: "Now There's an App for That," *Economist*, September 19, 2015, http://www.economist.com/news/science-and-technology/21664943-computers-can-recognise-complication-diabetes-can-lead-blindness-now.

- *skills required in the market*: The Hewlett Foundation, "Hewlett Foundation Sponsors Prize to Improve Automated Scoring of Student Essays: Prize to Drive Better Tests, Deeper Learning," news release, January 9, 2012, http://www.hewlett.org/newsroom/press-release/hewlett-foundation-sponsors-prize-improve-automated-scoring-student-essays.

- *"faster and less expensively"*: "Hewlett Foundation Awards $100K to Winners of Short Answer Scoring Competition," Getting Smart, October 4, 2012, http://gettingsmart.com/2012/10/the-hewlett-foundation-announces-asap-competition-winners-automated-essay-scoring/.

- *$20 billion company*: Sarah Buhr, "Palantir Has Raised $880 Million at a $20 Billion Valuation," TechCrunch, December 23, 2015, https://techcrunch.com/2015/12/23/palantir-has-raised-880-million-at-a-20-billion-valuation/.

- *secretive three-letter agencies*: Andrea Peterson, "Can You Really Use Anti-Terrorist Technology to Choose Better Wine?," *Washington Post*, September 13, 2013, https://www.washingtonpost.com/news/the-switch/wp/2013/09/03/can-you-really-use-anti-terrorist-technology-to-choose-better-wine/.

- *U.S. Special Operations Command*: Hannah Lang, "Palantir Wins $222M Contract to Provide Software Licenses to SOCOM," Washington Technology, May 26, 2016, https://washingtontechnology.com/articles/2016/05/26/palantir-socom.aspx.

- *"partnership with various technologies"*: Shyam Sankar, "The Rise of Human-Computer Cooperation," speech, TEDGlobal 2012, Glasgow, Scotland, June 2012, https://www.ted.com/talks/shyam_sankar_the_rise_of_human_computer_cooperation.

- *warned in 2016*: Megan Smith, D. J. Patil, and Cecilia Mu.oz, "Big Risks, Big Opportunities: The Intersection of Big Data and Civil Rights," *White House Blog*, May 4, 2016, https://www.whitehouse.gov/blog/2016/05/04/big-risks-big-opportunities-intersection-big-data-and-civil-rights.

- *distorted by many factors*: "Predictive Policing," interview with Kristian Lum, *Data Skeptic* (podcast), June 24, 2016, http://dataskeptic.com/epnotes/predictive-policing.php.

- *reported crime data*: Bureau of Justice Statistics, "Nearly 3.4 Million Violent Crimes per Year Went Unreported to Police from 2006 to 2010," news release, August 9, 2012, http://www.bjs.gov/content/pub/press/vnrp0610pr.cfm.

- *response of police departments*: "Predictive Policing," interview with Kristian Lum; "Policing," Human Rights Data Analysis Group, https://hrdag.org/policing/. See: "Kristian [Lum] and William Isaac have collaborated on a statistical model that demonstrates how bias works in predictive policing. They reimplemented the algorithm used by one of the more popular vendors who sell this technology to police departments. The analysis shows how the predictive models reinforce existing police practices because they are based on databases of crimes known to police . . . As William [Isaac] said at a recent Stanford Law symposium, predictive policing tells us about patterns of police records, not patterns of crime. And as Patrick [Ball] said recently at a talk at the Data and Society Research Institute, technology and massive samples tend to amplify, not ameliorate, selection bias."

- *National Survey on Drug Use and Health*: Kristian Lum and William Isaac, "To Predict and Serve?," *Significance* 13, no. 5 (2016): 14–19, doi:10.1111/j.1740-9713.2016.00960.x.

- *drug use is roughly even across all ethnic groups*: Ibid.

- *quotas for the discrepancy: The War on Marijuana in Black and White*, report, American Civil Liberties Union (ACLU), June 2013, https://www.aclu.org/files/assets/aclu-thewaronmarijuana-rel2.pdf.

- *"and mask opportunity"*: Smith, Patil, and Mu.oz, "Big Risks, Big Opportunities."

- *beyond traditional law enforcement*: Vivian Ho, "Seeking a Better Bail System, SF Turns to Computer Algorithm," *San Francisco Chronicle,* August 1, 2016, http://www.sfchronicle.com/crime/article/Seeking-a-better-bail-system-SF-turns-to-8899654.php.

- *your gateway to access*: Om Malik, "Uber, Data Darwinism and the Future of Work," Gigaom, March 17, 2013, https://gigaom.com/2013/03/17/uber-data-darwinism-and-the-future-of-work/.

- *"I'm not one of them"*: Cathy O'Neil, *Weapons of Math Destruction* (New York: Allen Lane, 2016).

- *pernicious feedback loops*: Cathy O'Neil, "Weapons of Math Destruction," YouTube video, speech, Personal Democracy Forum, New York, June 7, 2015, https://www.youtube.com/watch?v=gdCJYsKIX_Y.

- *illustrates O'Neil's point*: "Predictive Models on Random Data," interview, *Data Skeptic* (podcast), July 22, 2016, http://dataskeptic.com/epnotes/predictive-models-on-random-data.php.

- *Knowledge Discovery and Data Mining Cup*: Claudia Perlich, "All the Data and Still Not Enough," YouTube video, lecture, Data Skeptics, New York, March 18, 2015, https://www.youtube.com/watch?v=dSOrc5kWGe8.

- *ultimately the patient*: Claudia Perlich, Prem Melville, Yan Liu, Grzegorz Swirszcz, Richard Lawrence, and Saharon Rosset, *Winner's Report: KDD CUP Breast Cancer Identification*, report, 2008, http://www.prem-melville.com/publications/cup-kdd08.pdf.

- *"They are fundamentally moral"*: O'Neil, *Weapons of Math Destruction*, 218.

- *"making data science cool"*: Jeff Chu, "Most Creative People 2013: 99–100. Hilary Mason, Leslie Bradshaw," *Fast Company*, May 13, 2013, http://www.fastcompany.com/3009220/most-creative-people-2013/99-100-hilary-mason-leslie-bradshaw.

- *"data literacy"*: Leslie Bradshaw, Beyond Data Science: Advancing Data Literacy," *Medium* (blog), December 17, 2014, https://medium.com/the-many/moving-from-data-science-to-data-literacy-a2f181ba4167#.bwiz7hc1g.

- *"Just Do It"*: Jeremy W. Peters, "The Birth of 'Just Do It' and Other Magic Words," New York Times, August 19, 2009, http://www.nytimes.com/2009/08/20/business/media/20adco.html?_r=0.

- *"analysis to presentation"*: Bradshaw, "Beyond Data Science." 55 analytical, and quantitative skills: National Association of Colleges and Employers (NACE), "Employers Seek for Evidence of Leadership, Teamwork Skills on Resumes," news release, November 6, 2015, http://www.naceweb.org/about-us/press/employers-seek-leadership-teamwork-skills.aspx.

- *(A striking 15 percent)*: Hazel Sheffield, "Google Spends Years Figuring Out That the Secret to a Good Working Environment Is Just to Be Nice," *Independent*, March 7, 2016, http://www.independent.co.uk/news/business/news/google-workplace-wellbeing-perks-benefits-human-behavioural-psychology-safety-a6917296.html.

- *intelligence was contribution*: A. W. Woolley, C. F. Chabris, A. Pentland, N. Hashmi, and T. W. Malone, "Evidence for a Collective Intelligence Factor in the Performance of Human Groups," *Science* 330, no. 6004 (2010): 686–88, doi:10.1126/science.1193147.

- *"average social sensitivity"* mattered most: Charles Duhigg, "What Google Learned from Its Quest to Build the Perfect Team," *New York Times*, February 25, 2016, http://www.nytimes.com/2016/02/28/magazine/what-google-learned-from-its-quest-to-build-the-perfect-team.html.

- *"trade tasks"*: David J. Deming, "The Growing Importance of Social Skills in the Labor Market," working paper, Graduate School of Education, Harvard University and NBER, August 2015, http://scholar.harvard.edu/files/ddeming/files/deming_socialskills_august2015.pdf.

第三章：技術工具「平民化」

- *weight of a satellite: Tim Fernholz*, "SpaceX Just Made Rocket Launches Affordable. Here's How It Could Make Them Downright Cheap," Quartz, December 4, 2013, http://qz.com/153969/spacex-just-made -rocket-launchesaffordable-heres-how-it-could-make-them-downright-cheap/.

- *for commercial shippers*: G. W. Bowersock, "Marcus Vipsanius Agrippa," Encyclopedia Britannica Online, https://www.britannica.com/biography/ Marcus-Vipsanius-Agrippa.

- *due to foul intent*: Robert Vamosi, "Big Data Is Stopping Maritime Pirates . . . from Space," *Forbes*, November 11, 2014, http://www.forbes.com/sites/ robertvamosi/2014/11/11/big-data-is-stopping-maritime-pirates-from- space/#58993f1265fa.

- *missiles without warning*: David E. Sanger and Martin Fackler, "N.S.A. Breached North Korean Networks Before Sony Attack, Officials Say," *New York Times*, January 18, 2015, http://www.nytimes.com/2015/01/19/world/ asia/nsa-tapped-into-north-korean-networks-before-sony-attack-officials- say.html.

- *trafficking narcotics*: Associated Press, "US Blacklists Singapore Shipping Firm over North Korean Weapons Smuggling," *Guardian*, July 23, 2015, https://www.theguardian.com/world/2015/jul/24/us-blacklists-singapore- shipping-firm-over-north-korean-weapons-smuggling.

- *nine days in July 2014*: Claudia Rosett, "North Korean Ship Tests the Waters Near America's Shores," *Forbes*, July 13, 2014, http://www.forbes.com/ sites/claudiarosett/2014/07/13/north-korean-ship-tests-the-waters-near- americas-shores/#6ee2923e492a.

- *tracking on the open ocean*: Automatic Identification System, §33 CFR 401.20. See also International Maritime Organization (http://www.imo.org/ en/OurWork/safety/navigation/pages/ais.aspx) regarding the International Convention for the Safety of Life at Sea (SOLAS) maritime treaty in effect since 1980.

- *over nine thousand tons of cargo*: Scott A. Snyder, "Behind the *Chong Chon Gang* Affair: North Korea's Shadowy Arms Trade," Council on Foreign Relations, March 19, 2014, http://blogs.cfr.org/asia/2014/03/19/behind- the-chong-chon-gang-affair-north-koreas-shadowy-arms-trade/; "Vessel Details for: CHONG CHON GANG (General Cargo) —— IMO 7937317, MMSI 445114000, Call Sign HMZF Registered in DPR Korea | AIS Marine Traffic," MarineTraffic.com, August 29, 2016, http://www.marinetraffic.com/ro/ais/

details/ships/445114000.

- *cigarettes and consumer goods*: Sheena Chestnut, "Illicit Activity and Proliferation: North Korean Smuggling Networks," *International Security* 32, no. 1 (2007): 80–111, doi:10.1162/isec.2007.32.1.80.

- *(and the Washington Post says it works)*: Anna Fifield, "We Scrutinized North Korean 'Viagra'——and Discovered It Might Actually Work," *Washington Post*, August 10, 2016, https://www.washingtonpost.com/world/asia_pacific/we-scrutinized-north-korean-viagra-and-discovered-it-might-actually-work/2016/08/10/ca181d0c-58d6-11e6-8b48-0cb344221131_story.html.

- *"regime slush fund"*: Tom Burgis, "North Korea: The Secrets of Office 39," *Financial Times*, June 24, 2015, https://www.ft.com/content/4164d-fe6-09d5-11e5-b6bd-00144feabdc0.

- *nuclear weapons ambitions*: "Commission Implementing Regulation (EU) 2015/1062," EUR-Lex Access to European Union Law, July 2, 2015, http://eur-lex.europa.eu/legal-content/EN/TXT/?uri=CELEX:32015R1062; U.S. Department of the Treasury, "Treasury Sanctions DPRK Shipping Companies Involved in Illicit Arms Transfers," news release, July 30, 2014, https://www.treasury.gov/press-center/press-releases/Pages/jl2594.aspx.

- *unannounced stop in Tartus, Syria*: Oren Dorell, "North Korea Ship Held in Panama Has a Colorful Past," USA Today, July 18, 2013, http://www.usatoday.com/story/news/world/2013/07/17/n-korea-ship-checkered-history/2524479/.

- *thousands of people have died*: Edward Delman, "The Link Between Putin's Military Campaigns in Syria and Ukraine," *Atlantic*, October 2, 2015, http://www.theatlantic.com/international/archive/2015/10/navy-base-syria-crimea-putin/408694/; Adam Taylor, "The Syrian War's Death Toll Is Absolutely Staggering. But No One Can Agree on the Number," *Washington Post*, March 15, 2016, https://www.washingtonpost.com/news/worldviews/wp/2016/03/15/the-syrian-wars-death-toll-is-absolutely-staggering-but-no-one-can-agree-on-the-number/.

- *maintaining the base*: Jeffrey Mankoff, and Andrew Bowen, "Putin Doesn't Care if Assad Wins. It's About Russian Power Projection," *Foreign Policy*,

September 22, 2015, http://foreignpolicy.com/2015/09/22/putin-russia-syria-assad-iran-islamic-state/.

- *reasons that were again unclear*: Dorell, "North Korea Ship Held in Panama."

- *sale of weapons to North Korea*: Rick Gladstone and David E. Sanger, "Panama Seizes Korean Ship, and Sugar-Coated Arms Parts," *New York Times*, July 16, 2013, http://www.nytimes.com/2013/07/17/world/americas/panama-seizes-north-korea-flagged-ship-for-weapons.html.

- *or so he claimed*: Juan O. Tamayo. "N. Korean Freighter Runs Aground off Mexico After Stop in Havana," *Miami Herald*, July 15, 2014, http://www.miamiherald.com/news/nation-world/world/americas/article1975612.html.

- *waters along their coasts*: "Spire Sense," Spire Sense, August 29, 2016, https://spire.com/products/sense/.

- *fishing within its waters*: Steve Mollman, "Indonesia Has a New Weapon Against Illegal Fishing: Nano-satellites," *Quartz*, April 28, 2016, http://qz.com/672122/indonesia-has-a-new-weapon-against-illegal-fishing-nano-satellites/.

- *at greatly reduced cost*: Connie Loizos, "Spire, Maker of Radio-Size Satellites, Tunes Into $40 Million in New Funding," TechCrunch, June 30, 2015, https://techcrunch.com/2015/06/30/spire-maker-of-bottle-size-satellites-tunes-into-40-million-in-new-funding/.

- *"by changing the software"*: Peter B. de Selding, "The World According to Spire's CEO," SpaceNews.com, July 15, 2015, http://spacenews.com/the-world-according-to-platzer/.

- *network of over one hundred satellites*: Peter B. de Selding, "Spire Global Aims to Orbit 25 Smallsats in 2015," SpaceNews.com, March 17, 2015, http://spacenews.com/spire-global-aims-to-orbit-25-smallsats-in-2015/.

- *lower than in the year 2000*: Marc Andreessen, "Why Software Is Eating the World," *Wall Street Journal*, August 20, 2011, http://www.wsj.com/articles/SB10001424053111903480904576512250915629460. See "In 2000, when my partner Ben Horowitz was CEO of the first cloud computing company, Loudcloud, the cost of a customer running a basic Internet application was approximately $150,000 a month. Running that same application today in Amazon's cloud costs about $1,500 a month."

- *successful IPO in June of 2016*: Corrie Driebusch, "Twilio Raises More Than Expected in IPO," *Wall Street Journal*, June 22, 2016, http://www.wsj.com/articles/twilio-ipo-tests-markets-appetite-for-tech-companies-1466606076.

- *innovative products and services*: Sajith Pai, "If API Technology Is Good Enough for Uber, It's Good Enough for Your Media Company," *Tech Trends* (blog), International News Media Association (INMA), September 16, 2015, http://www.inma.org/blogs/tech-trends/post.cfm/if-api-technology-is-good-enough-for-uber-it-s-good-enough-for-your-media-company.

- *"full stack integrators"*: Peter Yared, "The Rise and Fall of the Full Stack Developer," TechCrunch, November 8, 2014, https://techcrunch.com/2014/11/08/the-rise-and-fall-of-the-full-stack-developer/.

- *sequences to play chess*: George A. Miller, "The Magical Number Seven, Plus or Minus Two: Some Limits on Our Capacity for Processing Information," *Psychological Review* 63, no. 2 (1956): 81–97, doi:10.1037/h0043158; Pedro Domingos, *The Master Algorithm: How the Quest for the Ultimate Learning Machine Will Remake Our World* (New York: Basic Books, 2015). See page 225 on "chunking."

- *"becoming an asset class"*: Scott Hartley, "Rise of the Global Entrepreneurial Class," *Forbes*, March 25, 2012, http://www.forbes.com/sites/scotthartley/2012/03/25/conspicuous_creation/#4e5e4cd66683.

- *Microsoft, and Oracle*: Mike Gualtieri, Rowan Curran, Holger Kisker, and Sophia Christakis, *The Forrester Wave: Big Data Predictive Analytics Solutions*, Q2 2015, report, Forrester, April 1, 2015, https://www.forrester.com/report/The Forrester Wave Big Data Predictive Analytics Solutions Q2 2015/-/E-RES115697.

- *to create the Behance platform*: Romain Dillet, "Adobe Acquired Portfolio Service Behance for More Than $150 Million in Cash and Stock," TechCrunch, December 21, 2012, https://techcrunch.com/2012/12/21/adobe-acquired-portfolio-service-behance-for-more-than-150-million-in-cash-and-stock/.

- " *'more creativity and ideas'* ": Scott Belsky, interview by Ryan Essmaker and Tina Essmaker, *Great Discontent*, July 30, 2013, http://thegreatdiscontent.com/interview/scott-belsky.

- *eight million public design projects*: Carey Dunne, "Behance Cofounder Matias Corea on How He Built a Thriving Hub for Creatives," Co.Design, March 25, 2015, http://www.fastcodesign.com/3044210/behance-cofounder-matias-corea-on-how-he-built-a-thriving-hub-for-creatives.

- *features by business sector*: Anna Escher, "UpLabs Thinks Designers and Developers Should Hang Out More," TechCrunch, March 7, 2016, https://techcrunch.com/2016/03/07/uplabs-thinks-designers-and-developers-should-hang-out-more/.

- *"factory of the future"* for product creators: Sarah Kessler, "Shapeways's New 3-D-Printing Factory Brings Manufacturing Jobs into the Tech Scene," *Fast Company*, October 24, 2012, https://www.fastcompany.com/3002303/shapewayss-new-3-d-printing-factory-brings-manufacturing-jobs-tech-scene.

- *$550 billion by 2025*: Daniel Cohen, Matthew Sargeant, and Ken Somers, "3-D Printing Takes Shape," *McKinsey Quarterly*, January 2014, http://www.mckinsey.com/business-functions/operations/our-insights/3-d-printing-takes-shape.

- *leverage underutilized assets*: Patrick Sisson, "Rent Your Own Assembly Line from a New Manufacturing Startup," Curbed, September 29, 2015, http://www.curbed.com/2015/9/29/9916234/make-time-distributed-manufacturing-machine-design.

- *available in the Arduino library*: Zoe Romano, "A DIY Seizure Alarm Based on Arduino Micro," *Arduino Blog*, August 11, 2015, https://blog.arduino.cc/2015/08/11/a-diy-seizure-alarm-based-on-arduino-micro/.

- *journalism at Southeastern Louisiana University*: Chad Hebert, "Arduino Seizure Alarm," *Chad Hebert: Writer, Editor, Designer, Dad* (blog), June 7, 2015, http://hebertchad34.wixsite.com/chad-hebert/single-post/2015/06/07/Arduino-Seizure-Alarm.

- *distributed manufacturing*: Sisson, "Rent Your Own Assembly Line."

- *five thousand to seventy-five thousand overnight*: Eric Ries, "How Drop-Box Started as a Minimal Viable Product," TechCrunch, October 19, 2011, https://techcrunch.com/2011/10/19/dropbox-minimal-viable-product/.

- *launch its first satellite*: Anthony Ha, "NanoSatisfi Raises $1.2M to Disrupt the Aerospace Industry with Small, Affordable Satellites," TechCrunch, February 7, 2013, https://techcrunch.com/2013/02/07/nanosatisfi-funding/.

- *then measure, then learn*: Eric Ries, *The Lean Startup: How Today's Entrepreneurs Use Continuous Innovation to Create Radically Successful Businesses* (New York: Crown Business, 2011).

- *about a nickel today*: Mary Meeker, *2016 Internet Trends Report, report*, Kleiner Perkins, June 1, 2016, http://www.kpcb.com/blog/2016-internet-trends-report.

- *210 million hours of video each year*: "Hours of Video Uploaded to YouTube Every Minute as of July 2015," Statista, 2016, http://www.statista.com/statistics/259477/hours-of-video-uploaded-to-youtube-every-minute/.

- *Ruby, and Python*: Pratap Ranade, interview by author, August 25, 2016.

- *"convention over configuration"*: Sam Cervantes, email interview by author, November 15, 2016.

- *also on the Apple website*: Frederic Lardinois, "Apple Launches Swift Playgrounds for iPad to Teach Kids to Code," TechCrunch, June 13, 2016, https://techcrunch.com/2016/06/13/apple-launches-swift-playgrounds-for-ipad-to-teach-kids-to-code/.

- *president of Yale for twenty years*: George Anders, "Yale's Ex-President Heads West to Become CEO of Coursera," *Forbes*, March 24, 2014, http://www.forbes.com/sites/georgeanders/2014/03/24/yales-ex-president-heads-west-to-become-ceo-of-coursera/#6ef8bd897973.

- *one of the world's fifty best*: Harry McCracken, "50 Best Websites 2012," *Time*, September 15, 2012, http://techland.time.com/2012/09/18/50-best-websites-2012/slide/codeacademy/.

- *Airbnb, and AOL use Treehouse*: "Start Learning at Treehouse for Free," Treehouse, 2016, https://teamtreehouse.com/.

- *"My broad liberal education"*: "Nathan Bashaw," LinkedIn, November 10,

2016, https://www.linkedin.com/in/nbashaw.

- *Brimer sagely commented*: Matthew Brimer, interview by author, April 20, 2016.

- *"you read the plates," he explained*: Rahul Sidhu, telephone interview by author, May 24, 2016.

- *"we had typewriters"*: Michael Schirling, telephone interview by author, October 26, 2016.

第四章：演算法是用來服務人類而非統治人類

- *"fashionista Moneyball"*: Ryan Mac, "Stitch Fix: The $250 Million Startup Playing Fashionista Moneyball," *Forbes*, June 1, 2016, http://www.forbes.com/sites/ryanmac/2016/06/01/fashionista-moneyball-stitch-fix-katrina-lake/#58b1b2d72e2e.

- *to her trustworthy, stylish sister*: Sophia Stuart, "How a Camping Trip Gone Awry Turned into a Personal Shopping Start-Up," *PC Magazine*, February 11, 2016, http://www.pcmag.com/article2/0,2817,2499142,00.asp.

- *Asia Pacific and Latin America Operations*: Heather Wood Rudulph, "Get That Life: How I Founded an Online Personal Shopping Company," *Cosmopolitan*, May 31, 2016, http://www.cosmopolitan.com/career/a59033/katrina-lake-stitch-fix-get-that-life/.

- *to make the program work*: Mac, "Stitch Fix: The $250 Million Startup."

- *and came on board*: Ibid.

- *to make it successful*: D. J. Das, "At Stitch Fix, Data Scientists and A.I. Become Personal Stylists | CIO," Big Data Cloud, May 13, 2016, http://www.bigdatacloud.com/at-stitch-fix-data-scientists-and-a-i-become-personal-stylists-cio/.

- *"expert-human judgment"*: Jay B. Martin, Eric Colson, and Brad Klingenberg, "Feature Selection and Validation for Human Classifiers," 2015, http://www.humancomputation.com/2015/papers/60_Paper.pdf.

- *earned through recommendations*: Morgan Quinn, "12 Sneaky Ways Amazon Gets You to Pay More," *Time*, June 17, 2016, http://time.com/money/4373046/how-amazon-gets-you-to-pay-more/.

- *can understand preferences*: Mary Meeker, *2016 Internet Trends Report*, report, Kleiner Perkins, June 1, 2016, http://www.kpcb.com/blog/2016-internet-trends-report.

- *bohemian or classic*: Ibid.

- *decision-making by the human stylists*: Eric Colson, "Combining Machine Learning with Expert Human Judgment," lecture, Data Driven NYC, AXA Headquarters, New York, March 16, 2016.

- *mitigate their bias*: Martin, Colson, and Klingenberg, "Feature Selection and Validation for Human Classifiers."

- *a fast yearly clip*: Meeker, *2016 Internet Trends Report*.

- *came to discover as Stitch Fix*: Mac, "Stitch Fix: The $250 Million Startup."

- *"best I've ever worked with," he's admitted*: Bill Gurley, "Benchmark Partner Bill Gurley: Too Much Money Is My Biggest Problem," interview by Kara Swisher, Recode, September 12, 2016, http://www.recode.net/2016/9/12/12882780/bill-gurley-benchmark-bubble-venture-capital-startups-uber.

- *lifestyle brand Urban Outfitters*: Jason Del Ray, "Why Sephora's Digital Boss Joined Stitch Fix, the Personal Stylist Startup That's Growing Like Mad," Recode, March 22, 2015, http://www.recode.net/2015/3/22/11560546/why-sephoras-digital-boss-joined-stitch-fix-the-personal-stylist.

- *quarter of a billion dollars*: Leigh Gallagher and Leena Rao, "40 Under 40 —— Katrina Lake, 33," *Fortune*, September 22, 2016, http://fortune.com/40-under-40/katrina-lake-29/.

- *calls himself an "AI realist"*: Jon Cifuentes, "Kayak Founder Launches Lola, an iOS Travel App Backed by $20 Million," VentureBeat, May 12, 2012, http://venturebeat.com/2016/05/12/kayak-founder-launches-lola-an-ios-travel-app-backed-by-20-million/.

- *46 percent of travel bookings*: Paul English and Tracy Kidder, "How Kayak Co-founder Paul English Got Hit by a 'Truck Full of Money,' " interview by Kara Swisher, Recode, November 14, 2016, http://www.recode.

net/2016/11/14/13618488/kayak-paul-english-tracy-kidder-truck-mon-
ey-biography-podcast.

- *"should we be building AI backed by humans"*: Ibid.

- *aims to "magically schedule meetings"*: Michael Wilkerson, "This Startup Wants to Use AI to Schedule Your Meetings," Tech.co, November 20, 2014, http://tech.co/startup-wants-use-ai-schedule-meetings-2014–11.

- *hard to "magically schedule meetings"*: Ellen Huet, "The Humans Hiding Behind the Chatbots," Bloomberg.com, April 18, 2016, http://www.bloomberg.com/news/articles/2016-04-18/the-humans-hiding-behind-the-chatbots.

- *deliver those cupcakes*: Jessi Hempel, "Facebook Launches M, Its Bold Answer to Siri and Cortana," Wired, August 26, 2015, http://www.wired.com/2015/08/facebook-launches-m-new-kind-virtual-assistant/.

- *"no longer doing for me"*: Nick Bilton, "Is Silicon Valley in Another Bubble . . . and What Could Burst It?," *Vanity Fair* —— Hive, September 1, 2015, http://www.vanityfair.com/news/2015/08/is-silicon-valley-in-another-bubble.

- *"assisted living for millennials"*: Kara Swisher, quoted in Mark Sullivan, "Inside Munchery's Big 'Plaid Box' Meal-Delivery Expansion," *Fast Company*, May 18, 2016, https://www.fastcompany.com/3057351/inside-muncherys-big-plaid-box-meal-delivery-expansion.

- *data and data mining*: "SIGKDD Awards," 2014 SIGKDD Innovation Award: Pedro Domingos, 2014, http://www.kdd.org/awards/view/2014-sigkdd-in-novation-award-pedro-domingos.

- *"prone to temper tantrums"*: Pedro Domingos, *The Master Algorithm: How the Quest for the Ultimate Learning Machine Will Remake Our World* (New York: Basic Books, 2015). See page 258 on "if computers are like idiot savants."

- *clapping-hands emoji*: Alistair Charlton, "Microsoft 'Makes Adjustments' After Tay AI Twitter Account Tweets Racism and Support for Hitler," International Business Times, March 24, 2016, http://www.ibtimes.co.uk/microsoft-makes-adjustments-after-tay-ai-twitter-account-tweets-racism-support-hitler-1551445.

- *"some adjustments"*: Sarah Perez, "Microsoft Silences Its New A.I. Bot Tay, After Twitter Users Teach It Racism [Updated]," TechCrunch, March 24, 2016, https://techcrunch.com/2016/03/24/microsoft-silences-its-new-a-i-bot-tay-after-twitter-users-teach-it-racism/.

- *"Who benefits?"*: John West, "Microsoft's Disastrous Tay Experiment Shows the Hidden Dangers of AI," *Quartz*, April 2, 2016, http://qz.com/653084/microsofts-disastrous-tay-experiment-shows-the-hidden-dangers-of-ai/.

- *"would have seen this coming"*: Leigh Alexander, "The Tech Industry Wants to Use Women's Voices —— They Just Won't Listen to Them," *Guardian*, March 28, 2016, https://www.theguardian.com/technology/2016/mar/28/tay-bot-microsoft-ai-women-siri-her-ex-machina.

- *and went horribly wrong*: Michael Lewis, *Flash Boys: A Wall Street Revolt* (New York: W. W. Norton, 2014).

- *in just thirty-six minutes*: Tom Schoenberg, Suzi Ring, and Janan Hanna, "Flash Crash Trader E-Mails Show Spoofing Strategy, U.S. Says," Bloomberg.com, September 3, 2015, http://www.bloomberg.com/news/articles/2015-09-03/flash-crash-trader-sarao-indicted-by-grand-jury-in-chicago-ie4n4s0s.

- *those stocks in advance*: Ibid.

- *New York Stock Exchange (NYSE) and NASDAQ*: Steven Bertoni, "Flashboy Brad Katsuyama on the Future of IEX After Winning SEC Approval," *Forbes*, July 1, 2016, http://www.forbes.com/sites/stevenbertoni/2016/07/01/flashboy-brad-katsuyama-on-the-future-of-iex-after-winning-sec-approval/#da2f1214d0c8.

- *a "Blue Feed" and a "Red Feed"*: Jon Keegan, "Blue Feed, Red Feed," *Wall Street Journal*, May 16, 2016, http://graphics.wsj.com/blue-feed-red-feed/.

- *wider range of perspectives*: Brian Barrett, "Your Facebook Echo Chamber Just Got a Whole Lot Louder," *Wired*, June 29, 2016, http://www.wired.com/2016/06/facebook-embraces-news-feed-echo-chamber/.

- *"humans failed, not Big Data"*: Aaron Timms, "Is Donald Trump's Surprise Win a Failure of Big Data? Not Really," *Fortune*, November 14, 2016, http://

fortune.com/2016/11/14/donald-trump-big-data-polls/.

- *the most tenured employee*: Jessica Guynn, "Naomi Gleit Helps Keep Facebook Growing," *Los Angeles Times*, December 22, 2012, http://articles.latimes.com/2012/dec/22/business/la-fi-himi-gleit-20121223.

- *"expand on that system," he explained*: Soleio Cuervo, telephone interview by author, March 29, 2016.

- *exceeding 25 percent*: Elizabeth Dwoskin, "Lending Startups Look at Borrowers' Phone Usage to Assess Creditworthiness," *Wall Street Journal*, November 30, 2015, http://www.wsj.com/articles/lending-startups-look-at-borrowers-phone-usage-to-assess-creditworthiness-1448933308.

- *are often left behind*: Shivani Siroya, "Helping Developing Entrepreneurs Lift Their Communities Out of Poverty," *Huffington Post* (blog), October 19, 2010, http://www.huffingtonpost.com/shivani-siroya/inventure-empowers-develo_b_767994.html.

- *clarity around the market*: John Aglionby, "US Fintech Pioneer's Start-Up in Kenya," *Financial Times*, July 5, 2016, https://www.ft.com/content/05e65d04-3c7a-11e6-9f2c-36b487ebd80a.

- *tend to be better borrowers*: Dwoskin, "Lending Startups Look at Borrowers' Phone Usage."

- *was around 5 percent*: Aglionby, "US Fintech Pioneer's Start-Up."

- *satisfied with their first experience*: David Lidsky, "Most Innovative Companies 2015: Inventure," *Fast Company*, February 9, 2015, http://www.fastcompany.com/3039583/most-innovative-companies-2015/inventure.

- *between 6 and 12 percent*: Dwoskin, "Lending Startups Look at Borrowers' Phone Usage."

- *qualifications to be approved*: "Leveraging Technology Solutions in Credit and Verification," Lenddo, 2016, https://www.lenddo.com/.

- *subconscious appeal of images*: Deborah Gage, "Neon Labs Raises $4.1M to Figure Out the Subconscious Appeal of Images," *Venture Capital Dispatch* (blog), *Wall Street Journal*, July 15, 2014, http://blogs.wsj.com/venturecapital/2014/07/15/neon-labs-raises-4-1m-to-figure-out-the-subconscious-appeal-of-images/.

- *conscious of making the choice*: Alexandre N. Tuch, Eva E. Presslaber, Markus St.cklin, Klaus Opwis, and Javier A. Bargas-Avila, "The Role of Visual Complexity and Prototypicality Regarding First Impression of Websites: Working Towards Understanding Aesthetic Judgments," *International Journal of Human-Computer Studies* 70, no. 11 (2012): 794–811, doi:10.1016/j.ijhcs.2012.06.003.

- *that work into a patent*: Sophie Lebrecht, Moshe Bar, Lisa Feldman Barrett, and Michael J. Tarr, "Micro-Valences: Perceiving Affective Valence in Everyday Objects," *Frontiers in Psychology* 3 (2012), doi:10.3389/fpsyg.2012.00107.

- *neuroscience-based machine learning*: Lauren Schwartzberg, "Most Creative People 2015: Sophie Lebrecht," *Fast Company*, May 11, 2015, https://www.fastcompany.com/3043930/most-creative-people-2015/sophie-lebrecht.

- *the thirty-first Olympiad*: "NBCUniversal to Provide Record 6,755 Hours from Rio Olympics," NBC Olympics, June 28, 2016, http://www.nbcolympics.com/news/nbcuniversal-provide-record-6755-hours-rio-olympics.

- *as many as two thousand images each*: David Pierce, "Inside the Daunting Job of a Super Bowl Photographer," The Verge, February 3, 2013, http://www.theverge.com/2013/2/3/3947574/inside-the-daunting-job-of-a-super-bowl-photographer; Richard Deitsch, "Inside NBC's Production Truck for Super Bowl XLIX's Wild Finish," *Sports Illustrated*, February 2, 2015, http://www.si.com/nfl/2015/02/02/super-bowl-xlix-broadcast-nbc-patriots-seahawks.

第五章：讓科技更合乎倫理

- *"user-centered design"*: Donald A. Norman, *The Psychology of Everyday Things* (New York: Basic Books, 1988). See subsequent title, *The Design of Everyday Things* as well.

- *"to humanize technology"*: Donald A. Norman, *Turn Signals Are the Facial Expressions of Automobiles* (Reading, MA: Addison-Wesley, 1992).

- *semaphores between drivers*: Will Knight, "10 Breakthrough Technologies 2015: Car-to-Car Communication," *MIT Technology Review*, 2015, https://www.technologyreview.com/s/534981/car-to-car-communication/; Ron Miller, "Volvo Brings Cloud to the Car to Transmit Safety Data Automatically," TechCrunch, March 4, 2015, https://techcrunch.com/2015/03/04/volvo-brings-cloud-to-the-car-to-transmit-safety-data-automatically/.

- *developing at Nissan*: Brett Berk, "How Nissan's Using Anthropology to Make Autonomous Cars Safe," The Drive, November 24, 2015, http://www.thedrive.com/tech/999/how-nissans-using-anthropology-to-make-autonomous-cars-safe.

- *"that make our heart sing"*: Jonah Lehrer, "Steve Jobs: 'Technology Alone Is Not Enough,' " *The New Yorker*, October 7, 2011, http://www.newyorker.com/news/news-desk/steve-jobs-technology-alone-is-not-enough.

- *products leading the way*: Mark Zachry, "An Interview with Donald A. Norman," *Technical Communication Quarterly* 14, no. 4 (2005): 469–87, doi:10.1207/s15427625tcq1404_5.

- *that overwhelm us*: Edward Tenner, *Why Things Bite Back: Technology and the Revenge of Unintended Consequences* (New York: Knopf, 1996).

- *company called Tiny Speck*: Maya Kosoff, "The Amazing Life of Stewart Butterfield, the CEO of One of the Fastest-Growing Business Apps Ever," Business Insider, September 1, 2015, http://www.businessinsider.com/amazing-life-of-slack-ceo-stewart-butterfield-2015–9/.

- *over 2.7 million daily users*: Josh Constine, "Slack's Growth Is Insane, with Daily User Count up 3.5X in a Year," TechCrunch, April 1, 2016, https://techcrunch.com/2016/04/01/rocketship-emoji/.

- *19 percent in information gathering*: James Manyika, Michael Chui, and Hugo Sarrazin, "Social Media's Productivity Payoff," *Harvard Business Review*, August 21, 2012, https://hbr.org/2012/08/social-medias-productivity-pay.

- *"they're going to give you back time"*: "Silicon Valley's Homogeneous 'Rich Douchebags' Won't Win Forever, Says Investor Chamath Palihapitiya," interview, *Recode Decode* (podcast), March 21, 2016, http://www .recode.

net/2016/3/21/11587128/silicon-valleys-homogeneous-rich-douche-bags-wont-win-forever-says.

- *tools built with human-centered technology*: Gentry Underwood, "Beyond Ethnography: How the Design of Social Software Obscures Observation and Intervention," lecture, July 8, 2010, https://www.parc.com/event/1134/beyond-ethnography.html.

- *requires all of us to participate*: Don Norman and Bruce Tognazzini, "How Apple Is Giving Design a Bad Name," FastCo Design, November 10, 2015, https://www.fastcodesign.com/3053406/how-apple-is-giving-design-a-bad-name.

- *efficiency in product design*: Brian X. Chen, "Simplifying the Bull: How Picasso Helps to Teach Apple's Style," *New York Times*, August 10, 2014, http://www.nytimes.com/2014/08/11/technology/-inside-apples-internal-training-program-.html.

- *and UC Berkeley*: Andrew Cohen, "Leading Political Theorist Joshua Cohen Joins Berkeley Law Faculty," Berkeley Law, March 26, 2015, https://www.law.berkeley.edu/article/leading-political-theorist-joshua-cohen-joins-berkeley-law-faculty/.

- *more pastoral settings*: John Schwenkler, "The Democratic Beauty of Central Park," *Commonweal* (blog), January 3, 2013, https://www.commonwealmagazine.org/blog/democratic-beauty-central-park.

- foster the human good: Tristan Harris, "How Better Tech Could Protect Us from Distraction," lecture, June 2014, https://www.ted.com/talks/tristan_harris_how_better_tech_could_protect_us_from_distraction.

- *Persuasive Technology Laboratory (PTL)*: Ibid.

- *how people develop habits*: "10 New Gurus You Should Know: BJ Fogg," *Fortune*, November 8, 2008, http://archive.fortune.com/galleries/2008/fortune/0811/gallery.10_new_gurus.fortune/.

- *Psychology of Facebook*: B. J. Fogg, "Mass Interpersonal Persuasion: An Early View of a New Phenomenon," *Persuasive Technology Lecture Notes in Computer Science* (2008): 23–34, doi:10.1007/978-3-540-68504-3_3.

- *"paths to global peace"*: Jordan Larson, "The Invisible, Manipulative Power of Persuasive Technology," *Pacific Standard*, May 14, 2014, https://psmag.com/the-invisible-manipulative-power-of-persuasive-technology-df61a9883cc7.

- *company, which he called Apture*: April Joyner, "30 Under 30 2009: Apture — Tristan Harris, Can Sar, and Jesse Young," Inc.com, 2009, http://www.inc.com/30under30/2009/profile_apture.html.

- *a reported $18 million*: Brad McCarty, "Google Pays $18 Million to Shutter Apture, CloudFlare Clones It in 12 Hours," The Next Web, December 19, 2011, http://thenextweb.com/insider/2011/12/19/google-pays-18-million-to-shutter-apture-cloudflare-clones-it-in-12-hours/; Amir Efrati, "Google Acquisition Binge Continues with Apture, Katango," *Wall Street Journal*, November 10, 2011, http://www.wsj.com/articles/DJFVW00020111110e-7bal79xd.

- *called Time Well Spent*: Jo Confino, "Google Seeks Out Wisdom of Zen Master Thich Nhat Hanh," *Guardian*, September 5, 2013, https://www.theguardian.com/sustainable-business/global-technology-ceos-wisdom-zen-master-thich-nhat-hanh.

- *concentrated creative thought*: Harris, "How Better Tech Could Protect Us."

- *about diverting the eye*: Tristan Harris, "How Technology Hijacks People's Minds — from a Magician and Google's Design Ethicist," *Medium* (blog), May 18, 2016, https://medium.com/swlh/how-technology-hijacks-peoples-minds-from-a-magician-and-google-s-design-ethicist-56d62ef5edf3.

- *hijacking people's attention*: Tristan Harris, "Distracted? Let's Demand a New Kind of Design," YouTube video, lecture, April 1, 2015, https://www.youtube.com/watch?v=3OhMJh8IKbE. See 2015 conference, Wisdom 2.0.

- *"attention of its recipients"*: "Herbert Simon," *Economist*, March 20, 2009, http://www.economist.com/node/13350892. See also "The Economist Guide to Management Ideas and Gurus."

- *services that respect our time*: Harris, "How Technology Hijacks People's Minds ."

- *"bicycles for our minds"*: Tristan Harris, "Is Technology Amplifying Human Potential, or Amusing Ourselves to Death?" *Tristan Harris* (blog), March 6,

2015, http://www.tristanharris.com/2015/03/is-design-for-amplifying-human-potential-or-amusing-ourselves-to-death/.

- *"continuous partial attention"*: Thomas L. Friedman, "The Age of Interruption," *New York Times*, July 5, 2006, http://www.nytimes.com/2006/07/05/opinion/05friedman.html.

- *continually, partially attuned*: Linda Stone, "Continuous Partial Attention," *Linda Stone* (blog), https://lindastone.net/qa/continuous-partial-attention/.

- *moments every single day*: Lisa Eadicicco, "Americans Check Their Phones 8 Billion Times a Day," *Time*, December 15, 2015, http://time.com/4147614/smartphone-usage-us-2015/.

- *"interruption science"*: Bob Sullivan and Hugh Thompson, "Brain, Interrupted," *New York Times*, May 3, 2013, http://www.nytimes.com/2013/05/05/opinion/sunday/a-focus-on-distraction.html.

- *regain focus on a task*: Rachel Emma Silverman, "Workplace Distractions: Here's Why You Won't Finish This Article," *Wall Street Journal*, December 11, 2012, http://www.wsj.com/articles/SB10001424127887324339204578173252223022388.

- *closer to every forty seconds*: Gloria Mark, telephone interview by author, April 6, 2016.

- *are more productive*: Gloria Mark, Shamsi T. Iqbal, Mary Czerwinski, Paul Johns, Akane Sano, and Yuliya Lutchyn, "Email Duration, Batching and Self-interruption," *Proceedings of the 2016 CHI Conference on Human Factors in Computing Systems —— CHI '16*, May 7, 2016, doi:10.1145/2858036.2858262.

- *focus more on work*: Kermit Pattison, "Worker, Interrupted: The Cost of Task Switching," *Fast Company*, July 28, 2008, https://www.fastcompany.com/944128/worker-interrupted-cost-task-switching.

- *however, is stress*: Gloria Mark, Daniela Gudith, and Ulrich Klocke, "The Cost of Interrupted Work," *Proceedings of the Twenty-Sixth Annual CHI Conference on Human Factors in Computing Systems —— CHI '08*, 2008, doi:10.1145/1357054.1357072.

- *known to be highly addictive*: Nir Eyal, "Want to Hook Your Users? Drive Them Crazy," TechCrunch, March 25, 2012, https://techcrunch.com/2012/03/25/want-to-hook-your-users-drive-them-crazy/.

- *rate of other gambling*: Natasha Dow Schüll, *Addiction by Design: Machine Gambling in Las Vegas* (Princeton, NJ: Princeton University Press, 2012).

- *today's one-finger bandits*: "one-armed bandit," Dictionary.com, http://www.dictionary.com/browse/one-armed-bandit; Christine Ammer, *The American Heritage Dictionary of Idioms* (New York: Houghton Mifflin Harcourt).

- *"is part of the design"*: Tristan Harris, "Smartphone Addiction: The Slot Machine in Your Pocket," Spiegel Online, July 27, 2016, http://www.spiegel.de/international/zeitgeist/smartphone-addiction-is-part-of-the-design-a-1104237.html.

- *"what's going to come next"*: Harris, "Distracted? Let's Demand a New Kind of Design."

- *"navigating toward their goals"*: Harris, "How Technology Hijacks People's Minds."

- *"the way you want it to"*: Harris, "Distracted? Let's Demand a New Kind of Design."

- *ubiquitous in technology products*: Joe Edelman, "Choicemaking and the Interface," *NXHX.org* (blog), 2014, http://nxhx.org/Choicemaking/.

- *"chooses from the options given"*: Joe Edelman, "Is Anything Worth Maximizing?," *Medium* (blog), April 12, 2016, https://medium.com/@edelwax/is-anything-worth-maximizing-d11e648eb56f.

- *"consciousness filter"*: Bianca Bosker. "The Binge Breaker," *Atlantic*, November 2016, http://www.theatlantic.com/magazine/archive/2016/11/the-binge-breaker/501122/.

- *had on passenger behavior*: Kareem Haggag and Giovanni Paci, "Default Tips," *American Economic Journal: Applied Economics 6*, no. 3 (2014): 1–19, doi:10.1257/app.6.3.1.

- *just because of the menu*: Cass Sunstein, "Check Here to Tip Taxi Drivers or Save for 401(k)," Bloomberg.com, April 9, 2013, https://www.bloomberg.

com/view/articles/2013-04-09/check-here-to-tip-taxi-drivers-or-save-for-401-k-.

- *contact with this lock screen*: Joe Edelman, "Empowering Design (Ending the Attention Economy, Talk #1)," lecture, 2015, https://vimeo.com/123488311. See also Tristan Harris's interpretation in "How Technology Hijacks People's Minds —— from a Magician and Google's Design Ethicist."

- *"disinterested in social concerns"*: Norman, *Turn Signals Are the Facial Expressions*.

- *to point at an arrow*: Daniel S. Venolia and Shinpei Ishikawa, Three Degree of Freedom Graphic Object Controller. US Patent US5313230 A, filed July 24, 1992, and issued May 17, 1994.

- *psychology professor Daniel Kahneman*: Richard H. Thaler and Cass R. Sunstein, *Nudge: Improving Decisions About Health, Wealth, and Happiness* (New Haven, CT: Yale University Press, 2008).

- *"being our intellectual surrogates"*: Damon Horowitz, "From Technologist to Philosopher," *Chronicle of Higher Education*, July 17, 2011, http://www.chronicle.com/article/From-Technologist-to/128231/.

- *$50 million in 2010*: Michael Arrington, "Google Acquires Aardvark for $50 Million (Confirmed)," TechCrunch, February 11, 2010, https://techcrunch.com/2010/02/11/google-acquires-aardvark-for-50-million/.

- *the world was binary*: Sean Duffy, interview by author, April 11, 2016.

- *Duffy wasn't so sure*: Christina DesMarais, "How Self-Tracking Can Benefit Business," Inc.com, March 14, 2011, http://www.inc.com/managing/articles/201103/how-self-tracking-can-benefit-business.html.

- *diabetes fell by 58 percent*: Diabetes Prevention Program Research Group, "Reduction in the Incidence of Type 2 Diabetes with Lifestyle Intervention or Metformin," *New England Journal of Medicine* 346, no. 6 (2002): 393–403, doi:10.1056/nejmoa012512.

- *preserved the human touch*: Ibid.

- *"challenge of the twenty-first century"*: *The Power of Prevention: Chronic Disease . . . the Public Health Challenge of the 21st Century*, report, National Center for Chronic Disease Prevention and Health Promotion, Centers for Disease Control (CDC), 2009, http://www.cdc.gov/chronicdisease/pdf/2009-power-of-prevention.pdf.

- *"resembles a symphony"*: Sean Duffy, interview by author, April 11, 2016.

- "behavior change so difficult": Steven Johnson, "Recognising the True Potential of Technology to Change Behaviour," *Guardian*, December 13, 2013, https://www.theguardian.com/sustainable-business/behavioural-insights/true-potential-technology-change-behaviour.

- *over three hundred thousand users*: Talkspace, 2016, https://www.talkspace.com/.

- *become a therapist herself*: Teresa Novellino, "Talkspace Raises $9.5M to Let Users Text Their Therapists," *New York Business Journal*, May 13, 2015, http://www.bizjournals.com/newyork/news/2015/05/13/therapy-via-text-startup-raises-9-5-m-series-a.html.

- *deterrent in many circles*: Ibid.

- *under $130 a month*: Joseph Rauch, "How Much Does Therapy Cost? (And Why Is It So Expensive?)," *Talkspace* (blog), October 29, 2015, https://www.talkspace.com/blog/2015/10/how-much-does-therapy-cost-and-why-is-it-crazy-expensive/.

- *Alpha Tau Omega*: Sara Ashley O'Brien, "Frat Brothers Get Free Text Therapy," CNN, September 22, 2016, http://money.cnn.com/2016/09/22/technology/text-therapy-talkspace-ato-fraternity/.

- *students, or alumni*: Oren Frank, email interview by author, September 26, 2016.

- *session with a therapist*: Jordyn Taylor, "We Texted a Therapist from an Inflatable Igloo in Madison Square Park Today," Observer, November 5, 2014, http://observer.com/2014/11/we-texted-a-therapist-from-an-inflatable-igloo-in-madison-square-park-today/.

- *sidewalk at the park's edge*: Talkspace, "Talkspace #ReflectReality Funhouse Mirror," YouTube (video blog), October 5, 2015, https://www.youtube.com/watch?t=5&v=NsLfu4Sk00U.

- *"The roof is on fire!"*: Natt Garun, "Talkspace Wants You to Combat Social

Media Addiction by Texting a Therapist," The Next Web, September 16, 2015, http://thenextweb.com/apps/2015/09/16/does-this-filter-make-me-look-skinny/#gref.

- *"experience it, thank you"*: Norman, *Turn Signals Are the Facial Expressions.*

第六章：提升我們的學習方式

- *learning and problem solving*: Jim Wilson, "Old-School in Silicon Valley," *New York Times*, October 22, 2011, http://www.nytimes.com/slideshow/2011/10/22/business/20111023-WALDORF-4.html. See 75 percent of parents of students at Los Altos, California, Waldorf school had a strong high-tech connection.

- *Waldorf method of instruction*: Matt Richtel, "A Silicon Valley School That Doesn't Compute," *New York Times*, October 22, 2011, http://www.nytimes.com/2011/10/23/technology/at-waldorf-school-in-silicon-valley-technology-can-wait.html.

- *philosophy of Rudolf Steiner*: "Waldorf Education: An Introduction," Association of Waldorf Schools of North America —— Waldorf Education, https://waldorfeducation.org/waldorf_education.

- *"not set up for that"*: Claire Cain Miller, "Why What You Learned in Preschool Is Crucial at Work," *New York Times*, October 16, 2015, accessed August 2016, http://www.nytimes.com/2015/10/18/upshot/how-the-modern-workplace-has-become-more-like-preschool.html?_r=0.

- *nursing, and business management*: David J. Deming, "The Growing Importance of Social Skills in the Labor Market," working paper, Graduate School of Education, Harvard University and NBER, August 2015, http://scholar.harvard.edu/files/ddeming/files/deming_socialskills_august2015.pdf.

- *evaluated by standardized tests*: Valerie Strauss, "Teacher: What Third-Graders Are Being Asked to Do on 2016 Common Core Test," *Washington Post*, April 12, 2016, https://www.washingtonpost.com/news/answer-sheet/wp/2016/04/12/teacher-what-third-graders-are-being-asked-to-do-on-2016-common-core-test/.

- *nature of the solar system*: David Deming, telephone interview by author, August 16, 2016. "Dark matter" was the apt cosmological metaphor Deming used for educational soft skills.

- *leadership, and confidence?*: Tom Wolfe, *The Right Stuff* (New York: Farrar, Straus and Giroux, 1979).

- *address K–12 education*: Following *EdTech Money*, report, 2016, https://www.edsurge.com/research/special-reports/state-of-edtech-2016/funding.

- *indicators of success*: Eric Ries, "Why Vanity Metrics Are Dangerous," *Startup Lessons Learned* (blog), December 23, 2009, http://www.startuplessons-learned.com/2009/12/why-vanity-metrics-are-dangerous.html.

- *students who graduate*: Motoko Rich, "Online School Enriches Affiliated Companies If Not Its Students," *New York Times*, May 18, 2016, http://www.nytimes.com/2016/05/19/us/online-charter-schools-electronic-class-room-of-tomorrow.html.

- *that of physical schools*: "U.S. High School Graduation Rate Hits New Record High," *Homeroom: U.S. Department of Education* (blog), 2015, http://blog.ed.gov/2015/12/u-s-high-school-graduation-rate-hits-new-record-high/; 2016 Building a Grad Nation Report, report, America's Promise Alliance, May 9, 2016, http://www.gradnation.org/report/2016-building-grad-na-tion-report.

- *with her math homework*: Helena de Bertodano, "Khan Academy: The Man Who Wants to Teach the World," *Telegraph*, September 28, 2012, http://www.telegraph.co.uk/education/educationnews/9568850/Khan-Academy-The-man-who-wants-to-teach-the-world.html.

- *in order to facilitate it*: Esther Wojcicki and Lance T. Izumi, *Moonshots in Education: Launching Blended Learning in the Classroom* (San Francisco: Pacific Research Institute, 2014).

- *for blended learning*: Heather Staker, *The Rise of K–12 Blended Learning: Profiles of Emerging Models*, report, Innosight Institute, May 2011, http://www.christenseninstitute.org/wp-content/uploads/2013/04/The-rise-of-K-12-blended-learning.emerging-models.pdf.

- *cofounder Sergey Brin*: Nellie Bowles, "Tech Celebs Join Esther Wojcicki as

New Media Center Opens at Palo Alto High," Recode, October 20, 2014, http://www.recode.net/2014/10/20/11632026/tech-celebs-join-esther-wojcicki-as-new-media-center-opens-at-palo.

- *methods being developed*: "Esther Wojcicki," Creative Commons, 2016, https://creativecommons.org/author/estherwojcicki/.

- *potential of the approach*: Rhode Island School of Design (RISD), "Writer Hilton Als to Deliver Keynote Address at Rhode Island School of Design's 2016 Commencement," news release, May 11, 2016, http://www.risd.edu/press-releases/2016/Writer-Hilton-Als-to-Deliver-Keynote-Address-at-Rhode-Island-School-of-Design's-2016-Commencement/.

- *"Paly invests in the arts"*: Bowles, "Tech Celebs Join Esther Wojcicki."

- *given the answers*: Esther Wojcicki, interview by author, October 23, 2015.

- *fully techie approaches*: Barbara Means, Yukie Toyama, Robert Murphy, Marianne Bakia, and Karla Jones, *Evaluation of Evidence-Based Practices in Online Learning: A Meta-Analysis and Review of Online Learning Studies*, report, U.S. Department of Education, September 2010, https://www2.ed.gov/rschstat/eval/tech/evidence-based-practices/finalreport.pdf.

- *across multiple programs*: "Proof Points: Blended Learning Success in School Districts," Christensen Institute, September 2015, http://www.christenseninstitute.org/publications/proof-points/; Emily Deruy, "New Data Backs Blended Learning," *Atlantic*, September 23, 2015, http://www.theatlantic.com/politics/archive/2015/09/new-data-backs-blended-learning/432894/.

- *"reflection and creative thinking"*: Karen E. Willcox, Sanjay Sarma, and Philip H. Lippel, *Online Education: A Catalyst for Higher Education Reforms*, report, Online Education Policy Initiative, Massachusetts Institute of Technology (MIT), April 2016, https://oepi.mit.edu/files/2016/09/MIT-Online-Education-Policy-Initiative-April-2016.pdf.

- *tools and approaches*: "Moonshots in Education," *EdTechTeam* (blog), https://www.edtechteam.com/moonshots/. See also schedule of Google Apps for Education Summits: https://www.gafesummit.com/.

- *game in Edmonton, Canada*: James Sanders, telephone interview by author,

May 16, 2016.

- *strategy for the Chromebook*: James Sanders, "Chromebooks in the Class-room," YouTube video, September 9, 2012, https://www.youtube.com/watch?v=rlLME325S-g.

- *schools by 2018*: White House, Office of the Press Secretary, "FACT SHEET: ConnectED: Two Years of Delivering Opportunity to K-12 Schools & Librar-ies," news release, June 25, 2015, https://www.whitehouse.gov/the-press-office/2015/06/25/fact-sheet-connected-two-years-delivering-opportu-nity-k-12-schools; "Presidential Innovation Fellows," White House, 2016, https://www.whitehouse.gov/innovationfellows.

- *giving them credit*: Greg Toppo, "Low-Tech 'Breakout EDU' Looks to In-vigorate Education One Wooden Box at a Time," *USA Today*, July 1, 2016, http://www.usatoday.com/story/tech/2016/06/30/low-tech-breakout-edu-looks-invigorate-education-one-wooden-box-time/86580464/.

- *open physical locks*: "Games," Breakout EDU, September 2016, http://www.breakoutedu.com/games/.

- *inventor of kindergarten*: Mitchel Resnick, "Technologies for Lifelong Kin-dergarten," *Educational Technology Research and Development* 46, no. 4 (1998): 43–55, doi:10.1007/bf02299672.

- *Slumdog Millionaire*: Lucy Tobin, "Slumdog Professor," *Guardian*, March 2, 2009, https://www.theguardian.com/education/2009/mar/03/profes-sor-sugata-mitra.

- *teachers are less necessary*: Nathan J. Matias, "Is Education Obsolete? Sugata Mitra at the MIT Media Lab," *MIT Center for Civic Media* (blog), May 16, 2012, https://civic.mit.edu/blog/natematias/is-education-obsolete-sugata-mitra-at-the-mit-media-lab; Sugata Mitra, "Build a School in the Cloud," speech, February 2013, https://www.ted.com/talks/sugata_mitra_build_a_school_in_the_cloud.

- *in December 2013*: Mitra, "Build a School in the Cloud."

- *all done over Skype*: Ibid.

- *"is going obsolete"*: Sugata Mitra, "Meet an Education Innovator Who Says Knowledge Is Becoming Obsolete," interview by Paul Solman, PBS Newshour, November 13, 2015, http://www.pbs.org/newshour/making-sense/meet-an-education-innovator-who-says-knowledge-is-becoming-obsolete/.

- *"beyond their immediate concerns"*: Michał Paradowski, "Classrooms in the Cloud or Castles in the Air?," *IATEFL Voices* 239 (July/August 2014): 8–10, http://www.academia.edu/7475327/Classrooms_in_the_cloud_or_castles_in_the_air.

- *black-and-white correct answer*: Katrina Schwartz, "Messy Works: How to Apply Self-Organized Learning in the Classroom," MindShift, October 7, 2015, https://ww2.kqed.org/mindshift/2015/10/07/messy-works-how-to-apply-self-organized-learning-in-the-classroom/. See also the SOLE toolkit developed by Sugata Mitra: http://ww2.kqed.org/mindshift/2013/12/11/ready-to-ignite-students-curiosity-heres-your-toolkit/.

- *will need in working life*: Schwartz, "Messy Works."

- *"school of the future"*: David Osborne, "The Schools of the Future," *U.S. News and World Report*, January 19, 2016, http://www.usnews.com/opinion/knowledge-bank/articles/2016-01-19/californias-summit-public-schools-are-the-schools-of-the-future.

- *a working-class city*: Nichole Dobo, "Despite Its High-Tech Profile, Summit Charter Network Makes Teachers, Not Computers, the Heart of Personalized Learning," *The Hechinger Report*, March 1, 2016, http://hechinger-report.org/despite-its-high-tech-profile-summit-charter-network-makes-teachers-not-computers-the-heart-of-personalized-learning/.

- *accepted into four-year colleges*: Osborne, "The Schools of the Future."

- *"learn and grow"*: Ibid.

- *yoga, film, and music*: Nichole Dobo, "How This Bay Area Charter School Network Is Reinventing Education," *Los Angeles Times*, March 1, 2016, http://www.latimes.com/local/education/la-me-silicon-school-20160229-story.html.

- *more affluent students*: Osborne, "The Schools of the Future."

- *how their students are doing*: Ibid.

- *free to schools nationwide*: Chris Cox, "Introducing Facebook and Summit's K-12 Education Project," *Facebook Newsroom* (blog), September 3, 2015, http://newsroom.fb.com/news/2015/09/introducing-facebook-and-sum-mits-k-12-education-project/; Vindu Goel and Motoko Rich, "Facebook

Takes a Step into Education Software," *New York Times*, September 3, 2015, http://www.nytimes.com/2015/09/04/technology/facebook-education-initiative-aims-to-help-children-learn-at-their-own-pace.html.

- *build their own playlists*: Summit Basecamp, 2016, http://summitbase-camp.org/explore-basecamp/.

- *other schools in the area*: Strauss, "Teacher: What Third-Graders Are Being Asked to Do"; Osborne, "The Schools of the Future."

- *admitted to four-year colleges*: Osborne, "The Schools of the Future."

- *double the national average*: "Our Approach —— Our Results," Summit Public Schools, 2016, http://summitps.org/approach/results.

- *early signs of promise*: Ibid.

- *have a real impact*: Rachel Lockett, telephone interview by author, April 20, 2016.

- *parents, and students use it*: Jessica Hullinger, "Remind Launches New Slack-Like App for Schools," *Fast Company*, February 17, 2016, https://www.fastcompany.com/3056642/most-creative-people/remind-launches-new-slack-like-app-for-schools; "School Messaging App Remind Lands on a Business Model," FastCo News, August 23, 2016, https://news.fastcompany.com/school-messaging-app-remind-lands-on-a-business-model-4017528.

- *contributed to these findings*: Peter Bergman, "Peter Bergman —— Home-page," Teachers College Columbia University, 2016, http://www.columbia.edu/~psb2101/.

- *teachers, and with their children*: Susan Dynarski, "Helping the Poor in Education: The Power of a Simple Nudge," *New York Times*, January 17, 2015, http://www.nytimes.com/2015/01/18/upshot/helping-the-poor-in-higher-education-the-power-of-a-simple-nudge.html.

- *drop the cost far further*: Peter Bergman, "Parent-Child Information Frictions and Human Capital Investment: Evidence from a Field Experiment," working paper, Teachers College, Columbia University, June 23, 2015, http://ssrn.com/abstract=2622034.

- *develop literacy skills*: Benjamin N. York and Susanna Loeb, "One Step at a Time: The Effects of an Early Literacy Text Messaging Program for Parents of Preschoolers," NBER working paper no. 20659, November 2014, http://www.nber.org/papers/w20659.

- *more words than poorer children*: Betty Hart and Todd R. Risley, *Meaningful Differences in the Everyday Experience of Young American Children* (Baltimore: P. H. Brookes, 1995).

- *"What sound does it make?"*: Susanna Loeb and Ben York, "Helping Parents Help Their Children," Brookings, February 18, 2016, https://www.brookings.edu/research/helping-parents-help-their-children/.

- *require substantial time*: Motoko Rich, "To Help Language Skills of Children, a Study Finds, Text Their Parents with Tips," *New York Times*, November 14, 2014, http://www.nytimes.com/2014/11/15/us/to-help-language-skills-of-children-a-study-finds-text-their-parents-with-tips.html.

- *"engaged the whole community"*: Paul-Andre White, "Using Remind at Leal Elementary School," telephone interview by author, May 27, 2016.

- *college students and African American students*: Richard P.rez-Pe.a, "Active Role in Class Helps Black and First-Generation College Students, Study Says," *New York Times*, September 2, 2014, http://www.nytimes.com/2014/09/03/education/active-learning-study.html.

- *"higher course structure"*: S. L. Eddy and K. A. Hogan, "Getting Under the Hood: How and for Whom Does Increasing Course Structure Work?," CBE —— *Life Sciences Education* 13, no. 3 (2014): 453–68, doi:10.1187/cbe.14-03-0050.

- *human learning and memory*: Henry L. Roediger III, "How Tests Make Us Smarter," *New York Times*, July 18, 2014, http://www.nytimes.com/2014/07/20/opinion/sunday/how-tests-make-us-smarter.html.

- *paragraphs to memorize*: J. D. Karpicke and J. R. Blunt, "Retrieval Practice Produces More Learning Than Elaborative Studying with Concept Mapping," *Science* 331, no. 6018 (February 11, 2011): 772–75, doi:10.1126/science.1199327.

第七章：打造更美好的世界

- *"good for humanity"*: Gabo Arora, interview by author, May 24, 2016.

- *United Nations General Assembly*: "Gabo Arora," VR Days, November 2016, http://vrdays.co/people/gabo-arora/.

- *antipoverty campaigns*: Melina Gills, "Gabo Arora on Making VR with Vrse.works and the United Nations," Tribeca, March 31, 2016, https://tribecafilm.com/stories/tribeca-virtual-arcade-my-mothers-wing-gabo-arora-chris-milk-interview.

- *"augment or improve it"*: David Carr, "Unease for What Microsoft's HoloLens Will Mean for Our Screen-Obsessed Lives," *New York Times*, January 25, 2015, http://www.nytimes.com/2015/01/26/business/media/unease-for-what-microsofts-hololens-will-mean-for-our-screenobsessed-lives.html.

- *twice as effective*: John Gaudiosi, "UN Uses Virtual Reality to Raise Awareness and Money," *Fortune*, April 18, 2016, http://fortune.com/2016/04/18/un-uses-virtual-reality-to-raise-awareness-and-money/.

- *most of them scoffed*: Gabo Arora, interview by author, May 24, 2016.

- *technology at VPL Research*: Jennifer Kahn, "The Visionary," *The New Yorker*, July 11, 2011, http://www.newyorker.com/magazine/2011/07/11/the-visionary.

- *such as a living room wall*: Tom Simonite, "Microsoft's HoloLens Will Put Realistic 3-D People in Your Living Room," *MIT Technology Review*, May 20, 2015, https://www.technologyreview.com/s/537651/microsofts-hololens-will-put-realistic-3-d-people-in-your-living-room/.

- *crowd-funding site Kickstarter*: Max Chafkin, "Why Facebook's $2 Billion Bet on Oculus Rift Might One Day Connect Everyone on Earth," *Vanity Fair*—Hive, October 2015, http://www.vanityfair.com/news/2015/09/oculus-rift-mark-zuckerberg-cover-story-palmer-luckey.

- *VR startup Magic Leap*: Dan Primack, "Google-Backed Magic Leap Raising $827 Million," *Fortune*, December 9, 2015, http://fortune.com/2015/12/09/google-backed-magic-leap-raising-827-million/.

- *"We will all become virtual humans"*: Monica Kim, "The Good and the Bad of Escaping to Virtual Reality," *Atlantic*, February 18, 2015, http://www.theatlantic.com/health/archive/2015/02/the-good-and-the-bad-of-escaping-to-virtual-reality/385134/.

- *"teaching artificial minds"*: Donald A. Norman, *Turn Signals Are the Facial Expressions of Automobiles* (Reading, MA: Addison-Wesley, 1992), 13–14.

- *"hurting face-to-face conversation"*: Lauren Cassani Davis, "The Flight from Conversation," *Atlantic*, October 7, 2015, http://www.theatlantic.com/technology/archive/2015/10/reclaiming-conversation-sherry-turkle/409273/.

- *"we become more human"*: Chris Milk, "How Virtual Reality Can Create the Ultimate Empathy Machine," speech, March 2015, https://www.ted .com/talks/chris_milk_how_virtual_reality_can_create_the_ultimate_empathy_machine.

- *rewards of face-to-face interaction*: Sherry Turkle, "Design and Technology in Interpersonal Relationships," lecture, Fitbit Headquarters, San Francisco, May 31, 2016.

- *such as the electrical power grid*: Ralph Langner, "Cracking Stuxnet, a 21st-Century Cyber Weapon," speech, March 2011, https://www.ted.com/talks/ralph_langner_cracking_stuxnet_a_21st_century_cyberweapon.

- *pipelines, and power plants*: Ellen Nakashima and Joby Warrick, "Stuxnet Was Work of U.S. and Israeli Experts, Officials Say," *Washington Post*, June 2, 2012, https://www.washingtonpost.com/world/national-security/stuxnet-was-work-of-us-and-israeli-experts-officials-say/2012/06/01/gJQAlnEy6U_story.html.

- *use and reuse*: Gwen Ackerman, "Sony Hackers Used a Half-Dozen Recycled Cyber-Weapons," Bloomberg.com, December 19, 2014, http://www.bloomberg.com/news/2014-12-19/sony-hackers-used-a-half-dozen-recycled-cyber-weapons.html.

- *"another person's experience"*: Drew Faust, "To Be 'A Speaker of Words and a Doer of Deeds:' Literature and Leadership," speech, United States Military Academy, West Point, March 24, 2016, http://www.harvard.edu/president/speech/2016/to-be-speaker-words-and-doer-deeds-literature-and-leadership.

- *"prior days of glory"*: Karl W. Eikenberry, "The Humanities and Global Engagement," address, March 18, 2013, https://www.amacad.org/content/publications/pubContent.aspx?d=1306.

- *tolerant and inclusive country*: Katherine Boyle, "For Real 'Monument Woman,' Saving Afghan Treasures Is Unglamorous but Richly Rewarding," *Washington Post*, February 14, 2014, https://www.washingtonpost.com/entertainment/museums/for-realmonument-woman-saving-afghan-treasures-is-unglamorous-but-richly-rewarding/2014/02/13/af543588-9267-11e3-84e1-27626c5ef5fb_story.html.

- *rebuild tattered states*: Faust, "To Be 'A Speaker of Words.' "

- *"surrender their moral judgment"*: Jeffrey Fleishman, "At West Point, Warriors Shaped Through Plutarch and Shakespeare," *Los Angeles Times*, May 11, 2015, http://www.latimes.com/entertainment/great-reads/la-et-c1-literature-of-war-20150511-story.html.

- *the front lines of war*: Emily Miller, telephone interview by author, May 19, 2016.

- *across the fuzzy-techie divide*: "Stanford H4D —— Spring 2016," Stanford University, March 2016, http://hacking4defense.stanford.edu/.

- *facilitate creative collaboration*: Ibid.

- *defense and intelligence communities*: Steve Blank, "The Innovation Insurgency Scales —— Hacking for Defense (H4D)," *Steve Blank* (blog), September 19, 2016, https://steveblank.com/2016/09/19/the-innovation-insurgency-scales-hacking-for-defense-h4d/.

- *solutions for the State Department*: " Hacking 4 Diplomacy," Stanford University, accessed June 2016, http://web.stanford.edu/class/msande298/index.html.

- *helping cities manage waste*: Maya Kosoff, "Why Did Leo DiCaprio Join a Garbage Start-Up —— Literally?," *Vanity Fair* —— Hive, June 2, 2016, http://www.vanityfair.com/news/2016/06/rubicon-trash-disposal-startup.

- *when it comes to accepting the status quo*: Robert Safian, " 'We Need a New Field Manual for Business': Casey Gerald," *Fast Company*, October 14, 2014, https://www.fastcompany.com/3036583/generation-flux/we-need-a-new-field-manual-for-business-casey-gerald.

- *developing world with digital work*: Sarah Kessler, "Sama Group Is Redefining What It Means to Be a Not-for-Profit Business," *Fast Company*, February 16, 2016, https://www.fastcompany.com/3056067/most-innovative-companies/sama-group-for-redefining-what-it-means-to-be-a-not-for-profit-bus.

- *could be completely eradicated*: Sam Jones, "World Food Programme Pins Hopes on App to Nourish 20,000 Syrian Children," *Guardian*, November 12, 2015, https://www.theguardian.com/global-development/2015/nov/12/world-food-programme-share-the-meal-app-syrian-children.

- *schoolchildren in Lesotho*: Ibid.

- *technology into other platforms*: Scott Hartley, "How You Can Share Thanksgiving with Syrian Refugees," Inc.com, November 12, 2015, http://www.inc.com/scott-hartley/how-you-can-share-thanksgiving-with-syrian-refugees.html.

- *how to convert oil drums*: "Rural Information Access (Digital Drum)," Stories of UNICEF Innovation, 2012, http://www.unicefstories.org/tech/digital_drum/.

- *Cooper Hewitt, Smithsonian Design Museum in New York*: "UNICEF's Digital Drum Chosen as a Time Magazine Best Invention of 2011," UNICEF USA, https://www.unicefusa.org/press/releases/unicef's-digital-drum-chosen-time-magazine-best-invention-2011/8085.

- *in a 2011 Forbes interview*: Rahim Kanani, "An Interview with Erica Kochi on UNICEF's Tech Innovation," *Forbes*, September 18, 2011, http://www.forbes.com/sites/rahimkanani/2011/09/18/an-interview-with-erica-kochi-on-unicefs-tech-innovation/#6c5d0bf05049.

- *health care and education*: Stan Higgins, "UNICEF Eyes Blockchain as Possible Solution to Child Poverty Issues," CoinDesk, February 3, 2016, http://www.coindesk.com/unicef-innovation-chief-blockchain-child-poverty/.

- *"institutions that govern their lives"*: Zachary Bookman and Juan-Pablo Guerrero Ampar.n, "Two Steps Forward, One Step Back: Assessing the Implementation of Mexico's Freedom of Information Act," *Mexican Law Review* 1, no. 2 (2009): 3–51, http://info8.juridicas.unam.mx/pdf/mlawrns/cont/2/arc/arc1.pdf.

- *"shop that holds the Leatherman"*: Zachary Bookman, telephone interview by author, March 25, 2016.

- *2012 piece he wrote for the New York Times*: Zachary Bookman, "Settling Afghan Disputes, Where Custom Holds Sway," *At War: Notes from the Front Lines* (blog), *New York Times*, June 4, 2012, http://atwar.blogs.nytimes.com/author/zachary-bookman/.

- *Over one thousand state and local governments*: T. S. Last, "Updated: Santa Fe Unveils Web Platform for Budget Transparency," *Albuquerque Journal*, August 10, 2016, https://www.abqjournal.com/823796/santa-fe-un-veils-new-budget-transparency-web-platform.html.

- *"I was the darling of the city"*: Charlie Francis, telephone interview by author, April 29, 2016.

第八章：未來職場

- *for well over a hundred years*: Jon Yeomans, "Australia's Mining Boom Turns to Dust as Commodity Prices Collapse," *Telegraph*, February 6, 2016, http://www.telegraph.co.uk/finance/newsbysector/industry/mining/12142813/Australias-mining-boom-turns-to-dust-as-commodity-prices-collapse.html.

- *improved efficiency by 15 to 20 percent*: Sharon Masige, "Self Driving Mining Truck Capable of 90km Speed," *Australian Mining*, April 15, 2016, https://www.australianmining.com.au/news/self-driving-mining-truck-ca-pable-of-90km-speed/.

- *reduced rubber consumption*: Jamie Smyth, "Rio Tinto Shifts to Driverless Trucks in Australia," *Financial Times*, October 19, 2015, https://www.ft.com/content/43f7436a-7632-11e5-a95a-27d368e1ddf7.

- *six hundred standard automobile tires*: Robert Johnson, "This Is What a $42,500 Tire Looks Like," Business Insider, May 31, 2012, http://www.businessinsider.com/this-is-what-a-42500-tire-looks-like-the-5980r63-xdr-2012-5.

- *so humans don't have to*: "Mine of the Future," Rio Tinto, http://www.riotinto.com/documents/Mine_of_The_Future_Brochure.pdf.

- *Rise of the Robots*: Martin Ford, *Rise of the Robots: Technology and the Threat of a Jobless Future* (New York: Basic Books, 2015).

- *the next one to two decades*: Carl Benedikt Frey and Michael A. Osborne, "The Future of Employment: How Susceptible Are Jobs to Computerisation?," publication, Oxford Martin School, Oxford University, September 17, 2013, http://www.oxfordmartin.ox.ac.uk/downloads/academic/The_Future_of_Employment.pdf.

- *"new uses for labor"*: John Maynard Keynes, quoted in Erik Brynjolfsson and Andrew McAfee, *The Second Machine Age: Work, Progress, and Prosperity in a Time of Brilliant Technologies* (New York: W. W. Norton, 2014), 174.

- *shrinking the fastest*: David Deming, "About Me," http://scholar.harvard.edu/ddeming/biocv.

- *strong social skills*: David J. Deming, "The Growing Importance of Social Skills in the Labor Market," working paper, Graduate School of Education, Harvard University and NBER, August 2015, http://scholar.harvard.edu/files/ddeming/files/deming_socialskills_august2015.pdf.

- *candidates with those requisite skills*: Kate Davidson, "Employers Find 'Soft Skills' Like Critical Thinking in Short Supply," *Wall Street Journal*, August 30, 2016, http://www.wsj.com/articles/employers-find-soft-skills-like-critical-thinking-in-short-supply-1472549400.

- *according to CNN*: Sara Ashley O'Brien, "Zuckerberg Backs Andela, a Start-up More Elite Than Harvard," CNNMoney, June 16, 2016, http://money.cnn.com/2016/06/16/technology/andela-24-million-chan-zuckerberg-foundation/.

- *"practically a sport"*: Valerie Strauss, "Enough with Trashing the Liberal Arts. Stop Being Stupid," *Washington Post*, March 5, 2016, https://www.washingtonpost.com/news/answer-sheet/wp/2016/03/05/enough-with-trashing-the-liberal-arts-stop-being-stupid/.

- *"market for Greek philosophers is tight"*: Christopher J. Scalia, "Conservatives, Please Stop Trashing the Liberal Arts," *Wall Street Journal*, March 27, 2015, http://www.wsj.com/articles/christopher-scalia-conservatives-please-stop-trashing-the-liberal-arts-1427494073.

- *"deal with new situations"*: Lawrence Katz, "Get a Liberal Arts B.A., Not a

Business B.A., for the Coming Artisan Economy," *PBS Newshour*, July 15, 2014, http://www.pbs.org/newshour/making-sense/get-a-liberal-arts-b-a-not-a-business-b-a-for-the-coming-artisan-economy/.

- *"type of work they entail"*: Michael Chui, James Manyika, and Mehdi Miremadi, "Where Machines Could Replace Humans —— and Where They Can't (Yet)," McKinsey & Company, July 2016, http://www.mckinsey.com/business-functions/business-technology/our-insights/where-machines-could-replace-humans-and-where-they-cant-yet.

- *30 percent of activities*: James Manyika, Daniela Rus, Edwin Van Bommel, and John Paul Farmer, "Robots and the Future of Jobs: The Economic Impact of Artificial Intelligence," lecture, Council on Foreign Relations, New York, November 14, 2016.

- *framework for making that evaluation*: D. H. Autor, F. Levy, and R. J. Murnane, "The Skill Content of Recent Technological Change: An Empirical Exploration," *Quarterly Journal of Economics* 118, no. 4 (2003): 1279–333, doi:10.1162/003355303322552801.

- *at least for quite some time*: Daron Acemoglu and David Autor. "Skills, Tasks and Technologies: Implications for Employment and Earnings," Handbook of Labor Economics 4b (2011): 1043–171, doi:10.1016/s0169-7218(11)02410-5.

- *cost of labor is significantly higher there*: Ben Bland, "China's Robot Revolution," *Financial Times*, June 6, 2016, https://www.ft.com/content/1db-d8c60-0cc6-11e6-ad80-67655613c2d6.

- *a moment-to-moment basis*: Andreas Xenachis, telephone interview by author, May 25, 2016.

- *will still be done by humans*: David J. Snowden and Mary E. Boone, "A Leader's Framework for Decision Making," *Harvard Business Review*, November 2007, https://hbr.org/2007/11/a-leaders-framework-for-decision-making.

- *sensor technology*: Chui, Manyika, and Miremadi, "Where Machines Could Replace Humans."

- *could be done through technology*: Ibid.

- *"highways and freeways"*: Andreas Koller, quoted in Michael Pooler, "Man and Machine Pair Up for Packing," *Financial Times*, September 6, 2016, https://www.ft.com/content/376f9fa0-33d5-11e6-bda0-04585c31b153.

- *"parallel automation"*: Manyika et al., "Robots and the Future of Jobs."

- *for the next twenty years*: Julie Johnsson, "Boeing Sees Need for 30,850 New Pilots a Year as Travel Soars," Bloomberg.com, July 25, 2016, https://www.bloomberg.com/news/articles/2016-07-25/boeing-sees-need-for-30–850-new-pilots-a-year-as-travel-soars.

- *a superb air force pilot*: William Langewiesche, "Anatomy of a Miracle," *Vanity Fair*, June 2009, http://www.vanityfair.com/culture/2009/06/us_airways200906.

- *"stall the wings and lose lift"*: Chesley B. Sullenberger III and Jeffrey Zaslow, *Sully: My Search for What Really Matters* (New York: William Morrow, 2016).

- *years and years in the future*: K. Mugunthan, "Human-Level Artificial General Intelligence Still Long Way to Go: David Silver, Google's Deep-Mind Scientist," *Economic Times*, March 23, 2016, http://economictimes.indiatimes.com/opinion/interviews/human-level-artificial-general-intelligence-still-long-way-to-go-david-silver-googles-deepmind-scientist/articleshow/51522993.cms.

- *a program called AlphaGo*: Catherine Shu, "Google Acquires Artificial Intelligence Startup DeepMind for More Than $500M," TechCrunch, January 26, 2014, https://techcrunch.com/2014/01/26/google-deepmind/.

- *human world champion*: Sam Byford, "DeepMind Founder Demis Hassabis on How AI Will Shape the Future," The Verge, March 10, 2016, http://www.theverge.com/2016/3/10/11192774/demis-hassabis-interview-alpha-go-google-deepmind-ai.

- *brute-force computational power*: Cade Metz, "The Sadness and Beauty of Watching Google's AI Play Go," *Wired*, March 11, 2016, http://www.wired.com/2016/03/sadness-beauty-watching-googles-ai-play-go/.

- *ten-year jump in AI*: William Hoffman, "Elon Musk Says Google Deepmind's Go Victory Is a 10-Year Jump for A.I.," *Inverse*, March 9, 2016, https://www.inverse.com/article/12620-elon-musk-says-google-deepmind-s-go-victory-is-a-10-year-jump-for-a-i.

- *the dawn of artificial general intelligence*: Clemency Burton-Hill, "The Superhero of Artificial Intelligence: Can This Genius Keep It in Check?," *Guardian*, February 16, 2016, https://www.theguardian.com/technology/2016/feb/16/demis-hassabis-artificial-intelligence-deepmind-alphago.

- *the best possible move*: "The Dream of AI Is Alive in Go," interview, *Andreessen Horowitz* (podcast), March 11, 2016, http://a16z.com/2016/03/11/artificial-intelligence-alphago/; David Silver and Demis Hassabis, "AlphaGo: Mastering the Ancient Game of Go with Machine Learning," *Google Research Blog*, January 27, 2016, https://research.googleblog.com/2016/01/alphago-mastering-ancient-game-of-go.html.

- *"more than we can tell"*: Michael Polanyi, *The Tacit Dimension* (Garden City, NY: Doubleday, 1966).

- *choices that the machine made*: Cade Metz, "In Two Moves, AlphaGo and Lee Sedol Redefined the Future," *Wired*, March 16, 2016, http://www.wired.com/2016/03/two-moves-alphago-lee-sedol-redefined-future/.

- *great deal of what it knows*: Cade Metz, "How Google's AI Viewed the Move No Human Could Understand," *Wired*, March 14, 2016, http://www.wired.com/2016/03/googles-ai-viewed-move-no-human-understand/.

- *true AGI is "decades away"*: Mugunthan, "Human-Level Artificial General Intelligence."

- *involved in doing so*: Paul Sawers, "With 10M Downloads on iOS, Prisma Now Lets Android Users Turn Their Photos into Works of Art," VentureBeat, July 25, 2016, http://venturebeat.com/2016/07/25/with-10-million-downloads-on-ios-prisma-now-lets-android-users-turn-their-photos-into-works-of-art/.

- *understanding love or desire*: Lindsey J. Smith, "Google's AI Engine Is Reading 2,865 Romance Novels to Be More Conversational," The Verge, May 5, 2016, http://www.theverge.com/2016/5/5/11599068/google-ai-engine-bot-romance-novels.

- *What Computers Can't Do*: Hubert L. Dreyfus, *What Computers Can't Do: A Critique of Artificial Reason* (New York: Harper & Row, 1972).

- *"poorer versions of them"*: Sean Dorrance Kelly and Herbert Dreyfus on limits of AI: Stanley Fish, "Watson Still Can't Think," *New York Times*, February 28, 2011, http://opinionator.blogs.nytimes.com/2011/02/28/watson-still-cant-think/.

- *"in vitro phase"*: Daniel Susskind, "AlphaGo Marks Stark Difference Between AI and Human Intelligence," *Financial Times*, March 21, 2016, https://www.ft.com/content/8474df6a-ed0b-11e5-bb79-2303682345c8; "When Humanity Meets A.I.," interview, *Andreessen Horowitz* (podcast), June 28, 2016, http://a16z.com/2016/06/29/feifei-li-a16z-professor-in-residence/.

- *"working in shoe stores"*: Jay Yarow, "Marc Andreessen at the DealBook Conference," Business Insider, December 12, 2012, http://www.businessinsider.com/marc-andreessen-at-the-dealbook-conference-2012-12.

- *"abstraction and creativity"*: Will Knight, "AI's Language Problem," *MIT Technology Review*, August 9, 2016, https://www.technologyreview.com/s/602094/ais-language-problem/.

- *"and thus for human possibility"*: Drew Faust, "To Be 'A Speaker of Words and a Doer of Deeds': Literature and Leadership," speech, United States Military Academy, West Point, March 24, 2016, http://www.harvard .edu/president/speech/2016/to-be-speaker-words-and-doer-deeds-literature-and-leadership.

結語：雙向的夥伴關係

- *we see, that counts*: Scott Hartley, "Why the Way We Use Computers Is About to Change Again," Inc.com, December 10, 2015, http://www.inc.com/scott-hartley/what-tomorrow-s-james-bond-villain-will-look-like.html; Geoffrey A. Fowler, "Siri: Once a Flake, Now Key to Apple's Future," *Wall Street Journal*, June 14, 2016, http://www.wsj.com/articles/siri-once-a-flake-now-key-to-apples-future-1465905601.

- *entrepreneurs in developing ideas*: Seung Lee, "Why Amazon Echo, Not the iPhone, May Be the Key to Internet's Future," *Newsweek*, June 1, 2016, http://www.newsweek.com/why-amazon-echo-not-iphone-may-be-key-internets-future-465487.

- *perform basic conversations*: Haje Jan Kamps, "ToyTalk Renames to Pull-String, Repositions as Authoring Tool for Bots," TechCrunch, April 26, 2016, https://techcrunch.com/2016/04/26/pullstring-bot-authoring/.

- *put to use in incredible ways*: Jon Fingas, "Google AI Builds a Better Cucumber Farm," Engadget, August 31, 2016, https://www.engadget.com/2016/08/31/google-ai-helps-cucumber-farm/.

- *today's greatest tool*: a smartphone: Kelley Holland, "45 Million Americans Are Living Without a Credit Score," CNBC, May 5, 2015, http://www.cnbc.com/2015/05/05/credit-invisible-26-million-have-no-credit-score.html.

- *to move beyond the U.S.*: Scott Martin, "PayJoy Picks Up $18M for Smartphone Financing Plans," *Wall Street Journal*, July 11, 2016, http://www.wsj.com/articles/payjoy-picks-up-18m-for-smartphone-financing-plans-1468236609.

- *"produce creative chances"*: C. P. Snow, *The Two Cultures* (Cambridge: Cambridge University Press, 1993).

- *have not yet been created*: Cathy N. Davidson, *Now You See It: How the Brain Science of Attention Will Transform the Way We Live, Work, and Learn* (New York: Viking, 2011).

- *"education should be," he recounts*: Tom Wasow, interview by author, April 20, 2016.

- *"talented people in the world"*: Eugene Kim, "This Popular Major at Stanford Produced Some of the Biggest Names in Tech," Business Insider, January 21, 2016, http://www.businessinsider.com/stanford-symbolic-systems-major-alumni-2016-1/#reid-hoffman-is-the-cofounder-and -chairman-of-linkedin-he-graduated-in-1989-with-a-degree-in-symbolic-systems-and-cognitive-science-1.

- *physical buildings and roads*: Melissa Delaney, "Schools Shift from STEM to STEAM," *EdTech*, April 2, 2014, http://www.edtechmagazine.com/k12/article/2014/04/schools-shift-stem-steam.

- *making this a national priority*: "STEAM Hits Capitol Hill," Rhode Island School of Design (RISD) News, February 18, 2013, http://www.risd.edu/about/news/steam_hits_capitol_hill/.

- *his 1952 book, Player Piano*: Kurt Vonnegut, *Player Piano* (New York: Delacorte Press, 1952).

方向61

書呆與阿宅

理工科技力+人文洞察力，為科技產業發掘市場需求，解決全球議題

The Fuzzy and the Techie: Why the Liberal Arts Will Rule the Digital World

作　　者：史考特‧哈特利 Scott Hartley
譯　　者：溫力秦
資深編輯：劉瑋
校　　對：劉瑋、林佳慧
封面設計：許晉維
美術設計：洪偉傑
寶鼎行銷顧問：劉邦寧

發 行 人：洪祺祥
副總經理：洪偉傑
副總編輯：林佳慧
法律顧問：建大法律事務所
財務顧問：高威會計師事務所
出　　版：日月文化出版股份有限公司
製　　作：寶鼎出版
地　　址：台北市信義路三段151號8樓
電　　話：（02）2708-5509　傳真：（02）2708-6157
客服信箱：service@heliopolis.com.tw
網　　址：www.heliopolis.com.tw
郵撥帳號：19716071 日月文化出版股份有限公司

總 經 銷：聯合發行股份有限公司
電　　話：（02）2917-8022　傳真：（02）2915-7212
製版印刷：禾耕彩色印刷事業股份有限公司
初　　版：2018年9月
定　　價：420元

國家圖書館出版品預行編目(CIP)資料

書呆與阿宅：理工科技力+人文洞察力，為科技產業發掘市場
需求，解決全球議題 / 史考特.哈特利（Scott Hartley）著；溫
力秦譯.-- 初版.-- 臺北市：日月文化，2018.09
384面；14.7×21公分.--（方向；61）
譯自：The Fuzzy and the Techie：Why the Liberal Arts Will Rule the
Digital World
ISBN 978-986-248-748-8（平裝）

1.科技業　2.人文學　3.創造性思考

484　　　　　　　　　　　　　　　　　　107011880

日月文化集團
HELIOPOLIS
CULTURE GROUP

客服專線 02-2708-5509
客服傳真 02-2708-6157
客服信箱 service@heliopolis.com.tw

日月文化集團 讀者服務部 收

10658 台北市信義路三段151號8樓

對折黏貼後，即可直接郵寄

日月文化網址：**www.heliopolis.com.tw**

最新消息、活動，請參考 FB 粉絲團

大量訂購，另有折扣優惠，請洽客服中心（詳見本頁上方所示連絡方式）。

| 日月文化 | EZ TALK | EZ Japan | EZ Korea |

大好書屋・寶鼎出版・山岳文化・洪圖出版　EZ叢書館　EZ Korea　EZ TALK　EZ Japan

日月文化集團
HELIOPOLIS
CULTURE GROUP

感謝您購買　書呆與阿宅：
理工科技力＋人文洞察力，為科技產業發掘市場需求，解決全球議題

為提供完整服務與快速資訊，請詳細填寫以下資料，傳真至02-2708-6157或免貼郵票寄回，我們將不定期提供您最新資訊及最新優惠。

1. 姓名：_____　　性別：□男　　□女

2. 生日：_____年_____月_____日　　職業：_____

3. 電話：（請務必填寫一種聯絡方式）

　（日）_____（夜）_____（手機）_____

4. 地址：□□□

5. 電子信箱：_____

6. 您從何處購買此書？□_____縣/市_____書店/量販超商

　□_____網路書店　　□書展　　□郵購　　□其他

7. 您何時購買此書？　　年　　月　　日

8. 您購買此書的原因：（可複選）

　□對書的主題有興趣　　□作者　　□出版社　　□工作所需　　□生活所需

　□資訊豐富　　□價格合理（若不合理，您覺得合理價格應為_____）

　□封面/版面編排　　□其他_____

9. 您從何處得知這本書的消息：　□書店　□網路／電子報　□量販超商　□報紙

　□雜誌　□廣播　□電視　□他人推薦　□其他

10. 您對本書的評價：（1.非常滿意 2.滿意 3.普通 4.不滿意 5.非常不滿意）

　書名_____內容_____封面設計_____版面編排_____文/譯筆_____

11. 您通常以何種方式購書？□書店　　□網路　　□傳真訂購　　□郵政劃撥　　□其他

12. 您最喜歡在何處買書？

　□_____縣/市_____書店/量販超商　　□網路書店

13. 您希望我們未來出版何種主題的書？_____

14. 您認為本書還須改進的地方？提供我們的建議？

_____

_____

_____

_____

悅讀的需要，出版的方向

悅讀的需要，出版的方向